BIBLIOTHÈQUE DES PROFESSIONS INDUSTRIELLES ET AGRICOLES
SÉRIE H, N° 25

COURS PRATIQUE D'APICULTURE

(CULTURE DES ABEILLES)

PROFESSÉ AU JARDIN DU LUXEMBOURG

PAR

H. HAMET

Secrétaire de la Société centrale d'Apiculture
Directeur de l'*Apiculteur*
Membre correspondant de la Société des Amis des abeilles de l'Allemagne, des Sociétés d'Apiculture de l'Aube, de l'Yonne, de Sainte-Isbergue, etc.
des Sociétés d'Agriculture de Joigny, Poligny et Palerme; de la Société linnéenne du Nord, etc.

TROISIÈME ÉDITION

PARIS
LIBRAIRIE SCIENTIFIQUE, INDUSTRIELLE ET AGRICOLE
Eugène LACROIX, éditeur
LIBRAIRE DE LA SOCIÉTÉ DES INGÉNIEURS CIVILS
15, quai Malaquais, 15

COURS D'APICULTURE

ÉVREUX, IMPRIMERIE DE A. HÉRISSEY. — 706.

COURS PRATIQUE
D'APICULTURE

(CULTURE DES ABEILLES)

PROFESSÉ AU JARDIN DU LUXEMBOURG

PAR

H. HAMET

Secrétaire de la Société centrale d'Apiculture
Directeur de l'*Apiculteur*
Membre correspondant de la Société des Amis des abeilles de l'Allemagne, des Sociétés d'Apiculture de l'Aube, de l'Yonne, de Sainte-Isbergue, etc.
des Sociétés d'Agriculture de Joigny, Poligny et Palerme; de la Société linnéenne du Nord, etc.

TROISIÈME ÉDITION

PARIS

AUX BUREAUX DE L'APICULTEUR, RUE SAINT-VICTOR, 67

Et dans toutes les Librairies agricoles

1866

Dans le vaste champ que nous ouvre l'histoire naturelle, rien n'est plus curieux que les mœurs et les travaux des abeilles. Que d'activité, d'industrie, d'ordre et d'harmonie parmi ce peuple d'insectes! Que de leçons il peut nous donner.

Aussi, de tout temps, les philosophes et les agronomes se sont-ils occupés des abeilles. Beaucoup s'en sont faits les historiens ; mais beaucoup, comme Aristote et Virgile, ignorant une foule de secrets sur leurs instincts, leurs travaux et leur génération, ont fréquemment semé l'erreur à côté de la vérité. Il était réservé aux Swammerdam, aux Maraldi, aux Riem, aux Schirach, aux Réaumur et aux Huber de découvrir ces secrets, et d'être les historiens des abeilles. Les minutieuses et savantes observations de ce dernier ont surtout amené des découvertes aussi admirables par elles-mêmes que surprenantes à l'égard de celui qui les a faites : car Huber était aveugle.

Laissons-le nous l'apprendre lui-même ; laissons-lui aussi le soin de nous faire connaître celui qui lui prêta des yeux :

« Par une suite d'accidents malheureux, je suis devenu aveugle dans ma première jeunesse ; mais j'aimais les sciences, et je n'en perdis pas le goût en perdant l'organe de la vue. Je me fis lire les meilleurs ouvrages sur la physique et sur l'histoire naturelle ; j'avais pour lecteur un domestique (François Burnens, né dans le pays de Vaud), qui s'intéressait singulièrement à tout ce qu'il me lisait. Je jugeai assez vite, par ses réflexions sur nos lectures, et par les conséquences qu'il savait en tirer, qu'il les comprenait aussi bien que moi et qu'il était né avec les talents d'un observateur. Ce n'est pas le premier exemple d'un homme qui, sans éducation, sans fortune et dans les circonstances les plus défavorables, ait été appelé par la nature seule à devenir naturaliste. Je résolus de cultiver son talent et de m'en servir un jour pour les observations que je projetais.

« La suite de mes lectures m'ayant conduit aux beaux *Mémoires* de Réaumur sur les abeilles, je trouvai dans cet ouvrage un si beau plan d'expériences, des observations faites avec tant d'art, une logique si sage, que je résolus d'étudier particulièrement ce célèbre auteur, pour nous former, mon lecteur et moi, à son école, dans l'art si difficile d'observer la nature. Nous commençâmes à suivre les abeilles dans des ruches vitrées; nous répétâmes toutes les expériences de Réaumur : nous obtînmes exactement les mêmes résultats, lorsque nous employâmes les mêmes procédés. Cet accord de mes observations avec les siennes me fit un extrême plaisir, parce qu'il me donnait la preuve que je pouvais m'en rapporter absolument aux yeux de mon élève. Enhardis par ce premier essai, nous tentâmes de faire sur les abeilles des expériences entièrement neuves ; nous imaginâmes diverses constructions de ruches auxquelles on n'avait point encore pensé et qui présentaient de grands avantages ; et nous eûmes le bonheur de découvrir des faits remarquables qui avaient échappé aux Swammerdam, aux Réaumur et aux Bonnet. »

*

François Huber naquit à Genève, le 2 juillet 1750, d'une famille aisée, qui, vers le XVIIe siècle, s'était déjà fait remarquer dans les sciences, les lettres et les arts. Dès son enfance, il manifesta un goût passionné pour l'histoire naturelle, et il se livrait à l'étude avec une ardeur inquiétante pour sa santé, lorsqu'à l'âge de 15 ans le reflet d'une neige éblouissante le frappa de cécité. Cet irremédiable malheur n'éteignit pas toutefois sa vive et brillante imagination; et, comme il nous l'apprend lui-même, il continua à se livrer à ses études avec le secours de sa femme Marie-Aimée Lullin, qui ne craignit pas d'associer sa destinée à la sienne, et avec celui de son domestique Burnens, en qui il eut le bonheur de trouver à la fois un ami, un lecteur, un secrétaire et un coreligionnaire plein de zèle et de sagacité. Secondé par le dévouement de ces deux personnes, il parvint à découvrir sur les mœurs des abeilles, des particularités qui avaient échappé jusque-là aux yeux des observateurs les plus exercés; parmi ces particularités, il faut citer la fécondation dans l'air de l'abeille mère. Draw croyait que les faux-bourdons fécondaient les œufs de la femelle, à la manière des poissons, en les arrosant de leur fluide génital; Swammerdam pensait que la vapeur seule du mâle suffisait à la fécondation des œufs; Hattorf et Contardi avançaient que les femelles étaient fécondées par elles-mêmes; Réaumur, qui pensait que la fécondation avait lieu dans la ruche, en avait vainement cherché la certitude. Il était réservé à un aveugle de découvrir la vérité sur ce grand acte.

Citons encore ses belles expériences sur le sexe des ouvrières, sur le combat des mères, sur l'architecture des abeilles et sur l'origine de la cire, qu'avant lui on croyait provenir du pollen des fleurs.

A l'apparition, en 1792, de ses *Nouvelles Observations sur les Abeilles*, les savants demeurèrent frappés d'étonnement; et n'y avait-il pas, en effet, quelque chose de merveilleux dans la précision des recherches d'un homme atteint de cécité? Aussi l'Académie des sciences de Paris et d'autres académies s'empressèrent-elles de s'associer l'auteur de cet admirable travail, qui eut deux éditions : la première en l'année que nous venons d'indiquer, et la seconde en 1814. Cette dernière fut augmentée d'un *Mémoire sur l'origine de la cire*, auquel Pierre Huber, son fils aîné, ajouta les fruits de ses propres expériences. Les *Observations* de Huber ont été traduites dans toutes les principales langues européennes. Les Allemands les ont commentées des fruits de leurs recherches incessantes (*).

François Huber, que l'on peut appeler à juste titre le plus grand des apiphiles, s'occupa des mœurs des abeilles pendant plus de trente ans, et mourut à Lausanne, en 1832, âgé de près de 83 ans. Il avait habité quelque temps la France.

La gravure que nous joignons à cette courte notice est d'après une épreuve de daguerréotype prise sur un portrait de famille qui se trouve en Suisse, et dont nous avons vu une copie à Paris, chez la fille du célèbre aveugle, Mme de Molins-Huber.

(*) Nous nous proposons de publier incessamment, avec la collaboration de M. l'abbé COLLIN, une *Histoire naturelle des Abeilles*.

AVIS SUR LA TROISIÈME ÉDITION

Nous répétons ce que nous avons écrit en tête des premières éditions du *Cours pratique d'Apiculture* : l'ouvrage que nous offrons aux personnes qui s'occupent des abeilles étant le résumé du cours public que nous professons depuis 12 ans au jardin du Luxembourg, c'est-à-dire l'exposé des meilleures méthodes employées par nos bons praticiens, l'on n'y trouvera ni système personnel, ni invention de ruche exclusivement préconisée par l'auteur, comme cela se rencontre dans trop de traités d'apiculture.

Nous persistons d'autant plus dans cette voie que des faits sont venus nous encourager à y rester. Nous avons reçu un certain nombre de lettres conçues dans ces termes : « Votre *Cours d'Apiculture* a fait disparaître « de mon esprit l'incertitude et la confusion que la « lecture de traités à systèmes exclusifs y avait jetées. « Sous ce rapport, il forme le contraste le plus frap- « pant avec la plupart des ouvrages apicoles. »

En effet, nous avons cherché à composer un guide sûr.

Mais, depuis la publication de nos précédentes éditions, des relations de plus en plus étendues avec les pricipaux praticiens des contrées mellifères, soit comme abonnés de l'*Apiculteur*, soit comme correspondants de la Société d'Apiculture, et le fruit de notre propre expérience dans nos divers ruchers, nous ont amené à rectifier certains jugements et à modifier certaines opérations. Nous avons aussi supprimé les répétitions et inexactitudes qu'on nous a signalées, et traité plus longuement des points qui n'étaient pas assez développés. Les figures nécessaires à l'intelligence de ces points ont été ajoutées, ainsi que des planches tirées à part.

Nous avons, comme dans les premières éditions, emprunté au *Guide* de M. Collin plusieurs paragraphes entiers, et nous devons à l'auteur de cet excellent manuel plusieurs rectifications importantes.

Quant au cadre du livre, que nous aurions pu modifier s'il ne se fût agi que d'un traité à l'usage des lecteurs ordinaires, nous l'avons conservé à cause de l'ordre que nous sommes obligé de suivre dans nos leçons du Luxembourg, ordre établi en vue des auditeurs du cours et des démonstrations pratiques qui y sont faites.

Nous aurions pu aussi nous arrêter davantage sur les méthodes qui conviennent plus particulièrement aux diverses localités et aux différents modes d'exploitation. Pour cet objet, nous renvoyons à l'*Apiculteur*, journal des cultivateurs d'abeilles, dans lequel sont consignées *in extenso* les observations et les pratiques des bons apiculteurs de ces localités.

On n'oubliera pas non plus que, le *Cours d'Apiculture* étant un traité général, les données qu'il renferme ne peuvent être que générales. C'est aux lecteurs des diverses latitudes à les modifier selon leur localité, l'étendue et le mode de leur exploitation abeillère. Poser des jalons pour tous et servir de répertoire aux personnes qui suivent nos leçons du Luxembourg, tel est le double but du *Cours d'Apiculture*.

Paris, juillet 1866.

NOTA. — *Les chiffres qui se trouvent entre parenthèses dans le texte indiquent les paragraphes à consulter.*

MATIÈRES ET ORDRE DES LEÇONS

IXe LEÇON. — SUITE DES RUCHES. — Ruches à divisions verticales (265). — Ruches à deux et à trois divisions (266-268). — Avantages et inconvénients (269). — Ruches à trois divisions verticales et plus (270). — Ruches à feuillets, à cadres et à rayons mobiles (271-276). — Avantages et grands inconvénients (277). — Ruche à rayons mobiles (278). — Ruche grecque (279, 280). — Ruche Dzierzon (281). — Ruches mixtes (282). — Ruches à divisions verticales et horizontales (283). — Ruches Œttl (284). — Ruches diverses (285). — Ruche d'observation (286).

Xe LEÇON. — CONFECTION DES RUCHES. — Confection des ruches en paille (287-289). — Description du métier Œttl à confectionner des hausses en paille (290). — Métier Lelogeais (291). — Métier Durant (292). — Construction des ruches en bois (293). — Peinture des ruches en bois (294). — Boiseries des ruches (295). — Entrées (296). — Fermeture des entrées (297). — Manches et poignées (298).

XIe LEÇON. — DU RUCHER. — Rucher (299). — Effets de l'humidité et du vent sur les abeilles (300). — Choix de l'exposition (301). — Orientation (302). — Lieux où l'on ne doit pas placer de ruches (303). — Rucher en plein air (304). — Distance des ruches (305). — Avantages du rucher en plein air (306). — Rucher couvert (307, 308). — Avantages des ruchers couverts (309). — Plantations autour du rucher (310). — Tablier ou plateau des ruches (311, 312). — Supports (312). — Surtouts, paillassons ou capuchons (314, 315).

XIIe LEÇON. — TRAVAUX A EXÉCUTER PENDANT LE COURS DE L'ANNÉE. — Affection qu'on doit avoir pour les abeilles et moyens de se familiariser avec elles (317, 318). — Causes qui les irritent (319). — Annonce de l'attaque et moyen de l'éviter (320). — Masque ou camail (321). — Piqûre. Composition de l'aiguillon (322, 323). — Remèdes pour atténuer les effets de l'aiguillon (324). — Moyen de rendre les abeilles paisibles par l'état de bruissement (325). — Enfumoir (326). — Servante (327). — Visite générale (328). — Achat des colonies (329). — Caractères d'une bonne ruchée (330). — Vieille ruchée (331). — Ruchée dont la population a souffert de l'hiver (332). — Ruchée orpheline (333). — Ruchée dépourvue de provisions (334). — Ruchée dont les abeilles sont mourantes (335). — Ruche abandonnée (336). — Peuplade morte de froid (337). — Taille des rayons ou récolte de la cire (338). — Taille des ruches grasses (339). — Scier et couper les ruches vulgaires (340). — Donner de la nourriture aux colonies qui en manquent (341). — Estimer le miel d'une ruche après l'hiver (342). — Placer de l'eau à proximité des ruches (343, 344).

XIIIe LEÇON. — SUITE DES TRAVAUX APICOLES DU PRINTEMPS. — Deuxième visite du printemps (345). — Ruche de 1er, de 2e et de 3e ordre (346). — Ruchée sans valeur (347). — Ruchée orpheline qu'il faut réunir (348). — Réunion en avril des ruchées sans valeur (350). — Détruire les insectes et surtout la fausse teigne (351). — Transport des colonies aux pâturages (352). — Transport en voiture (353). — Toiles à transporter les ruches (354). — Tablier de transport

(354 *bis*). — Travaux de mai (355). — Saison des essaims (356). — Nourrir l'essaim (357). — Moyens de se procurer des abeilles mères (358). — Donner une abeille mère à une colonie (359). — Moyen d'équilibrer les populations et de rendre fortes les faibles (360). — Superposition de ruches (361). — Veiller à quelques ennemis des abeilles (362). — Destruction des abeilles dans certaines colonies. Abeilles noires et grises (363).

XIVᵉ LEÇON. — TRAVAUX D'ÉTÉ. — Récolte (364-367). — Chasse par tapotement et à ciel ouvert (368). — Chasse ou trévas (369). — Couteaux à extraire les rayons (370). — Fin de la campagne des abeilles (371). — Moyen de donner des provisions aux essaims pauvres (372). — Soins généraux (373). — Mort des abeilles mères (374). — Réunion des colonies faibles (375). — Procédé pour réunir plusieurs colonies (376-378). — Asphyxie momentanée des abeilles par la vesse de loup, par le sel de nitre, etc. (379-383). — Ennemis des abeilles en été (384). — Conduite des abeilles aux blés noirs ou aux bruyères (385).

XVᵉ LEÇON. — TRAVAUX D'AUTOMNE ET D'HIVER (386). — Récolte dernière (387). — Provisions que doivent avoir les colonies pour passer la mauvaise saison (388). — Balance pour peser les ruches (389). — Vente et achat des ruches en arrière-saison (390). — Nourrissement des abeilles (391-393). — Retour de la bruyère. Réunion des colonies qui n'ont pas trouvé de provisions suffisantes (394). — Importance et conservation des cires vides, charpentes ou bâtisses (395). — Hivernage des abeilles. Moyens de les garantir d'un froid trop rigoureux (396, 397). — Enterrement des ruches (398). — Consommation des abeilles en hiver. Avantage des populations fortes sur les faibles (399, 400). — Manière de raviver les abeilles engourdies par le froid (401). — Grand froid, neige, dégel (402). — Arrangement et déplacement des ruches à la fin de l'hiver (403).

XVIᵉ LEÇON. — MANIPULATION DES PRODUITS DES ABEILLES. — Façonnement du miel (404). — Local et instruments (405, 406). — Manière d'opérer en petit (407). — Mellificateur solaire (408, 409). — Manière d'opérer en grand (410). — Mellificateur-Annier (411). — Moyens à employer pour extraire le miel candi (412). — Aromatisation du miel (413). — Épuration du miel (414). — Embarrillage et empotage du miel (415). — Conservation du miel (416). — Miel qui ne granule pas. Moyen de le faire granuler (417). — Refaire le miel vieux qui fermente (418). — Purification du miel (419). — Qualités, usage et propriétés du miel (420). — Fonte de la cire (421). — Presse à extraire le miel et la cire (422). — Procédé employé par des apiculteurs du Gâtinais (423, 424). — Moyen d'extraire les dernières parties de cire contenues dans le marc pressé (425). — Conservation de la cire (426). — Usage de la cire (427). — Utilisation des eaux miellées (428). — Boisson au miel. Hydromel léger ou miod (429). — Extraction de l'alcool des eaux miellées (430). — Fabrication de l'hydromel (431, 432). — Liqueur au miel (434). — Vinaigre de miel (435).

APPENDICE. — Légende des planches, etc.

COURS D'APICULTURE

PREMIÈRE LEÇON

CONNAISSANCE OU HISTOIRE NATURELLE DES ABEILLES

Définitions et divisions de l'apiculture. — Famille des abeilles. — Sortes et espèces. — Physiologie de l'abeille commune. — Physiologie de l'abeille mère. — Physiologie du mâle. — Sens des abeilles. — Fonctions de chaque genre d'abeilles. — Fonctions de l'abeille mère. — Accouplement. — Fécondation anormale. — Ponte. — Ordre de la ponte. — Grande ponte. — Quantité d'œufs que l'abeille mère pond. — Parthénogénèse, ponte sans fécondation. — Fausses dénominations données et fausses fonctions attribuées à l'abeille mère. — Caractère de l'abeille mère. — Odeur des mères. — Aversion des mères. — Utilité de l'abeille mère. — Durée de son existence. — Fonctions des mâles. — Leurs mœurs. — Durée de leur existence. — Odeur particulière des mâles. — Fonctions des ouvrières. — Pourvoyeuses et cirières. — Mœurs des ouvrières. — Langage des abeilles. — Les abeilles ne sont pas agressives. — Elles s'apprivoisent.

1. L'apiculture est l'art de cultiver les abeilles et d'en retirer des produits. C'est aussi une science dont la théorie embrasse l'histoire naturelle de ces insectes. Elle renferme donc : 1° la connaissance ou histoire naturelle des abeilles ; 2° le gouvernement de ces insectes, ou leur culture proprement dite ; 3° la manipulation de leurs produits.

2. La connaissance ou histoire naturelle des abeilles comprend : la physiologie de ces insectes, leurs mœurs, leur architecture, leur couvain, leurs maladies, leurs ennemis, etc.

3. Le gouvernement des colonies, ou la culture proprement dite des abeilles, comprend : les soins pratiques de toutes sortes, la récolte et la préparation des produits.

4. Sous le rapport de l'exploitation des abeilles ou du mode de les cultiver et d'en obtenir des produits, on peut diviser l'apiculture : en grande et en petite, en apiculture sédentaire et en apiculture pastorale, et aussi en apiculture de producteur et en apiculture d'amateur. Chacune de ces grandes divisions a des pratiques particulières qui varient selon le climat, la flore locale, le système de ruches adopté et le débouché des produits. Comme le détail de ces pratiques diverses nous mènerait trop loin, nous nous bornerons aux principes généraux, qui sont partout les mêmes.

5. **Famille des abeilles.** — L'abeille est un insecte de l'ordre des hyménoptères (mouches à quatre ailes), qui vit en famille, colonie ou peuplade. Une famille ou colonie se compose de trois sortes d'individus : 1° d'une mère ou femelle développée ; 2° d'un grand nombre d'ouvrières ou femelles atrophiées ; 3° d'une certaine quantité de mâles ou faux-bourdons.

6. **Espèces d'abeilles.** — Il est un grand nombre d'espèces d'abeilles pour les naturalistes ; mais les apiculteurs ne doivent s'arrêter qu'à celles qu'ils peuvent domestiquer. On en connaît une dizaine d'espèces, dont deux seulement se trouvent en Europe : l'*abeille commune*, celle que nous possédons et qui occupe la plus grande partie de l'Europe, et l'*abeille jaune* des Alpes (*abeille ligurienne*, Sp. Lat.), dont la patrie paraît être la Valteline, en Lombardie, et les Alpes suisses (*).

7. C'est à tort que des auteurs ont fait plusieurs espèces de notre abeille commune, entre autres celles qu'ils appellent *petite hollandaise* ou *petite flamande*, etc. Dans chaque espèce

(*) L'abeille italienne, jaune des Alpes ou alpine, a été depuis quelques années propagée en Allemagne, où on la trouve par milliers de colonies. Nous l'avons introduite en France en 1859. Le rucher expérimental du Luxembourg et celui du Jardin de la Société d'acclimatation au bois de Boulogne, que nous dirigeons, en sont peuplés.

d'abeilles, comme dans chaque espèce d'animaux, il y a des individus et des familles entières qui diffèrent en grosseur et en couleur : cela tient le plus souvent à la localité, à l'âge de l'abeille, à la quantité et à la qualité de la nourriture que l'insecte a reçue au berceau, à la nature de la mère, etc. Ainsi, d'un canton à l'autre, d'une colonie à sa voisine et dans la même colonie, on peut voir des abeilles différer quelque peu en grosseur et en couleur; mais ce serait une erreur grossière de penser qu'elles sont d'espèces différentes, lorsque, sauf ces modifications accidentelles, elles ont les mêmes caractères : ce que l'on peut admettre, ce sont de légères variétés dans chaque grande espèce établie par les naturalistes.

8. **Physiologie de l'abeille commune.** — Il s'agit ici de notre abeille ouvrière, qui, formant le gros de la colonie, est prise comme type de l'espèce. L'ouvrière (*fig.* 1 et 2), ainsi appelée parce qu'elle butine la picorée et s'occupe des soins intérieurs et extérieurs de la famille, a environ 15 millimètres de longueur sur 5 millimètres de diamètre; elle est d'un gris-noirâtre, et elle est chargée de poils fins sur toutes les parties du corps, qui se compose d'une tête triangulaire, d'un corselet globuleux et d'un abdomen ovoïde et allongé.

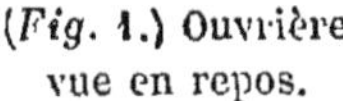
(*Fig.* 1.) Ouvrière vue en repos.

(*Fig.* 2.) Ouvrière vue au vol.

9. Sa tête, déprimée et triangulaire, porte : 1° deux yeux fixes à réseaux ovales, situés sur les côtés, et trois petits yeux lisses sur le sommet : ces yeux sont taillés à facettes, et chaque facette est plantée de poils excessivement fins, qui sont autant d'organes de la vision (*) ; on ne doit pas s'étonner si l'abeille distingue à une grande distance ; 2° deux antennes brisées, de

(*) Leuwenhoeck a compté huit mille facettes hexagonales sur un œil de mouche.

douze ou treize articles ; 3° les instruments du manger ou les organes qui accompagnent la bouche, organes importants à connaître, parce que c'est d'après eux qu'on a établi le caractère du genre, et parce qu'ils servent à pomper le miel et à façonner la cire. On y remarque donc une lèvre supérieure très-apparente, deux fortes mandibules, quatre palpes, deux mâchoires et une lèvre inférieure très-allongée, qui, réunies, forment une trompe ou langue, fléchie en dessous de deux pièces très-courtes.

10. Le corselet, auquel la tête et l'abdomen ou le ventre tiennent par des filets très-minces et très-courts, est presque globuleux. A sa partie supérieure et postérieure sont insérées, de chaque côté, deux ailes inégales, transparentes, et à sa partie inférieure sont attachées six pattes en trois paires, dont la dernière, qu'on appelle le tarse, est divisée en cinq articles et terminée par deux crochets, A (*fig.* 3).

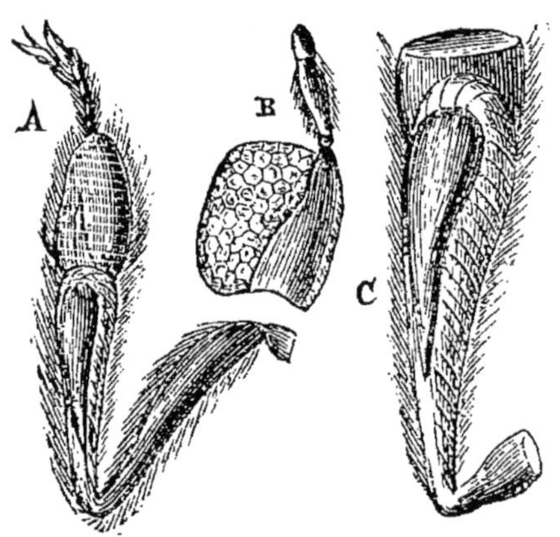

(*Fig.* 3.) Pattes et parties de pattes grossies de l'abeille ouvrière

11. Ces trois paires de pattes ont des *brosses* à leur troisième partie intérieure ; mais celles de la première paire sont arrondies et les autres aplaties, comme celles dont nous nous servons. Les abeilles emploient ces brosses pour réunir les parcelles de pollen qui tombent sur elles lorsqu'elles entrent dans les fleurs ; et elles s'en servent également pour enlever la poussière ou les corps qui les gêneraient, en un mot, pour faire leur toilette. A la troisième partie extérieure des pattes de derrière se trouvent les *palettes*, sortes de cavités appelées *cueillerons* (C, *fig.* 3), parce qu'elles servent à loger les pelotes de pollen que l'abeille recueille. — N'oublions pas les *stygmates* ou trachées, qui sont de petites ouvertures se trouvant près de l'insertion

des ailes. Ces ouvertures laissent voir les organes respiratoires des abeilles. L'air qui en sort produit, dans certaines circonstances, une sorte de cri ou chant qui doit faire partie du langage des abeilles, dont nous parlerons plus loin (56). Le battement précipité des ailes produit ce qu'on appelle le bourdonnement.

12. L'abdomen ou le ventre des ouvrières est ovale, allongé, et se compose de six segments, ou mieux est recouvert en dessus de six bandes écailleuses d'inégale largeur, diminuant de diamètre à mesure qu'elles s'éloignent du corselet, et, en dessous, de demi-anneaux qui se recouvrent en partie les uns les autres. Sous ces demi-anneaux se trouvent des sacs membraneux dans lesquels vient s'épancher une graisse qui s'y durcit et en sort sous forme d'écailles très-minces : c'est la *cire* avec laquelle les abeilles construisent leurs édifices.

L'abeille des Alpes diffère de notre abeille par sa couleur plus claire. Les deux premiers anneaux de son abdomen sont d'un jaune terre de Sienne. L'anneau terminal est plus pointu. Elle a, du reste, à peu près la même taille et les mêmes caractères anatomiques.

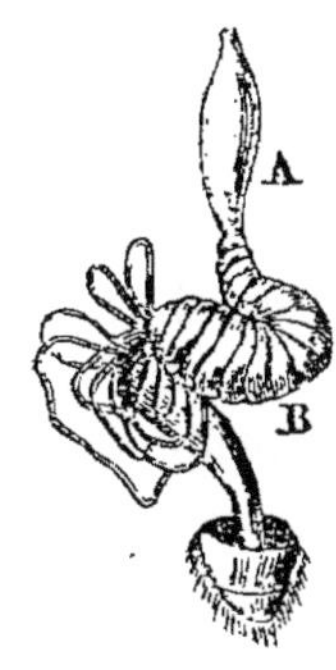

(*Fig. 4.*) Double estomac de l'abeille ouvrière.

13. Intérieurement l'abdomen renferme deux organes essentiels : 1° un double estomac (*fig. 4*), dont la partie, A, la plus rapprochée du corselet sert à recueillir le miel, et la seconde, B, à le digérer, soit pour l'alimentation de l'abeille, soit pour l'élaboration de la cire; 2° l'aiguillon, les muscles qui le meuvent et la vessie, qui contient le venin destiné à être répandu dans la plaie que fait cet aiguillon.

14. La matière cornée dont la tête, le corselet et l'abdomen de l'abeille sont recouverts rend cet insecte cuirassé pour ainsi dire comme les guerriers du moyen âge, et l'arme offensive dont elle est pourvue indique que l'abeille est destinée à être attaquée et qu'elle doit se défendre. Le Créateur, en l'armant ainsi, a doublement

prouvé son utilité. Quoi qu'il en soit, les abeilles ont un grand nombre d'ennemis parmi les animaux, et se livrent souvent entre elles des combats, soit partiels, soit généraux.

15. **Physiologie de l'abeille mère.** — La femelle ou abeille mère (*fig.* 5) est plus longue et plus grosse que l'ouvrière, surtout au moment de sa grande ponte. Sa couleur est plus brillante, elle est plus rousse en dessus et plus jaunâtre en dessous. Lorsqu'elle vieillit elle devient noirâtre; ses mâchoires sont plus courtes et sa trompe plus déliée. Ses pattes, plus longues et plus colorées que celles de l'ouvrière, n'ont ni brosses, ni cueilleron. Ses ailes sont beaucoup plus courtes que le corps; elle a un aiguillon un peu plus fort et un peu plus recourbé que celui de l'ouvrière, dont elle se sert rarement, et seulement contre d'autres femelles, ainsi que nous le verrons plus loin. Des femelles sont quelquefois beaucoup moins grandes et moins grosses que d'autres : cela provient des berceaux plus petits où elles ont été élevées.

(*Fig.* 5.) Abeille mère.

16. L'augmentation que l'abeille mère acquiert, lors du temps de la grande ponte, provient de la quantité innombrable d'œufs dont son ventre est rempli. Swammerdam en a fait le premier l'anatomie, et il résulte de ses observations qu'elle a deux ovaires allongés (*fig.* 6), composés d'un grand nombre d'oviductes ou sacs contenant des œufs très-difficiles à séparer les uns des autres. Cet observateur a compté plus de *six cents* de ces oviductes dans une seule femelle, et dans chaque oviducte il a distingué *dix-sept* œufs, ce qui faisait au moins *cinq mille* œufs visibles.

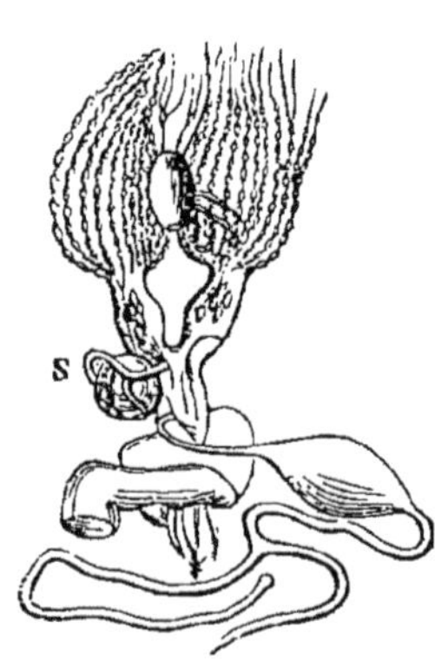

(*Fig.* 6.) Organes générateurs de l'abeille mère.

17. Dans la partie supérieure des oviductes existent de petits canaux ou filets minces, dans lesquels on remarque encore des

œufs à demi formés, et chaque ovaire se termine par un canal qui aboutit à l'anus, et qui se renfle avant d'y arriver. Les œufs passent dans ce renflement, auquel aboutit une sorte de vessie appelée *spermatèque*, S (*fig.* 6); et c'est là qu'ils reçoivent le baptême de la fécondation. Les œufs d'abeilles sont donc formés avant que d'être fécondés (125), et ce n'est qu'au moment d'être pondus qu'ils sont fécondés (*).

18. **Physiologie du mâle.** — Le mâle ou faux-bourdon (*fig.* 7 et 8) est plus gros et un peu plus long que l'abeille ouvrière; il est noir et a les extrémités du corps très-velues; sa tête est ronde; ses mâchoires et sa trompe sont plus petites; ses ailes sont larges et longues; ses pattes sont dépourvues de corbeilles ou cueillerons, et il n'a point d'aiguillon. Il fait entendre, en volant, un très-grand bruit tout différent de celui des abeilles; de là lui vient le nom de faux-bourdon que lui ont donné les apiculteurs, nom qui sert aussi à le distinguer du bourdon des champs. Le mâle exhale une odeur distincte de celle des ouvrières.

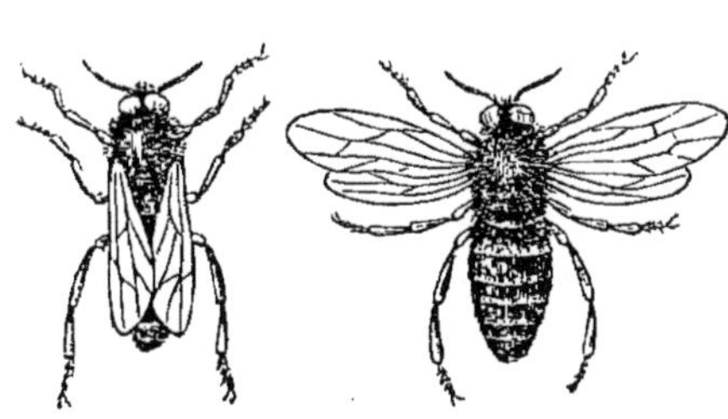

(*Fig.* 7.) Mâle ou faux-bourdon vu au repos. (*Fig.* 8.) vu au vol.

19. On rencontre quelquefois des mâles d'une plus petite taille que celui que nous venons de décrire; mais ils n'en ont pas moins les mêmes caractères. Nous verrons plus loin que ces mâles naissent dans des cellules d'ouvrières.

20. La cavité du ventre du faux-bourdon est occupée par des vaisseaux et des réservoirs dont l'usage paraît être de préparer et de contenir la liqueur fécondante et de la déposer dans le

(*) Un naturaliste allemand a découvert, il y a quelques années, que les œufs d'insectes sont percés d'un petit trou vers un point: ce serait, selon lui, par cette issue qu'ils sont fécondés.

corps de l'abeille mère par l'accouplement (*). Lorsqu'on presse le ventre du mâle, on en fait sortir facilement le *pénis* et les vésicules séminales, qui, par cette pression, se retournent en sortant et présentent une tête de chèvre avec ses cornes. L'appareil générateur du faux-bourdon est des plus complets : aucune des parties des animaux les plus élevés n'y manque.

21. **Sens des abeilles.** — Huber, que j'aurai plus d'une fois l'occasion de citer, a tenté sur les organes des sens des abeilles quelques expériences qui lui ont fait penser que la cavité de la bouche était le siége de l'odorat, et les antennes celui du toucher (**). Le docteur Auzoux place également le siége de l'ouïe dans les antennes, qui seraient, en même temps et concurremment avec les trachées et les ailes, les organes du langage des abeilles.

22 Dès que deux abeilles se rencontrent, on les voit de suite se toucher par les antennes, qui paraissent très-sensibles; et lorsqu'on leur coupe ces parties elles ne peuvent plus se diriger.

23. Lorsqu'on fait l'anatomie de l'abeille, on trouve que les antennes sont le prolongement du cerveau, ou plutôt que ce sont des ganglions formés par la moelle épinière, lesquels ganglions constituent autant de cerveaux ou de parties de cerveau qui se rattachent. On ne doit donc pas être étonné du rôle important que jouent ces antennes. On ne doit pas non plus s'étonner de voir l'insecte vivre quelque temps encore après

---

(*) Voir l'*Apiculteur* (7e année), pour la description des organes sexuels du faux-bourdon

(**) L'auteur de l'*Histoire particulière de l'Abeille commune* place aussi l'organe du goût dans la bouche, non loin des organes de l'odorat, dont le siége est dans les *antennules*. (Il appelle ainsi quatre petits filets mobiles qu'il place dans la bouche.) « Leur rapprochement du siége du goût, dit-il, en parlant de ces filets, pour en diriger les affections ou en prévenir les erreurs, semble devoir nous engager à y fixer l'impression des émanations odorantes et le discernement des fleurs qui les répandent »

M. Ch. Lespès, dans un mémoire présenté en 1859 à l'Académie des Sciences, établit que ce sont les antennes qui portent réellement les oreilles chez tous les insectes. Il a vu, sur ces organes, de petits vésicules transparents dont les membranes lui ont laissé apercevoir l'épanouissement du nerf auditif.

avoir été privé de la tête, qui ne contenait qu'une partie du cerveau.

24. L'odorat est très-délicat chez les abeilles, puisqu'on les voit, en sortant de leur ruche, attirées par les émanations des fleurs, voler en ligne droite l'espace de deux ou trois kilomètres, pour y chercher les plantes qui leur promettent une abondante récolte. Mais leur goût paraît être assez indifférent et assez bizarre; car, si elles recherchent avec empressement les liqueurs les plus douces et dont l'odeur est la plus suave, on les voit aussi butiner indifféremment le mauvais miel et les liqueurs sucrées quelconques. La quantité les attire plus que la qualité.

25. L'organe de la vision étant très-développé, les abeilles voient, le jour, à une très-grande distance; mais la nuit elles ne voient que de très-près. Selon Jacques de Gélieu, ce sont les petits yeux lisses (9) qui voient le jour à une grande distance, et qui servent aux abeilles pour découvrir les fleurs, s'y poser avec facilité, et retrouver leur habitation. Les yeux à réseau voient aussi dans le jour, mais d'une manière confuse à une certaine distance; tandis que de très-près ils distinguent, lors même que la lumière est très-faible; ce qui permet aux abeilles de travailler dans leur ruche, lors même que l'obscurité y est à peu près complète (*).

26. **Fonctions de chaque genre d'abeilles.** — Nous avons vu que les abeilles vivent en colonies, peuplades ou familles, et que chaque colonie se compose au printemps de trois genres d'individus : nous disons au printemps, parce qu'à la fin de l'été les mâles sont mis à mort. Ces trois genres d'individus, que nous avons appris à distinguer, ont des fonctions toutes différentes qu'il nous importe extrêmement de connaître à fond; car c'est sur elles que nous devons la plupart du temps baser nos opéra-

(*) Les abeilles qui sortent de leur ruche ont soin de frotter les poils de leurs petits yeux; celles qui entrent frottent, lorsqu'elles sont posées sur le plancher, leurs yeux à réseaux. (Voir l'usage des yeux des abeilles, 9e année de l'*Apiculteur*.)

tions apiculturales, en tant qu'il s'agit du gouvernement des colonies.

27. **Fonctions de l'abeille mère.** — Les fonctions de l'abeille mère sont de peupler la colonie, de multiplier l'espèce, autrement dit, de *pondre*. Elle ne butine pas, et, lorsqu'elle est fécondée, elle ne sort de sa ruche que pour l'essaimage.

28. **Accouplement.** — Quelques jours après sa naissance (deux ou trois, si elle a été retenue prisonnière au berceau (143), et huit ou neuf, si elle n'a pas été retenue au berceau), la jeune femelle, si le temps est beau, sort de sa ruche vers le milieu de la journée, à l'heure où les mâles prennent leurs ébats. Après s'être arrêtée un moment sur le plateau, elle prend son vol, tourne autour de son habitation afin de pouvoir la reconnaître, et s'élève à une hauteur qui ne permet pas de suivre ses mouvements. Il est rare qu'elle soit fécondée dans cette première sortie, qui ne se prolonge pas au delà de huit à dix minutes (*). Mais un quart d'heure ou une demi-heure après, elle sort de nouveau, et, si elle rencontre un mâle ou si elle en est rencontrée, l'accouplement a lieu (**). Son absence est d'environ une demi-heure, et elle rentre dans sa demeure avec les signes de la fécondation, c'est-à-dire avec les parties génitales du mâle attachées à sa vulve. — Ainsi, la fécondation a lieu dans les airs, et un seul accouplement suffit pour rendre l'abeille mère féconde pendant toute son existence, qui est de quatre à cinq années.

29. **Fécondation anormale.** — L'abeille mère doit être fécondée dans les premiers jours de son existence, autrement sa fécondation est anormale. Régulièrement fécondée, elle pond beaucoup d'ouvrières et peu de mâles. Si, par une cause quel-

---

(*) Huber affirme que la première sortie est toujours sans effet.

(**) Des auteurs prétendent qu'avant de sortir de sa ruche la jeune femelle fait choix du mâle qui lui convient. Non-seulement cette assertion manque de preuves, mais il arrive fréquemment que la future mère s'allie à un mâle d'une autre colonie, observant en cela une loi presque commune à tous les animaux, la loi de consanguinité qui les porte à repousser les unions de famille. Elle accepte ou prend un mâle de sa colonie quand elle n'en trouve pas d'autre.

conque, la jeune femelle ne peut se faire féconder les premiers jours de sa naissance, elle pond parfois autant de mâles que d'ouvrières. Elle ne pond plus que des mâles lorsqu'elle est fécondée trop tardivement (*).

30. Aussitôt rentrée dans sa ruche, la femelle fécondée s'occupe de se débarrasser des organes du mâle qu'elle traîne après elle. Pour cela elle se courbe, et, avec les crochets de ses pattes de derrière et ses mandibules, elle les enlève par lambeaux.

31. **Ponte.** — Vingt-quatre ou trente-six heures après l'accouplement (**), l'abeille mère commence sa ponte, qu'elle continue une grande partie de l'année dans les climats tempérés, et toute l'année dans les climats doux où les fleurs se perpétuent, à moins toutefois qu'elle ne soit dérangée par une cause extraordinaire, telle, par exemple, qu'une maladie ou un désordre dans la ruche. — Elle ne pond qu'une sorte d'œufs, auxquels elle donne le sexe, ainsi que nous le verrons plus loin (123), et qu'elle dépose dans des cellules spéciales.

32. **Ordre de la ponte.** — La jeune femelle, fécondée normalement (29), pond, la première campagne, des œufs d'ouvrières en plus ou moins grand nombre, pendant environ dix mois. Elle pond peu d'œufs de mâles; souvent elle n'en pond pas du tout. (Il s'agit de la plupart de femelles nées à la suite

---

(*) M. Collin et des apiculteurs allemands ont constaté des exceptions à la règle. Le premier a vu une mère artificielle, régulièrement fécondée, pondre autant de mâles que d'ouvrières. Des apiculteurs allemands ont rencontré des mères, fécondées après vingt et un et même trente jours, pondre encore régulièrement des ouvrières. On pense même que des mères nées à l'entrée de l'hiver peuvent encore se faire féconder normalement au sortir de cet hiver. (V. l'*Apiculteur*, 7e année.)

(**) Dans les éditions précédentes, nous avions dit « *quarante-six heures* après l'accouplement, » terme établi par Huber. M. Collin s'est assuré, par plusieurs expériences, que des jeunes mères ont commencé à pondre dans les *vingt-quatre* heures qui ont suivi leur accouplement. L'abeille mère, affirme-t-il, ne commence sa ponte que le onzième jour de sa naissance, c'est-à-dire dix jours révolus après être arrivée à terme, et cela dans les circonstances les plus favorables, quand la fécondation n'a pas été retardée d'un seul jour par le mauvais temps.

d'un essaimage et placées dans nos latitudes tempérées.) Les campagnes suivantes, elle pond beaucoup d'œufs d'ouvrières, au début du printemps, dans les localités où les principales fleurs mellifères s'épanouissent en cette saison. Vers le milieu, elle pond une certaine quantité d'œufs de mâles, et, par intervalles, quelques œufs de futures mères. Quelquefois elle pond encore des œufs de mâles vers la fin de l'été, lorsque des fleurs abondantes permettent aux abeilles un butin nouveau. Ce qui veut dire que toute mère fécondée régulièrement peut pondre des œufs de mâles lorsque les circonstances le commandent. Ainsi, une jeune mère féconde pond des mâles en mai et en juin, si la colonie est forte et le temps favorable à l'essaimage. En général, la ponte est subordonnée aux fleurs.

33. **Grande ponte.** — La mère pond quelquefois toute l'année, avons-nous dit; mais elle pond davantage au retour de la belle saison, lorsque s'épanouissent les fleurs qui produisent beaucoup de pollen. C'est à ce moment qu'a lieu la ponte qui doit regarnir la colonie affaiblie par l'hiver, et former des colonies nouvelles qu'on appelle *essaims*. A cette époque donc, l'abeille mère pond du matin au soir sans interruption. C'est cette ponte continue, qui se termine par celle d'œufs de mâles, qu'on appelle *grande ponte*. Dans les localités de culture spéciale de sarrazin, la grande ponte n'a lieu qu'au commencement de la floraison de cette plante.

34. La grande ponte peut avoir lieu deux fois. Cela arrive, par exemple, lorsqu'après avoir épuisé les fleurs d'une localité on transporte les abeilles dans une autre localité qui a des fleurs plus tardives.

35. **Quantité d'œufs que l'abeille mère pond.** — Le nombre d'œufs que l'abeille mère pond est plus ou moins grand, selon différentes circonstances : il est communément de *quarante* à *cent mille* par an; il peut s'élever de *deux cents* à *cinq cent mille*, et quelquefois davantage pour la durée de son existence. L'abeille mère pond plus dans les pays doux et parsemés de fleurs mellifères que dans les pays froids et arides; en ruche spacieuse garnie de provisions et de population qu'en

ruche qui ne réunit pas ces conditions; dans une ruche à parois épaisses qui concentrent mieux la chaleur que dans une ruche défectueuse sous ce rapport; au milieu de son existence que quand elle est âgée. Elle pond également plus, toutes choses égales d'ailleurs, dans une jeune cire que dans une vieille.

36. Les mères qui vieillissent ne pondent plus d'œufs e femelles et pondent peu d'œufs d'ouvrières. Il en est de jeunes qui s'obstinent à ne pas pondre d'œufs de femelles (*). Les mères mutilées, celles qui ont perdu leurs antennes, perdent leur instinct et ne savent où déposer leurs œufs, qu'elles laissent tomber partout où elles passent. Ces mères doivent être remplacées.

37. **Parthénogénèse, ponte sans fécondation.** — La mère peut pondre sans avoir reçu les approches du mâle, mais elle ne pond alors que des œufs qui ne donnent naissance qu'à des faux-bourdons, œufs qui ne sont pas fécondés au passage, comme le sont ceux qui donnent naissance aux ouvrières (**).

38. **Fausses dénominations données et fausses fonctions attribuées à l'abeille mère.**—L'abeille mère a été longtemps appelée *roi* par les anciens, qui, ne connaissant pas son sexe, étaient excusables; le sont moins les modernes qui, connaissant ses fonctions, l'appellent *reine*. Cette abeille, étant une femelle qui remplit admirablement son rôle, ne saurait porter d'autre nom que celui d'abeille mère.

« Les anciens apiculteurs, dit Bosc, se sont mépris grossièrement sur la destination des abeilles. Voyant qu'il y avait un ordre admirable dans la société de ces insectes laborieux, et un

(*) M. Collin pense que l'impuissance des unes et la mauvaise volonté des autres tiennent à ce que les constructions des ruches sont vieilles. Ces causes influent sans doute, mais il en existe d'autres communes à tous les animaux.

(**) La question de savoir si la mère peut, sans être fécondée, pondre des œufs viables, c'est-à-dire si la parthénogénèse existe chez elle, est enfin jugée. On n'a, pour s'en convaincre, qu'à retenir une jeune mère prisonnière dans sa ruche, et l'on y trouvera des œufs de mâles. Si c'est une jeune mère provenant de cousains d'abeilles alpines, les faux-bourdons seront alpins. (V. l'*Apiculteur*, 7e et 8e années, aux travaux de Siebold, de Berlepsch, Dzierzon, Huillon, etc.)

seul individu différent des autres, ils ont supposé que cet individu était un *roi*, dont les mâles étaient les *soldats* et les ouvrières les *sujets*. On ne voit pas sans peine des auteurs modernes conserver le nom de *reine* à l'abeille mère, nom tout aussi impropre et tout aussi absurde que celui de *roi* ou *chef* (*). »

Il est vrai que quelques-uns de ces auteurs attribuent à l'abeille mère des velléités de commandement et de présidence à l'ordre des travaux intérieurs, et que, selon eux, elle déterminerait, par exemple, la direction à donner aux édifices publics, etc.; mais ces attributions ne sont que supposées et non prouvées. Les abeilles vivent en communauté et non en monarchie. Chez elles, le sentiment de la famille et de sa conservation est si développé qu'il absorbe toute leur action. Le corollaire de ce sentiment, celui du travail, devait se rencontrer chez l'abeille. Le désordre arrive dans la colonie lorsque la mère disparaît, mais ce n'est pas à cause du manque de commandement, c'est parce que l'élément reproducteur, la *pondeuse*, n'y est plus (42).

39. **Caractère de l'abeille mère.** — L'abeille mère est d'un caractère timide. Si l'on pratique une opération dans sa ruche, elle fuit dans la partie la plus retirée. Pressée entre les doigts, elle ne sait pas même faire usage de son aiguillon. Elle se laisse maltraiter par une simple abeille étrangère. Celle-ci lui tire les ailes, les pattes, se dispose à la piquer. La mère, quoique plus forte, souffre tout, baisse la tête, resserre les anneaux de son ventre pour ne pas être piquée et fuit quand elle peut. Elle ne montre du courage que dans une seule circonstance : c'est contre les individus de son espèce et contre les ouvrières pondeuses.

40. **Odeur particulière des mères.** — Les mères ont une odeur particulière alcoolique, tenant de la mélisse, odeur

(*) Les Allemands, peuple chez lequel les *roitelets* pullulent, sont les plus obstinés à garder la qualification de *reine* à l'abeille mère. Il est vrai qu'à l'Institut de France cette qualification est de même gravement maintenue. Mais on sait que l'*oi* était encore là en usage quand, depuis longtemps, le public l'avait remplacé par *ai*.

assez forte, qu'elles communiquent plus ou moins aux abeilles de la colonie.

41. **Aversion des mères.** — Les mères ont une telle aversion les unes pour les autres qu'il ne peut y en avoir deux en même temps dans une ruche, sans qu'elles ne se battent jusqu'à ce que s'ensuive la mort de l'une d'elles. Cette aversion s'étend aux femelles encore vierges, et existe pour les femelles nées contre celles à naître.

42. **Utilité de l'abeille mère.** — L'abeille mère est un membre si nécessaire à la colonie que sans celle-ci tout tombe dans l'inaction, se débande et se disperse; sans elle et sans l'espérance d'en voir naître une autre avant peu, tout y est dans la langueur, l'abattement et la consternation. Mais cette circonstance n'est pas la plus commune, attendu que si l'abeille mère vient à manquer, lorsqu'il y a des larves d'ouvrières dans la ruche, les abeilles savent s'en procurer une autre, ainsi que nous le verrons plus loin.

43. **Durée de leur existence.** — Les mères vivent de quatre à cinq ans, avons-nous dit; mais à quatre ans elles sont déjà vieilles et pondent moins que plus jeunes. Des apiculteurs les remplacent à cet âge. Mais le plus grand nombre laisse ce soin aux abeilles.

44. **Fonctions des mâles.** — La fonction des mâles est de féconder la jeune femelle; et, parmi le grand nombre qui se trouve dans une ruche, un seul a cet insigne et fatal honneur, lorsque la femelle ne se fait pas féconder par un mâle d'une autre colonie. Je dis fatal, parce qu'en perdant ses organes générateurs dans le grand acte de l'accouplement ce mâle trouve une mort inévitable (*).

45. **Mœurs des mâles.** — Les mœurs des faux-bourdons

(*) Selon quelques auteurs, entre autres Féburier, les mâles seraient encore utiles à entretenir la chaleur nécessaire à l'éclosion du couvain à un moment donné. Dans cette circonstance, leur grand nombre, qui, dans l'état normal, est souvent proportionné à la force de la colonie, serait expliqué. D'autres pensent

sont très-douces et très-paisibles. Dans la ruche ils restent cois et semblent se livrer au sommeil une partie du temps. Ils se tiennent ordinairement dans la partie la plus chaude de l'habitation, là où les abeilles se trouvent en plus grand nombre; leur principale occupation paraît être de se tenir sur le miel, de s'en repaître, car ils ne mangent que cela, et leur estomac en est la plupart du temps rempli. Ils ne sortent que vers le milieu de la journée et par un beau temps, pour faire une promenade et accomplir diverses évolutions bruyantes aux environs du rucher. C'est dans ces courses vagabondes qu'ils rencontrent les jeunes femelles qui cherchent à se faire féconder. — Ils passent quelquefois d'une ruche à une autre sans que les abeilles en paraissent offensées.

46. **Durée de leur existence.** — La durée de leur existence est fatalement limitée et courte : ils ne vivent guère plus de deux ou trois mois, quoiqu'ils puissent vivre tout aussi longtemps que l'ouvrière, c'est-à-dire environ un an. On en voit passer l'hiver dans les ruches en décadence. Quelque temps après la saison de l'essaimage, ils sont mis à mort par les ouvrières.

47. — La présence des mâles hors de la saison de l'essaimage pronostique que l'abeille mère est morte, ou bien qu'elle se trouve dans des conditions anormales, c'est-à-dire qu'elle a été fécondée trop tardivement (29). Les colonies qui conservent ainsi des mâles marchent à leur ruine : elles sont en décadence. Il faut les réunir à d'autres bien organisées.

48. **Odeur des mâles.** — Dans le temps de l'essaimage, les mâles exhalent une odeur assez forte, qui, avec le bruit qu'ils font entendre en volant, est sans doute, pour la jeune

---

que par leur grande consommation de miel (de Berlepsch dit qu'un faux-bourdon en consomme autant que trois ouvrières) ils rendraient service, en ce sens qu'ils éviteraient la pléthore des ruchées. Quoi qu'il en soit, une grande quantité de mâles est plus nuisible qu'utile, et l'apiculteur a tout intérêt à limiter autant que possible leur développement. En les créant si nombreux, la nature a été, comme dans maintes circonstances, très-prodigue. Elle a voulu que les jeunes femelles pussent facilement en rencontrer.

femelle qui veut se faire féconder, un moyen de les rencontrer dans l'air. Cette odeur prononcée présage la sortie des essaims.

49. **Fonctions des ouvrières.** — Les ouvrières exécutent seules tous les travaux d'alimentation, d'édification et d'entretien de la ruche. Les unes, et c'est le plus grand nombre, vont aux champs récolter la nourriture de la famille et apportent tous les matériaux nécessaires à l'entretien de la ruche. C'est pour cette raison qu'on les a nommées *nourricières* (on eût mieux fait de les nommer *pourvoyeuses*, et d'appeler nourricières celles qui s'occupent d'alimenter le couvain). D'autres sont chargées de la construction des édifices au moyen de la cire qu'elles secrètent; on donne à celles-ci le nom de *cirières*. D'autres enfin s'occupent de l'éducation du couvain, de la garde de l'habitation, de sa propreté, de sa ventilation et de différentes autres fonctions, parmi lesquelles il en est une qui manque de terme pour être exprimée, mais qui s'approche de celle du vidangeur.

50. L'abeille mère, nous l'avons fait remarquer, ne sort de la ruche qu'à l'époque de l'essaimage; le reste du temps elle lâcherait ses excréments sur les rayons si des ouvrières, des sortes de porte-coton qui la suivent, n'étaient constamment aux aguets et ne lapaient ses déjections au fur et à mesure qu'elles se présentent. Ce sont des abeilles remplissant cette fonction plus que modeste que des auteurs peu sérieux ont prises pour des *dignitaires* faisant leur cour et rendant leurs hommages à la *souveraine*.

51. **Pourvoyeuses et cirières.** — Des auteurs ont, d'après Huber, donné à entendre que les travailleuses étaient nées avec des formes et des aptitudes spéciales; ils ont dit que les cirières étaient plus fortes que les pourvoyeuses et qu'elles allaient très-rarement à la picorée; ils ont dit aussi que les pourvoyeuses n'élaboraient pas la cire, parce qu'elles n'étaient pas constituées pour pouvoir le faire; ils ont dit enfin que les cirières étaient plus fortes et moins courageuses que les nourricières, et que celles-ci étaient plus ovoïdes et plus actives que celles-là.

52. L'observation nous a appris, ainsi que l'a remarqué de son côté Dzierzon, que les jeunes abeilles sont généralement les cirières, et les vieilles, les butineuses. La cirière devient essentiellement butineuse lorsqu'elle est vieille; et elle est souvent butineuse et cirière à volonté lorsqu'elle est jeune. Elle paraît plus forte que la pourvoyeuse, parce qu'elle a plus d'embonpoint, plus de graisse, si je puis m'exprimer ainsi. Chez les abeilles, comme chez la plupart des autres animaux, les jeunes individus ont plus d'aptitude à s'engraisser que les vieux. Cependant il est de jeunes abeilles dont les organes secréteurs sont défectueux; mais on remarquera que cette prédisposition se rencontre encore chez quelques jeunes individus des autres espèces d'animaux. De même, quelques vieilles abeilles peuvent encore secréter la cire; mais généralement, après avoir secrété beaucoup de cire, c'est-à-dire après avoir usé ses organes secréteurs, l'ouvrière ne sait plus que butiner, et elle s'en occupe spécialement. C'est alors qu'elle paraît petite, maigre, décharnée; cela se remarque surtout au moment où elle part pour les provisions; car, lorsqu'elle en revient, son abdomen bien garni de miel lui donne la taille de la cirière la plus grosse Dans telle circonstance, toutes les ouvrières sont *butineuses*, et, dans telle autre, une grande partie sont *cirières*. Lorsque, par exemple, la saison est favorable à la récolte du miel, toutes ou presque toutes les abeilles d'une ruche qui a des édifices s'occupent d'aller aux champs pendant le jour, et un certain nombre produisent la cire pendant la nuit pour operculer les cellules pleines. Si pendant le jour on examine l'intérieur de la ruche d'un essaim, on voit que la grande majorité des abeilles est absente et que l'apport du miel est abondant, mais que l'allongement des édifices est peu sensible ; tandis que si on l'examine le matin, on voit que le travail en cire a été très-grand la nuit. Donc, un grand nombre d'abeilles ont dû concourir en même temps aux mêmes travaux. Nous le répétons : peu d'abeilles s'occupent de secréter la cire dans les ruches garnies d'édifices, et, au contraire, beaucoup s'en occupent dans une ruche où l'on vient de loger un essaim.

53. On peut remarquer au printemps que les abeilles des

ruches dont on a fait une récolte de cire à la fin de l'hiver rebâtissent d'autant plus vite leurs édifices que ces ruches sont bien garnies de provisions, et que la récolte qui s'ouvre est abondante. On peut remarquer aussi que les abeilles font moins de cire en mauvaise qu'en bonne année, en été sec qu'en été humide, en cantons pauvres en fleurs qu'en cantons riches : donc il faut du miel pour faire la cire ; donc aussi les travaux sont influencés par les circonstances, et non par l'organisation spéciale de certaines abeilles.

54. Toutes les butineuses travaillent dans la campagne à ramasser le *miel* du nectaire des fleurs et celui produit par la miellée, le *pollen* des étamines des fleurs et la propolis des chatons et des écorces de certaines plantes. Au printemps elles sont dehors toute la journée, depuis l'aurore jusqu'au crépuscule. Mais en été, lors des grandes chaleurs, elles sortent beaucoup moins vers le milieu du jour. Comme c'est le matin que le plus grand nombre de fleurs s'épanouissent, c'est aussi le matin qu'elles sortent en plus grand nombre et font ordinairement leurs plus abondantes provisions. Par la pluie et le froid, les abeilles restent au logis. Celles qui s'aventurent périssent le plus souvent si elles s'éloignent beaucoup de leur habitation.

55. **Mœurs des ouvrières.** — La plus grande intelligence et la plus douce union règnent entre toutes les abeilles d'une colonie. L'entente des travaux est aussi admirable que parfaite. Mais, autant les ouvrières se supportent facilement entre elles, autant elles sont terribles pour les étrangères qui viennent dans leur ruche. Après avoir été examinées et reconnues étrangères, celles-ci sont impitoyablement mises à mort si elles ne parviennent à s'échapper avant que l'aiguillon fatal ne les ait atteintes. Nous verrons plus loin que les abeilles étrangères sont quelquefois supportées ; nous verrons aussi que des abeilles de la colonie, des abeilles vieilles ou mal conformées, sont impitoyablement expulsées et mises à mort par leurs compagnes (363).

56. **Langage des abeilles.** — Les abeilles ont une sorte

de langage composé de cris et d'attouchements (*). En outre, les abeilles de chaque colonie exhalent une odeur *sui generis* particulière que nous ne savons pas apprécier, mais qu'elles distinguent facilement, ayant l'odorat très-développé. Comme nous l'avons vu, elles se palpent au moyen de leurs antennes, qui sont très-impressionnables, et elles se flairent en quelque sorte dans tous les sens pour se reconnaître (**).

(*) C'est improprement, dit Gélieu, que l'on attribuerait un langage aux abeilles, puisqu'elles ne profèrent aucun son articulé. Tantôt un petit sifflement, tantôt un bruit confus, tantôt un son plus aigu sont des signaux pour s'avertir d'un danger, pour se demander du secours. Cependant elles ont des moyens de se communiquer mutuellement leurs désirs, leurs craintes, leur état, leurs circonstances. Qu'on nomme ces moyens *langage*, ce n'en est pas un proprement, puisqu'elles n'expriment pas des idées distinctes. Quelque dénomination qu'on leur donne, ils suffisent pour établir un concert de volontés et d'actions absolument nécessaire pour atteindre un certain but. En voici quelques exemples :

Quand une ruche a perdu sa mère, on y remarque une agitation générale, un tumulte, une perplexité qui ne sauraient échapper aux yeux les moins attentifs. On la cherche de tous côtés; si l'on ne peut la retrouver, il s'agit de la remplacer. Il faut pour cela abattre les parois des cellules qui sont près de l'œuf d'ouvrière avec lequel la colonie a décidé de former une mère (142). Cela suppose un accord de volontés, et comment le procurer sans une espèce de langage?

Il faut aussi cette réunion de volontés et d'efforts quand il s'agit de repousser un ennemi commun. Il y a encore de l'entendement à exécuter l'ordre de proscription des mâles quand le moment est arrivé (46.)

Lorsqu'une abeille a trouvé du miel, soit dans un bâtiment non fermé, soit dans une ruche étrangère où elle a pu pénétrer, elle en avertit ses compagnes, qui sortent bientôt par centaines et par milliers pour avoir part au butin. Comment pourraient-elles se donner cet avertissement sans une espèce de langage, entendu de chacune d'elles?

Mais ce langage est confus et n'exprime pas distinctement leurs idées. Car si c'est dans une chambre que la première a trouvé du miel, les autres ne se dirigent pas d'abord vers l'embrasure de la fenêtre où elle a passé; elles voltigent autour de toutes les croisées du même bâtiment, jusqu'à ce qu'elles arrivent à celle qui y donne accès. Il en est de même d'une ruche dans laquelle une voleuse a pu s'introduire et enlever une charge de miel; toutes les ruches du même apier et même des apiers voisins sont attaquées en même temps. Les pillardes ne persistent pas à forcer le passage dans celles qui leur opposent de la résistance; elles continuent leurs recherches jusqu'à ce qu'elles aient trouvé celle qu'on leur a dite accessible, sans pouvoir la désigner. Si les abeilles pouvaient se commuuiquer des idées bien précises, ces recherches n'auraient pas lieu. (*Le Conservateur.*)

(**) Le sage auteur de la nature, qui a donné aux abeilles des moyens de défense, leur en a donné aussi de se reconnaître entre elles et de distinguer

57. **Les abeilles ne sont pas agressives.** — Les abeilles ne piquent que quand on les tourmente, dans leur habitation ou aux alentours. Mais à une certaine distance de leur ruche, dans les champs, sur les fleurs, lorsqu'elles sont à butiner, elles fuient et ne pensent aucunement à attaquer ceux qui les tourmentent. On peut donc les examiner tranquillement et sans danger, se rendre témoin de la manière dont elles prennent le miel et le pollen. Cependant, si on les presse, elles lancent leur aiguillon.

58. **Les abeilles s'apprivoisent.** — Les abeilles qui sont souvent fréquentées sont bien moins farouches et bien plus traitables que celles qui ne le sont pas. Elles s'habituent aux personnes qui les soignent et sont peu agressives envers les personnes étrangères.

On a prétendu que les abeilles finissent par reconnaître celui qui les soigne parmi d'autres personnes ; elles lui sont moins hostiles qu'à ces dernières. Mais la démarche différente paraît seule en être la cause. L'apiculteur se conduit envers ses abeilles d'une manière déterminée, réfléchie et convenable, tandis qu'un étranger est craintif, brusque et maladroit ; ceci excite la colère des abeilles. — Nous ajouterons qu'elles ont de la *mémoire*, et qu'elles se souviennent de l'endroit où est placée leur ruche, comme des bons et des mauvais traitements.

---

les étrangères. Qu'une abeille tombe par accident ou soit poussée par le vent dans une ruche qui n'est pas la sienne, elle est saisie et mise à mort à l'instant, comme suspecte de mauvais desseins. Quel est le signe de reconnaissance des abeilles? Quel en est l'organe et l'instrument? Sont-ce les antennes, ces espèces de cornes, flexibles en tous sens, qu'elles ont au-devant de la tête? Cela est très-probable. Est-ce à l'odeur qu'elles se reconnaissent? Cela est très-probable aussi.

Le mot de ralliement ou le signe de reconnaissance des abeilles peut être quelquefois commun à plusieurs ruches, ce qui les met en état de se piller impunément. Mais dans ce cas, qui est heureusement bien rare, elles peuvent changer leur signe de reconnaissance et en substituer un autre à volonté. — GÉLIEU.

IIe LEÇON

PRODUITS RECUEILLIS PAR LES ABEILLES

Du miel. — Cueillette du miel. — Emmagasinement. — Miellée ou miélat. — Usage que les abeilles font du miel. — Composition du miel. — Du pollen et de sa récolte. — Emmagasinement. — Usage du pollen. — Composition. — Surrogat du pollen. — Fécondation des plantes aidée par les abeilles. — Du rouget. — De la propolis : sa récolte, son usage, son emmagasinement et sa composition. — De la cire : son origine, sa composition et son usage.

59. Les abeilles butinent le *miel* et toutes les matières sucrées liquides, le *pollen* (*pollène*) et la *propolis* (54).

60. **Du miel.** — Le miel est une secrétion des végétaux qui se fait ordinairement par de petites glandes, tantôt saillantes, tantôt excavées, que les botanistes ont appelées *nectaires*, d'où vient le nom de *nectar* que les poëtes ont donné à ce suc. Cette secrétion se trouve sur les fleurs de presque tous les végétaux (tous ceux qui ont des fleurs simples), et est plus ou moins abondante, selon la chaleur de la saison combinée avec son humidité : cela veut dire que toutes les années n'en donnent pas également. Les qualités du miel, son goût, son arome et sa couleur varient à l'infini, comme sa quantité, selon la nature des plantes et du sol, et aussi selon le climat et l'état de l'atmosphère.

61. **Cueillette du miel.** — Le miel est la principale nourriture des abeilles; aussi s'appliquent-elles à en ramasser autant qu'elles en trouvent et qu'il leur est possible d'en mettre dans

leur ruche. Lorsque la saison est favorable, on les voit, dès le lever du soleil et même avant, voler de fleurs en fleurs, introduire leur trompe dans la corolle et y laper la liqueur sucrée, qui, comme nous l'avons vu, est logée dans le premier estomac, A (*fig.* 4, p. 17), pour être apporté dans la ruche où il se façonne, c'est-à-dire où la chaleur vaporise la trop grande quantité d'eau qu'il contient. Mais il conserve ses principes originels, le goût de la fleur, parfois même sa couleur, et aussi le goût de terroir, que sait reconnaître l'amateur de ce suc. Il ne subit pas de transformation en passant par la bouche de l'abeille, mais, dans certains cas, il subit une modification moléculaire. Ainsi, l'abeille change en suc de raisin, c'est-à-dire en miel, du sucre de canne (*).

62. **Emmagasinement du miel.** — Lorsque les abeilles sont suffisamment chargées, elles retournent à leur habitation et dégorgent leur miel, la plupart du temps, dans le premier alvéole vide qu'elles rencontrent; puis elles repartent pour une provision nouvelle, et cela jusqu'à l'approche de la nuit. Le temps qu'elles emploient pour emplir leur estomac est subordonné à la quantité de fleurs qu'elles rencontrent et à la quantité de miel que donnent ces fleurs. Sur certaines fleurs et par un temps favorable, l'abeille aura trouvé son approvisionnement en moins de cinq minutes; tandis que sur d'autres fleurs et en saison moins favorable, il faudra quatre fois plus de temps, et encore l'approvisionnement sera souvent moins complet. Le temps favorable à la sécrétion du miel est un temps doux, quelque peu humide et chargé d'électricité. Le temps froid et sec, avec vent du nord, est contraire à cette secrétion. — Il faut environ deux minutes à l'abeille pour qu'elle ait dégorgé son approvisionnement de miel dans la ruche.

63. Les butineuses, avons-nous dit, déposent ordinairement le miel dans la première cellule vide qu'elles rencontrent; ce

---

(*) L'abeille ne fait pas subir de transformations chimico-physiologiques au suc des fleurs; elle opère seulement une légère modification moléculaire dans les sucs cristallins. — CALLOUD.

suc est ensuite emmaganisé dans la partie supérieure de la ruche et dans les rayons des côtés, en commençant, la plupart du temps, par ceux qui sont le plus éloignés de l'entrée de la ruche. Lorsque le miel est abondant, les rayons en sont emplis jusqu'à leur partie la plus inférieure; et, lorsqu'une cellule est à peu près pleine, les abeilles bâtissent au-dessus une sorte de couvercle ou opercule qui bouche tout à fait cette cellule, lorsqu'elle est entièrement pleine. Ce couvercle ou opercule est plat, blanchâtre et transparent, très-mince, quelquefois même un peu déprimé, A (*fig.* 9). L'opercule empêche le miel de couler et lui conserve toutes ses qualités.

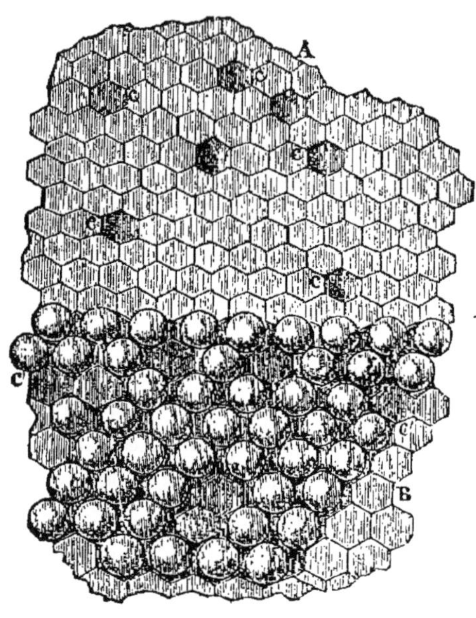

(*Fig.* 9.)
A. Partie supérieure, miel operculé.
B. Partie inférieure, couvain operculé.
CCC. Cellules contenant du pollen.

64. **Miellée ou miélat.** — Ce n'est pas seulement dans le calice des fleurs qu'il se produit du miel; la tige herbacée de certaines plantes, entre autres les vesces d'hiver; les feuilles de plusieurs arbres, tels que le chêne vert, le tremble, le mélèze, les épicéas, etc., en sécrètent aussi quelquefois très-abondamment. C'est cette sécrétion qu'on appelle *miellée* ou *miélat*.

Les excréments de deux variétés de pucerons sont encore du miel que les abeilles recueillent ainsi que la miellée.

65. On sait que les abeilles transforment en miel le suc de plusieurs fruits : c'est ce qui a conduit des apiculteurs à donner

aux abeilles des sirops pour nourriture, lorsque le miel manque. Ces sirops sont plus ou moins bons, selon la quantité de matière sucrée qu'ils renferment.

66. Les abeilles transforment en miel, lorsqu'ils sont fondus, les sucres de canne (161), de betterave, de sorgho, de pomme de terre (la glucose), etc., la séve de plusieurs arbres et la manne sucrée de quelques autres. Le miel formé de sucre raffiné est moins sirupeux et a moins d'arome que celui recueilli sur les fleurs. Celui provenant de cassonade conserve plus son goût originel.

67. **Usage que les abeilles font du miel.** — Le miel est butiné par les abeilles pour leur nourriture, ainsi que nous l'avons déjà dit, et pour celle de leur couvain. C'est après avoir passé dans leur second estomac et avoir été transformé dans leurs organes qu'il donne la cire, dont nous parlerons plus loin (87).

68. **Composition du miel.** — La composition chimique du miel est assez complexe et variable; on y trouve, selon M. Payen, du sucre cristallin (glucose) semblable au sucre de fécule, un autre sucre liquide incristallisable ; et, d'après M. Dubrunfaut, une petite quantité de sucre de canne dissous, qui se transforme spontanément en glucose, sous l'influence d'un ferment également contenu dans le miel. On a constaté, en outre, la présence de la mannite (matière sucrée que l'on peut extraire de la manne, du céleri-rave, et de quelques sucs fermentés), de deux acides organiques, de substances aromatiques, d'une matière colorante jaune, enfin de substances grasses et de principes azotés. Hoffmann a également trouvé cette matière grasse que Tingry a découverte dans les feuilles : il n'est donc pas surprenant que les abeilles en fassent de la cire (*).

(*) Composition du miel de la vallée de Chamounix (Savoie) : sucre solide (glycose et sucre de canne), 55,35; sucre fluide (mellose), 33,00; eau d'hydratation, 8,00; matière colorante (melichroïne), 0,60; mannite, matière muqueuse, acide libre, 3,05; total : 100.

Miel de la plaine : sucre solide, 45,10; sucre fluide, 43,95; eau d'hydratation,

69. Le miel contient plus ou moins de matières saccharines, selon les fleurs sur lesquelles il a été butiné et selon le climat et les circonstances atmosphériques. La plupart des miels de France contiennent de 80 à 88 p. 100 de principes sucrés (sucre de canne, glucose et mellose), par conséquent sucrent moins que le sucre raffiné, et plus que le sirop de fécule (glucose) de 40 degrés (40 p. 100 de sucre).

70. **Du pollen et de sa récolte.** — Le pollen est la poussière abondante que l'on trouve sur les étamines épanouies des fleurs. Cette poussière, le plus souvent jaune, consiste en une infinité de petits globules formant la matière séminale des fleurs. Il y a du pollen rouge, orange, blanc, gris, noir.

71. L'abondance ou la pénurie du pollen répandu sur les fleurs est presque toujours proportionnée à la quantité de substance miellée qui suinte du nectaire de ces fleurs. Cependant il est des fleurs qui donnent beaucoup de pollen et peu de miel, et d'autres beaucoup de miel et peu de pollen. La quantité et la qualité du pollen sont, ainsi que la quantité et la qualité du miel, subordonnées à la nature des plantes, au sol, au climat et au temps.

72. Les abeilles ramassent le pollen à l'aide des poils dont leur corps est couvert, de leurs mandibules, de leurs jambes et des brosses dont celles-ci sont garnies, et elles s'en font des pelotes aux pattes de derrière. Lorsqu'elles viennent se poser sur les fleurs, nos industrieuses ouvrières saisissent avec les mandibules tout ce qu'elles en trouvent de répandu sur les capsules des étamines ou tombé sur les corolles; elles s'élèvent aussitôt et voltigent un moment, pendant lequel elles mâchent, pétrissent et réunissent les grains de ce pollen, en l'humectant un peu, soit du miel qu'elles trouvent dans le nectaire de la fleur, soit de celui qu'elles portent, à cet effet, dans leur pre-

---

7,70; matière colorante aromatique, 1,15; matière muqueuse, acide libre, 2,10; total : 100. — Calloud.

Comme on le voit, la composition des miels diffère assez sensiblement.

mier estomac. Après avoir ainsi pétri en volant la bouchée de pollen dont elles se sont emparées, et l'avoir passée de la première paire de pattes à la seconde, et de là à la troisième où se trouve le cueilleron, elles recommencent la même manœuvre jusqu'à ce que la pelote soit entièrement formée. Elles ouvrent quelquefois avec les mandibules les capsules qui tiennent le pollen enfermé : c'est dans ce moment que leur corps, couvert de poils, reçoit la poussière prolifique qui tombe dessus. Si quelques parcelles vont plus loin, elles s'empressent d'aller les saisir avec les dents ou avec les jambes. D'autres fois, elles se roulent en tous sens sur cette poussière, et elles en sont bientôt couvertes, de manière à en prendre la couleur : tellement qu'une abeille paraît brune en sortant du calice d'une tulipe, et jaune en quittant celui d'une fleur de lis ou de concombre. Couverte de pollen, l'abeille se sert avec une dextérité incroyable des brosses qu'elle porte pour ramasser sur son corps ces poussières et les faire passer prestement sur la palette triangulaire que nous avons remarquée sur les jambes postérieures, C (*fig.* 3, p. 16). Cette petite cavité, entourée de poils, fait l'office de corbeille pour recevoir les graines de cette poussière ; ces graines y sont entassées et retenues, et forment une seule masse de la grosseur d'une lentille. Au moyen de plusieurs coups redoublés que les jambes mitoyennes donnent en tapotant sur cette masse, elles en forment une pelote, B (*fig.* 3), dont la consistance permet de supporter sans inconvénient son transport dans la ruche. Quelquefois ces pelotes sont très-volumineuses, mais mal polies ; d'autres fois elles sont petites.

73. L'abeille qui va à la cueillette du pollen se préoccupe peu du miel, et ne rapporte que cette matière. Cependant on en voit qui se chargent en même temps de pollen et de miel. Dans ce cas, l'aprovisionnement de chaque partie est moins grand que quand il est d'une seule matière.

74. **Emmagasinement du pollen.** — Lorsque l'abeille, chargée de pollen, arrive à sa ruche, elle monte sur les rayons et cherche un alvéole où elle puisse déposer ses pelotes ; elle y introduit les deux pattes qui les portent, les frotte l'une contre

l'autre et contre les parois de la cellule; elle parvient ainsi, souvent en moins d'une minute, à se débarrasser de son fardeau; puis elle repart pour une nouvelle charge. Lorsqu'elle rapporte en même temps un peu de miel, souvent elle ne prend pas la peine de le dégorger dans une cellule : elle présente la bouche à une abeille qui s'occupe de l'intérieur, et lui passe sa petite provision.

Les pelotes déposées dans les cellules sont tassées et pressées, au moyen de la tête et des pattes, par les abeilles, qui en font une masse solide et compacte. Les cellules qui contiennent le pollen n'en sont jamais entièrement remplies ni operculées, C C (*fig.* 9, p. 36); mais il arrive que les abeilles placent du miel sur le pollen; dans ce cas, les cellules peuvent être operculées.

75. Le pollen est emmagasiné particulièrement près du couvain, au milieu et en bas de la ruche, et spécialement dans les cellules d'ouvrières. Il est rare d'en rencontrer dans le haut de la ruche, et plus rare encore dans les cellules de mâles.

76. **Usage du pollen.** — Le pollen, que les anciens apiculteurs appelaient *pain* des abeilles, parce qu'ils pensaient que les abeilles s'en nourrissaient, et aussi *cire brute*, parce qu'ils ignoraient l'origine de la cire (ils croyaient que les abeilles s'en servaient pour la produire), le pollen sert à la nourriture du couvain à l'état de larve. Aussi, dans le temps de la grande ponte, au printemps, les abeilles s'empressent-elles de le ramasser dans la plus grande quantité possible. Il est des colonies qui, à cette époque, en récoltent plus d'un kilogramme par jour. C'est, comme nous le verrons plus loin (129), mélangé au miel et préparé sous forme de bouillie par l'ouvrière qu'il est donné au couvain (*). Les abeilles en ramassent plus ou moins pendant toute la saison des fleurs, et quelquefois même beaucoup

(*) Des apiculteurs allemands, entre autres M. Kleine, attribuent au pollen absorbé par les abeilles une plus grande production de cire avec la même quantité de miel (87).

plus qu'elles ne peuvent en utiliser; mais si la mère périt ou cesse de pondre, les ouvrières en récoltent beaucoup moins.

77. **Composition du pollen.**—Suivant Fourcroy, le pollen contient de l'acide malique, des phosphates de chaux et de magnésie, une sorte de gélatine animale, une matière glutineuse ou albumineuse sèche.

78. **Surrogat du pollen.** — A la fin de l'hiver et au commencement du printemps, lorsque les fleurs ne sont pas encore épanouies et que le milieu du jour est beau, les abeilles butinent, en guise de pollen, les farines qu'elles rencontrent; notamment celles des légumineuses, telles que haricots, pois, lentilles, etc.; et, parmi les céréales, celles de seigle, avec lesquelles, et faute de mieux, elles alimentent le couvain. Aussi, dès que les fleurs donnent du pollen, elles délaissent les farines, que l'on ne doit cependant pas négliger de leur présenter au sortir de l'hiver. Ce surrogat leur facilite le moyen de commencer le couvain plus tôt, et de renforcer les populations plus vite. Il faut les leur présenter sèches et les placer à une petite distance du rucher.

79. **Fécondation des plantes aidée par les abeilles.** — Beaucoup de cultivateurs, fait remarquer Bosc, ignorent que les abeilles, en butinant sur les fleurs, outre les produits qu'elles en retirent, et dont ils doivent en partie profiter, favorisent la fécondation des germes, et assurent, par conséquent, la récolte des fruits. La nature, qui n'a rien fait en vain, et qui a toujours su combiner ses moyens de manière à les rendre réciproquement utiles les uns aux autres, a voulu que l'abeille, en déchirant les capsules qui renferment les poussières fécondantes, facilitât la dispersion de ces poussières, qu'elle les portât même sur le pistil, non-seulement de la fleur à laquelle elles appartiennent, mais même des autres fleurs du même pied ou de pieds différents. Cette grande fonction est d'une telle importance pour l'agriculture que ses avantages l'emportent bien des fois sur ceux que l'on retire du miel et de la cire. L'abeille, en portant le pollen d'une variété sur une autre de même famille, a plus d'une fois créé des variétés nouvelles.

80. **Du rouget.** — A l'arrière-saison, il y a toujours dans les ruches une certaine quantité de pollen en magasin : c'est une provision qui servira à la nourriture du couvain, que les abeilles commencent à élever dès le mois de janvier. Quand ce pollen est placé dans des cellules trop éloignées du centre de la population, il est abandonné; il se durcit, se décompose, devient acide et impropre à l'usage auquel il était destiné; il perd alors son nom propre pour prendre celui de *rouget*, de sa couleur ordinairement rouge. — Les fortes populations se débarrassent aisément du *rouget* en rongeant les cellules où il est entassé ; néanmoins, elles ne se livrent à ce travail qu'autant qu'elles ont besoin de cellules pour augmenter leur couvain. — On peut reconnaître, au printemps, la partie des rayons remplis de *rouget* : un petit duvet de moisissure en recouvre ordinairement la surface. On fait bien d'enlever cette matière immonde, c'est un travail qu'on épargne aux ouvrières. (COLLIN.)

81. **De la propolis et de sa récolte.** — La propolis est une substance résineuse, fort tenace, agglutinative, molle pendant les chaleurs, sèche et cassante par le froid, de couleur le plus souvent brunâtre ou rougeâtre, que les abeilles récoltent pendant toute la belle saison, et notamment vers la fin de l'été, aux bourgeons et à la tige des arbres, et aussi, selon quelques auteurs, aux anthères des étamines non encore poussiéreuses de certaines fleurs, et qu'elles rapportent sous forme de pelotes comme le pollen. Les arbres qui en fournissent le plus sont : le peuplier, le saule, le bouleau, l'orme, et quelques arbres à feuilles persistantes.

82. **Usages de la propolis.** — Le mot *propolis*, qui dérive d'un mot grec et veut dire *avant la ville*, nous indique que les abeilles se servent de la chose pour espalmer ou enduire l'intérieur de leur habitation, et en faire une espèce de circonvallation autour de leurs édifices. Aussi les parois intérieures des vieilles ruches, notamment de celles en petit bois (osier, troëne, viorne), sont-elles enduites d'une couche épaisse de propolis dont la récolte a dû demander beaucoup de temps aux abeilles, la cueillette de cette matière étant longue et difficile. Pour éviter

la perte de temps occasionnée par la récolte et l'emploi de la propolis, il convient d'avoir des ruches à parois unies le plus possible.

Les abeilles se servent donc de la propolis : pour enduire les parois intérieures des ruches ; pour boucher les fentes et petites ouvertures qui leur sont inutiles ; pour rétrécir, dans certaines circonstances, l'entrée de leur habitation ; pour coller les ruches aux tabliers de support ; pour attacher et consolider leurs rayons ; et, enfin, pour recouvrir les cadavres des animaux qui se sont introduits au milieu de leur colonie et qu'elles ont pu tuer à coups d'aiguillons.

83. Les colonies qui font la *barbe* collent aussi de la propolis à la partie extérieure de la ruche et du tablier où se fixe cette barbe. Les ruches sont dites faire la barbe lorsqu'un certain nombre d'abeilles sont groupées extérieurement.

84. Les abeilles ramassent parfois de la peinture sèche qu'elles emploient en guise de propolis, lorsque celle-ci manque.

85. **Emmagasinement de la propolis.** — Les abeilles n'emmagasinent pas la propolis, comme le pollen et le miel, dans les cellules : elles l'attachent aux parois de leur habitation, où elles la reprennent et la travaillent lorsqu'elles en ont besoin. Elles peuvent se servir plusieurs fois de la même propolis ; on s'en convainc en mettant au soleil de vieilles ruches vides, où on les voit bientôt accourir et enlever dans les corbeilles de leurs pattes ce qu'elles ont pu extraire de cette propolis ramollie par la chaleur.

Nous avons dit que la propolis est difficile à récolter et à utiliser : nous devons ajouter que les abeilles ont de la peine à s'en débarrasser elles-mêmes. Lorsqu'elles en sont chargées, elles sont obligées de se cramponner sur quelque point de la ruche, et les travailleuses de l'intérieur viennent la leur arracher par fragments à l'aide de leurs mandibules. Ces fragments forment des fils mous et gluants de couleur assez transparente ; en vieillissant, la propolis devient plus opaque et plus brune.

86. **Composition de la propolis.** — La propolis chauffée

donne une odeur aromatique ; par la distillation, on en obtient une huile essentielle très-suave. Si l'on en met sur des charbons ardents, elle exhale une odeur à peu près semblable à celle de l'aloès ou du baume du Pérou. Par la chaleur, elle s'amollit ; et, dans cet état, elle ne casse qu'après s'être allongée. La propolis se dissout dans l'ammoniaque, la térébenthine, l'esprit de vin, etc. Dissoute, on peut la passer dans un linge pour en séparer les matières étrangères ; en la mettant ensuite dans de l'eau et la faisant chauffer, elle se réunit en masse au fond du vase ; dans cet état, elle est friable, a une couleur rouge ou brune et une demi-transparence.

87. **De la cire.** — Le cire n'est, à proprement parler, que le suif ou la graisse des abeilles : c'est le produit d'une sorte de digestion des sucs des plantes à travers les organes circulatoires, produit qui vient s'épancher, sous forme de pentagones irréguliers, dans les sacs abdominaux de l'abeille (12-67). C'est d'abord sous forme graisseuse que la cire s'élabore dans les sacs abdominaux ; puis c'est sous forme de lamelles ou de petites aiguilles qu'elle sort de ces sacs. Sous cette dernière forme, les abeilles s'en emparent et l'emploient pour la construction de leurs édifices. Ces lamelles sont si légères qu'il en faut des centaines pour égaler le poids d'un grain de blé.

On a cru pendant longtemps, ainsi que nous l'avons dit, que l'élément principal de la cire était le pollen, dont les ouvrières se nourrissaient. Ce pollen, pensait-on, était élaboré dans leur estomac, et dégorgé ensuite par la bouche sous forme de bouillie blanchâtre. Telle était l'opinion générale avant qu'un observateur de la Lusace et ensuite Duchet et John Hunter eussent découvert des lamelles de cire engagées entre les arceaux inférieurs de l'abdomen. Les recherches de Huber père et de Huber fils corroborèrent cette découverte et ne laissèrent aucun doute sur la véritable origine de la cire.

88. Pour que les abeilles produisent de la cire, il faut donc qu'elles absorbent du miel ou toute autre matière sucrée, qu'elles digèrent et transforment cet aliment. Pendant cette transformation, elles sont en repos et ont besoin d'une certaine chaleur. A

quantité égale de miel absorbé, elles produisent plus de cire en été, lorsque la température est élevée, qu'en arrière-saison, lorsque la température est basse (*).

89. **Composition de la cire.** — Les chimistes disent qu'on doit considérer la cire comme une huile ou une graisse végétale très-oxygénée, mêlée à une petite quantité d'extrait. Elle fournit à la distillation : de l'acide sébacique, une huile épaisse, du gaz hydrogène, du gaz acide carbonique et du charbon. Elle contient une matière colorante qui varie selon la nature de l'élément qui l'a fournie.

90. **Usage de la cire.** — La cire sert aux abeilles, comme nous le verrons dans la leçon prochaine, à construire leurs édifices.

(*) Des expériences faites par Huber et répétées en 1844 par MM. Dumas et Milne Edwards, dans lesquelles on ne paraît pas avoir tenu compte de la température, établissent que cinq cents grammes de sucre réduit en sirop et élaboré par les abeilles donnent trente grammes de cire, et que la même quantité de miel ne donne que vingt grammes de cire seulement. — Nous pensons que ces quantités en donnent plus du double par une température élevée. (*V.* l'*Apiculteur*, 2e année, p. 255.) En bonne saison, une forte colonie ne doit pas employer plus de deux à trois kilogrammes de miel pour produire un demi-kilogramme de cire. (*V. Guide*, Collin, p. 47, 3e éd.)

IIIe LEÇON

ARCHITECTURE DES ABEILLES

Édifices des abeilles. — Rayons, gâteaux ou couteaux. — Cellules ou alvéoles. — Construction des cellules et des rayons. — Forme et disposition des rayons. — Orientation des rayons. — Épaisseur, poids, couleur et solidité des rayons. — Cellules d'ouvrières : dimensions et emplacement. — Cellules de mâles : dimensions, etc. — Remarque sur les cellules. — Cellules de mères. — Cellules maternelles artificielles, etc.

91. **Édifices des abeilles.** — On nomme édifices des abeilles les constructions en forme de gaufres que les ouvrières bâtissent dans le logement où elles sont établies pour élever la progéniture de la colonie et pour loger les approvisionnements butinés. Ces édifices s'appellent *rayons, gâteaux, couteaux.*

92. **Rayons.** — Par ces dénominations de rayons, gâteaux ou couteaux, on entend une suite de cellules ou alvéoles réguliers formant une gaufre plus ou moins allongée. On nomme plus volontiers couteau la gaufre qui renferme du miel, et gâteau celle où il y a du couvain. Rayon est la dénomination commune. Dans quelques localités, on le nomme *brèche.*

93. **Cellules ou alvéoles.** — Les cellules ou alvéoles des abeilles sont de petites cavités offrant la forme d'un prisme hexagonal (*fig.* 10), terminé par une pyramide à trois rhombes. Chacun de ces trois rhombes de fond est commun à deux

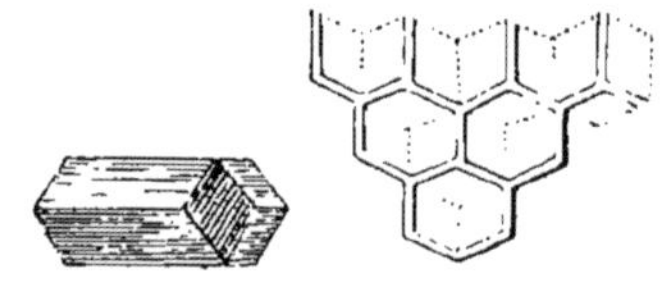

(*Fig.* 10.) Cellule. (*Fig.* 11.)

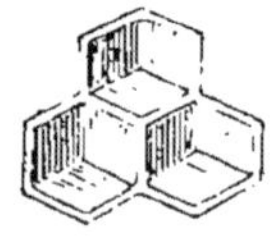

(*Fig.* 12.)

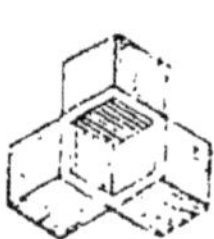

(*Fig.* 13.)

alvéoles; autrement dit, les trois côtés de la pyramide correspondent à autant de côtés d'alvéoles opposés (*fig.* 11, 12 et 13).

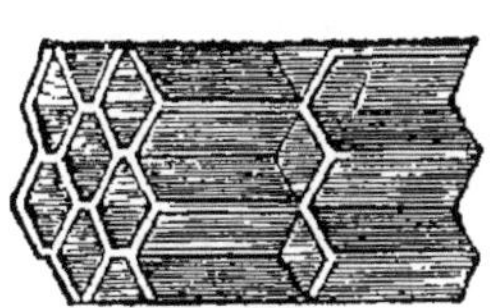
(*Fig.* 14.)
Cellules opposées.

Ce qui veut dire que le rayon a des cellules des deux côtés. Le fragment de rayon représenté par la *fig.* 14 montre la disposition des cellules.

Nous venons de voir qu'un rayon est une réunion d'alvéoles ou cellules régulières. Nous verrons un peu plus loin qu'il y a trois sortes de cellules, dont deux sont régulières et une irrégulière.

94. **Construction des cellules et des rayons.** — C'est à la partie la plus élevée de leur habitation que les abeilles commencent leurs édifices. Toutes les fois qu'il y a une saillie au sommet, elles y fixent leur premier alvéole; s'il s'y trouve un reste d'ancien rayon, elles le continuent. Cette disposition indique les moyens de les déterminer à donner telle ou telle direction â leurs travaux : il ne s'agit, pour cela, que de fixer au sommet intérieur de l'habitation une portion de rayon ou une planchette taillée en biseau.

Lorsque l'abeille veut construire, elle détache, avec ses jambes postérieures, les lamelles ou écailles de cire dont nous avons parlé (87), et qui se trouvent placées entre les segments écailleux de son ventre, et les porte à ses mandibules, puis les pétrit et en fait une espèce de pâte qu'elle applique au point où elle veut édifier. D'autres abeilles font le même travail jusqu'à ce que la construction d'un alvéole soit achevée.

Les abeilles commencent souvent plusieurs rayons à la fois et plusieurs alvéoles sur chaque rayon; mais ces premières constructions ne sont d'abord qu'ébauchées. Plusieurs motifs concourent à ce qu'il en soit ainsi. D'abord, les ouvrières ne peuvent pas toutes travailler au même rayon; ensuite, le travail ébauché a le temps de prendre de la consistance; enfin, la réunion des rayons groupe la colonie et concentre la chaleur là où elle est nécessaire.

Pendant qu'un certain nombre d'ouvrières construisent les premiers alvéoles, qui ne sont d'abord qu'ébauchés à leur

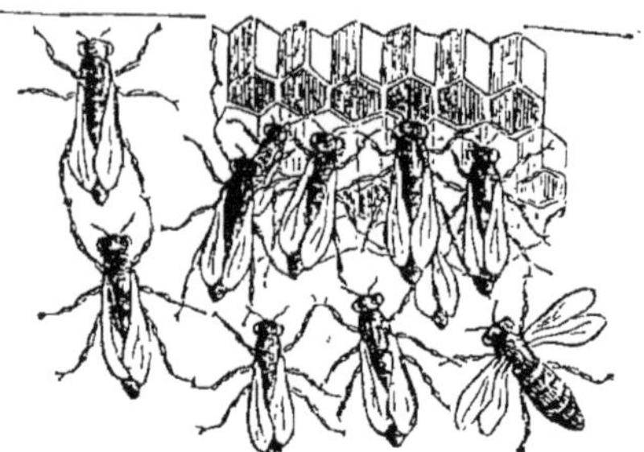

(*Fig.* 15.) Groupe d'abeilles secrétant la cire.

base, d'autres, suspendues par leurs pattes, formant des guirlandes, sont à l'état de repos et paraissent transformer en cire le miel dont elles sont gorgées. En effet, on les voit bientôt prendre la place des travailleuses et s'occuper des alvéoles ébauchés (*fig.* 15).

95. **Forme et disposition des rayons.** — Les rayons sont commencés, avons-nous dit, à la partie supérieure de l'habitation et descendent verticalement (*fig.* 16). La *fig.* 17 montre un rayon vu de face, et la *fig.* 18 un rayon vu de profil.

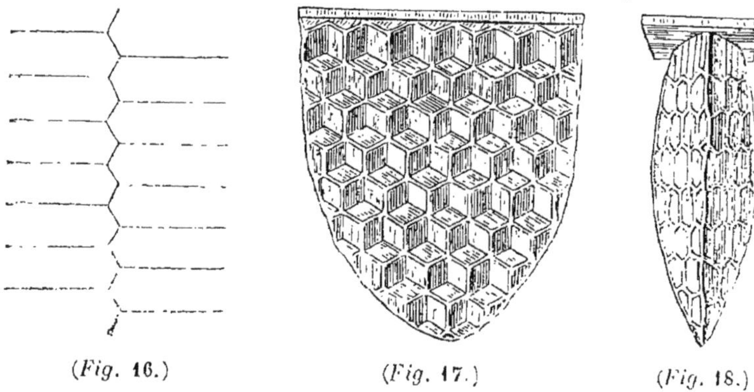

(*Fig.* 16.) (*Fig.* 17.) (*Fig.* 18.)

Ces rayons sont presque toujours parallèles (*fig.* 19 et 20);

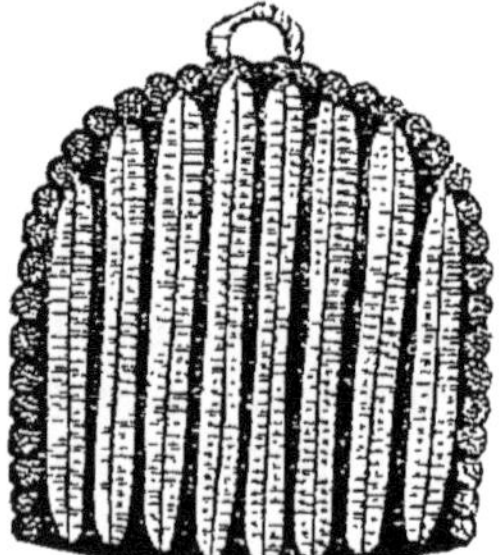

(*Fig.* 19.) Ruche coupée verticalement, montrant des rayons parallèles.

(*Fig.* 20.) Ruche demi-renversée, laissant voir des rayons parallèles.

autrement, ils s'écartent à droite ou à gauche, sont demi-circulaires, ou forment des lignes brisées, comme dans la *fig.* 21. Dans tous les cas, les abeilles ne laissent jamais de grands vides entre eux, dussent-elles prolonger démesurément les alvéoles pour combler toute lacune.

(*Fig.* 21.) Rayons irréguliers (coupe horizontale).

96. Bien que, dans l'ordre normal, les abeilles construisent de haut en bas, accidentellement elles construisent de bas en haut. Lorsque, par exemple, on fait un vide dans le haut de leur habitation, elles édifient assez souvent en montant pour combler le vide.

97. **Orientation des rayons.** — Si les abeilles consultaient l'hygiène, elles orienteraient leurs rayons plutôt d'un sens que de l'autre; jamais elles ne les édifieraient en travers de la porte d'entrée, comme cela arrive quelquefois (296). Mais tantôt elles les dirigent au hasard, et tantôt elles se guident sur un point culminant au plafond de leur loge (94), ou sur les boiseries dont cette loge est garnie (295). On peut obtenir la direction qu'on désire en plaçant un fragment de rayon au fond de la ruche, ou seulement une barrette taillée en biseau.

98. Les rayons ont ordinairement la largeur de la ruche, et souvent toute la hauteur (*fig.* 19). La distance observée entre eux sert de rue aux abeilles, et est combinée de manière que deux abeilles puissent voyager sur les gâteaux opposés sans se gêner.

Les abeilles ménagent des passages dans les rayons étendus, afin de pouvoir aller d'un point à l'autre de l'habitation sans de trop grands détours.

99. **Epaisseur et poids des rayons.** — Les rayons bâtis régulièrement ont une épaisseur de 25 millimètres lorsqu'ils sont disposés pour recevoir du couvain d'ouvrières (*); mais

(*) Il y a des rayons disposés pour le couvain d'ouvrières qui n'ont que vingt-

lorsqu'ils sont pleins de miel, leur épaisseur est quelquefois plus que doublée. C'est principalement dans le haut et sur les côtés de la ruche que se trouve la partie la plus épaisse des couteaux. Dans ce cas, deux abeilles ne sauraient passer de front entre les rayons.

Lorsque les rayons ne contiennent ni miel, ni pollen, ni couvain, ils sont très-légers ; mais lorsqu'ils sont bien garnis de miel, ils acquièrent quelquefois un poids tel qu'on supposerait qu'il dût les faire rompre.

100. **Couleur et solidité des rayons.** — Dans les premiers temps de leur confection, les rayons sont blancs ; ils sont alors mous et assez fragiles ; mais quelque temps après ils prennent la couleur de jaune soufre, puis de jaune mat, qui finit par brunir. Le bas des rayons qui ont séjourné quatre ou cinq ans dans les ruches est d'un gris sale, noirâtre même. En vieillissant ils acquièrent de la consistance, et ce n'est qu'un choc violent ou bien la chaleur du soleil qui puisse les faire rompre, lors même qu'ils sont amplement garnis. Nous verrons ailleurs que certaines ruches conservent plus longtemps que d'autres leurs rayons frais.

101. Nous avons dit que les édifices des abeilles se composent de trois sortes de cellules : 1° de cellules d'ouvrières en grand nombre ; 2° de cellules de mâles en nombre moins grand ; 3° de cellules maternelles en très-petit nombre. Les cellules d'ouvrières sont dans la proportion des trois quarts au moins. Il y a des rayons composés uniquement de cellules d'ouvrières, d'autres de cellules de mâles, et d'autres enfin qui ont des cellules d'ouvrières en un point et des cellules de mâles dans un autre.

102. **Cellules d'ouvrières.** — Les alvéoles destinés à servir de berceaux aux ouvrières sont les plus petits ; ils ont 12 millimètres de profondeur sur 5 millimètres 2 dixièmes de

---

trois millimètres d'épaisseur, et d'autres vingt-quatre millimètres. L'épaisseur des rayons propres au couvain de mâles varie de vingt-cinq à trente millimètres.

diamètre (*); mais, nous l'avons déjà dit, lorsque ces alvéoles servent de magasin au miel, ils ont quelquefois une profondeur double. L'épaisseur des parois est à peine d'un quart de millimètre pour les rayons nouvellement édifiés; mais cette épaisseur augmente lorsque les alvéoles ont plusieurs fois servi de berceau à des larves, lesquelles larves les tapissent d'une couche soyeuse qui, quoique excessivement mince (130), ne laisse pas d'amoindrir la capacité de ces berceaux.

Les alvéoles d'ouvrières se trouvent toujours sur les rayons du centre; il en existe aussi dans le haut et dans le milieu des rayons des côtés. Quelquefois ils occupent tout un côté de rayon et sont absents de l'autre.

103. **Cellules de mâles.** — Les alvéoles des mâles ont une profondeur un peu plus grande que ceux des ouvrières : elle est de 15 millimètres. Leur diamètre est aussi plus grand : il mesure 6 millimètres 6 dixièmes (**). Ces cellules occupent quelquefois tout un rayon à droite et à gauche de la ruche; d'autres fois elles ne sont que vers le bas des rayons de côté et dans la partie postérieure de l'habitation; elles peuvent n'exister que d'un côté du rayon. C'est un mauvais symptôme d'en rencontrer dans les rayons du centre.

Les abeilles savent s'y prendre pour raccorder les cellules de mâles avec celles d'ouvrières, sans que rien ne soit sensiblement dérangé dans la symétrie de leurs constructions. (*Pl.* 2.)

(*) L'apothème ou petit rayon d'un alvéole d'ouvrière a une longueur de deux millimètres six dixièmes........................ 2,6000

Chaque côté du même alvéole a donc........................ 3,0020

La surface, en millimètres carrés, est donc de........................ 23,4156

Donc un gâteau d'un décimètre carré renferme quatre cent vingt-sept cellules sur chaque face, ou huit cent cinquante-quatre sur les deux. (*Guide*, COLLIN.)

Dix-neuf cellules d'ouvrières mesurent un décimètre, à un millimètre près.

(**) L'apothème d'une cellule de bourdon est de........................ 3,3000

Chaque côté de cette cellule a donc........................ 3,8110

La surface, en millimètres carrés, est donc de........................ 37,7289

Un gâteau d'un décimètre carré renferme donc deux cent soixante-cinq cellules sur chaque face, ou cinq cent trente sur les deux.

Quinze cellules de mâles mesurent un décimètre. (COLLIN.)

104. **Remarques sur les alvéoles de mâles et d'ouvrières.** — Pour plus de solidité, les cellules sont garnies à leur entrée d'un mince bourrelet de propolis, le plus souvent rougeâtre. Les abeilles emploient aussi un peu de cette matière dans les angles intérieurs des cellules.

105. Les alvéoles de chaque sorte (ouvrière et mâle) sont de la même dimension, à de rares exceptions près; ils forment des hexagones assez réguliers, hormis ceux qui terminent les rayons et ceux qui servent de support, c'est-à-dire qui touchent aux parois de l'habitation : ceux-là n'ont ordinairement que la forme d'un pentagone.

106. Les alvéoles d'ouvrières et de mâles ne sont pas tout à fait horizontaux; ils sont un peu inclinés de haut en bas, de dehors en dedans, sous un angle de 4 à 5 degrés. Quelquefois cette inclinaison, dont le but est d'empêcher le miel de tomber, est beaucoup plus grande. Les côtés un peu relevés des alvéoles et leurs rebords grossis l'en empêchent aussi, quelque liquide qu'il soit.

107. Le nombre d'alvéoles contenus dans une ruche pleine de rayons est considérable. Une ruche jaugeant 27 litres en renferme près de cinquante mille (49,472) sur une surface de 64 décimètres carrés de gâteaux, répartis de la manière suivante : 40,992 cellules d'ouvrières sur une surface de 48 décimètres carrés; 8,480 cellules de faux-bourdons sur une surface de 16 décimètres carrés. Total : 49,472. Ce nombre considérable d'alvéoles peut être bâti en quatre ou cinq jours, tant est grande l'activité des abeilles; mais elles ne construisent aussi rapidement que lorsqu'elles font partie d'une forte colonie logée dans une ruche vide, et que la production du miel est abondante.

108. **Cellules ou alvéoles de mères.** — Les alvéoles maternels n'ont rien de ressemblant avec les alvéoles d'ouvrières et de mâles; ils n'ont pas non plus le même plan et ne sont pas placés dans le même ordre; ils sont au contraire isolés et ont leur direction presque perpendiculaire. Ces cellules ont la forme de la cupule d'un gland lorsqu'elles ne contiennent pas d'em-

bryon, M, (*fig.* 22); leur surface est comme guillochée de petits trous presque triangulaires. Les abeilles emploient une grande quantité de cire mêlée avec un peu de propolis pour leur construction. Leur profondeur varie, et leur diamètre est d'environ 8 millimètre 1/2.

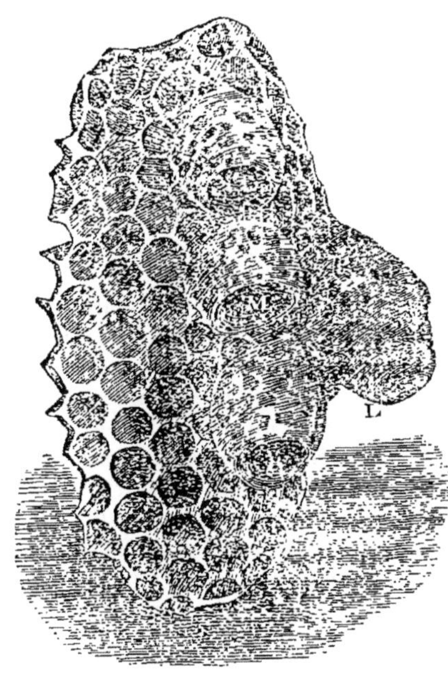

(*Fig.* 22.) Fragment de rayon ayant des cellules maternelles.

109. Les alvéoles de mères, au nombre de cinq ou six seulement dans les ruches, de dix ou douze dans d'autres, de vingt et même de vingt-cinq dans certaines, sont ordinairement établis au tiers de l'emplacement et sur le bord des rayons dans les parties qui n'adhèrent pas aux parois de l'habitation, ou bien encore sur le bord central des rayons qui ne traversent pas l'habitation. Dans ce cas, les alvéoles maternels sont au centre et remplissent le vide formé par ces demi-rayons.

110. **Cellules maternelles artificielles.** — Quelquefois les abeilles édifient des cellules maternelles au milieu des rayons : c'est quand elles ont perdu leur mère et qu'elles veulent s'en procurer une autre au moyen d'une larve d'ouvrière, ainsi que nous le verrons plus loin. Ces cellules sont dites *artificielles*. (*Fig.* 23, p. 64.)

Nous apprendrons à connaître plus amplement ces diverses cellules dans la leçon prochaine.

IVe LEÇON

TRAVAUX ET SOINS INTÉRIEURS. — COUVAIN

Répartition des travaux. — Appropriement. — Renouvellement de l'air. — Garde de l'entrée. — Du couvain. — Œufs. — Grande ponte. — Ver ou larve d'ouvrière. — Nymphe. — Couvain de mâles. — Couvain de femelles. — Identité des œufs de femelles complète et de ceux d'ouvrières. — Ouvrières qui pondent. — Œuf d'ouvrière transformé en femelle. — Femelles retenues au berceau. — Chant de la femelle. — Influence de l'âge des mères sur leur ponte et sur la valeur des colonies. — Attachement des abeilles au couvain. — Fureur des abeilles chargées de l'éducation du couvain. — Nettoiement des cellules. — Dévouement des abeilles pour leur mère.

111. Nous avons vu, dans la dernière leçon, que les édifices des abeilles sont construits régulièrement et disposés de la manière la plus favorable pour l'emplacement qu'ils occupent. Les constructeurs de ces édifices ont résolu un des plus beaux et des plus difficiles problèmes de la géométrie, en choisissant la forme de cellules qui occupe le moins de place dans une étendue donnée, tout en ayant la plus grande capacité possible. Ce qui n'a pas empêché Buffon de les appeler des automates. Mais, n'en déplaise à ceux qui pourraient penser comme ce célèbre naturaliste, nous n'accordons pas moins aux abeilles un degré d'intelligence, d'instinct supérieur, si l'on veut, dont elles nous donnent plus d'une preuve.

Les occupations des abeilles ne se bornent pas seulement à récolter le miel et à construire des édifices : elles s'étendent aussi aux soins d'élever une nombreuse progéniture et à toutes sortes de soins pour la conservation de la famille.

112. **Répartition des travaux.** — Les ouvrières se répartissent les travaux selon leurs aptitudes et selon les circonstances : celles qui ne sauraient élaborer la cire vont à la picorée. Nous avons vu qu'au moment de la grande production du miel toutes les ouvrières vont à la quête de ce suc, et nous savons que les butineuses habituelles, les vieilles abeilles, ne s'occupent pas de l'éducation du couvain, et très-peu de l'appropriement et de la garde de la ruche, etc.

113. **Appropriement.** — Les travailleuses de l'intérieur s'occupent de nettoyer la ruche, d'enlever et de porter au dehors toutes les ordures et tous les cadavres qu'elles rencontrent; elles couvrent de propolis les ennemis qu'elles ne peuvent emporter et dont l'odeur les empoisonnerait.

114. Elles font l'office de balayeuses pour débarrasser les rayons des ordures et des corps étrangers que les butineuses apportent incidemment à leurs pattes ou autour de leur corps. On les voit, pour cette opération, trémousser leurs ailes d'une manière toute particulière, non plus comme lorsqu'elles cherchent à renouveler l'air ou à produire le bruissement, mais dans le but de balayer les ordures.

115. **Renouvellement de l'air.** — Les abeilles ont besoin de renouveler l'air de leur habitation et de le rafraîchir à l'époque des grandes chaleurs. On les voit alors, principalement à l'entrée de la ruche et sur le tablier, où elles semblent cramponnées par leurs pattes, on les voit, dis-je, agiter sans cesse leurs ailes. Ces battements sont si précipités qu'ils semblent n'être qu'un mouvement rotatoire continuel. Le bruit qui en résulte produit ce ronflement si caractéristique de leur force et de leur énergie. Les abeilles qui battent ainsi des ailes sont remplacées alternativement (*). Les faux-bourdons ne battent pas les ailes.

(*) Dans son traité, Debeauvoys a fait jouer ce rôle spécialement aux cirières. La vérité est que beaucoup d'ouvrières qui reviennent des champs battent plus ou moins des ailes en entrant dans leurs ruches, surtout lorsqu'elles sont fatiguées et qu'elles ont eu de la peine à retrouver le logis. Ce

116. **Garde de l'entrée.** — Des ouvrières font une garde presque continuelle à l'entrée de la ruche pendant toute la bonne saison. Elles visitent les abeilles qui se présentent, et forcent quelquefois les butineuses qui reviennent de la picorée à leur donner le miel qu'elles apportent. Les gardes repoussent tous les insectes et toutes les abeilles étrangères qui tenteraient de s'introduire dans leur habitation; et, lorsqu'un ennemi se présente et qu'un danger menace la colonie, elles jettent une sorte de cri aigu pour appeler du secours. Les abeilles qui s'occupent de cette garde se relèvent de temps à autre (*).

117. **Du couvain.** — On appelle couvain les différents états de l'abeille au berceau, depuis l'œuf jusqu'à l'insecte près d'éclore. Le temps pendant lequel s'accomplit l'éducation du couvain se divise en quatre périodes : la première comprend celle de l'incubation; la deuxième celle où l'œuf éclos a produit un ver; la troisième celle où le ver se transforme en nymphe; la quatrième celle où la nymphe parvient à l'état parfait.

118. Nous avons vu que, vingt-quatre heures après sa fécondation, l'abeille mère commence la ponte d'une innombrable famille. Elle est quelquefois si pressée de pondre qu'elle n'attend pas toujours que les alvéoles soient achevés pour y déposer ses œufs. (Il ne s'agit plus ici de mère débutante.)

119. **Œufs.** — Les œufs des abeilles sont ovoïdes, allongés, un peu courbés, d'un blanc bleuâtre, et d'environ un millimètre et demi de long. La plupart des alvéoles du rayon de la figure 23, p. 64, sont garnis d'œufs. Ces œufs éclosent par la seule chaleur de la ruche, chaleur qui dépasse trente degrés.

---

battement d'ailes n'a pas pour but de renouveler l'air : il faut y voir une manifestation de contentement. C'est une espèce d'harmonie musicale dont elles usent très-largement à l'époque de leurs grands travaux. Un auteur fantaisiste a appelé cela la *prière en commun*. En fait de prière, les abeilles ne connaissent que le travail.

(*) Des auteurs ont avancé que dans l'intérieur d'une ruche il existait une sorte de police pour *maintenir l'ordre*. Dans la société de ces petites bêtes, où le sentiment du *chacun pour tous* forme la constitution et le code, cette superfluité n'est pas connue.

120. Le premier soin de l'abeille mère est d'examiner l'alvéole où elle veut pondre, pour s'assurer s'il est propre et en état de recevoir un œuf; ensuite elle se retourne et y enfonce sa partie postérieure. Elle reste quelques secondes dans cette position et se retire après avoir déposé l'œuf, le plus souvent dans l'angle supérieur du fond de l'alvéole, où il est collé par un des bouts au moyen de la matière visqueuse dont il est enduit, et que Swammerdam a reconnue dans le voisinage de l'ovaire. Un instant suffit pour cette opération, et elle n'est pas plus tôt terminée que la mère en recommence une semblable, et cela plusieurs centaines de fois dans une seule journée du printemps (*). Cette quantité est subordonnée à l'abondance des aliments, notamment du pollen, que les abeilles trouvent sur les fleurs, à la force des colonies, à l'âge et à la qualité de la mère, à l'état de la température et de la saison.

121. La mère ne dépose ordinairement qu'un œuf par cellule; mais lorsqu'elle est pressée de pondre elle en dépose plusieurs. Dans ce cas les abeilles enlèvent les œufs supplémentaires, qu'elles mangent, et n'en laissent jamais qu'un par cellule.

122. La mère perd quelquefois ses œufs, c'est-à-dire qu'ils s'échappent malgré elle et tombent dans des cellules ou sur le plancher. Elle perd facilement ses œufs lorsqu'elle est pressée de pondre, lorsqu'on l'a retenue captive dans le fort de la ponte, lorsque les abeilles ne construisent pas assez vite les alvéoles, lorsqu'enfin elle est malade.

123. La mère pond des œufs des deux sexes : des œufs d'ouvrières (femelles) qu'elle dépose dans des cellules construites pour les ouvrières, des œufs de faux-bourdons (mâles) dans des cellules construites pour les faux-bourdons. Mais dans ses ovaires il ne se trouve qu'une sorte d'œufs, œufs qui n'ont pas reçu la fécondation du mâle, et qui cependant possèdent les deux germes, mâle et femelle; le germe mâle — en ceci

(*) Selon de nouvelles observations, une mère peut pondre, en temps d'essaimage, de 2,000 à 3,000 œufs par jour, soit de 180 à 200,000 dans une année. — OETTL.

consiste la différence — appartient à l'œuf en même temps que la faculté de vivre, et il n'a besoin d'aucune fécondation ultérieure; c'est pour cela que des mères non fécondées peuvent produire des faux-bourdons complets (37). Le germe femelle, au contraire, a besoin d'une fécondation particulière, qu'il obtient par la volonté de la mère, lorsque l'œuf passant, au moment de la ponte, devant l'orifice de la vésicule séminale (S *fig.* 6, p. 18), est imprégné de son fluide fécondant. Dans ce dernier cas, le germe femelle obtient la prépondérance et le germe mâle est refoulé et anéanti. C'est ainsi que l'œuf devient un œuf d'ouvrière, et il serait resté un œuf de faux-bourdon s'il n'avait pas été en contact avec la vésicule séminale, réceptacle qui renferme la matière spermatique communiquée par le mâle lors de l'accouplement.

Lorsque la mère dépose par mégarde un œuf de mâle dans une cellule d'ouvrière, les abeilles exhaussent cette cellule et lui donnent un couvercle bombé. Le mâle qui en naît est de taille un peu moins développée (19). Mais la mère pond volontairement des œufs de mâles dans des cellules d'ouvrières lorsque les grandes cellules sont insuffisantes, ce qui peut avoir lieu quand la population est forte et la ruche petite. — Nous verrons plus loin qu'il y a des ouvrières qui pondent des œufs de mâles (140).

124. La jeune mère commence à pondre des œufs d'ouvrières, et ne s'arrête pas tant qu'il y a à la campagne des fleurs donnant du pollen et du miel. Il est rare qu'elle ponde des mâles la première année (ou du moins dans le climat de Paris). L'ancienne mère pond au printemps, d'abord des ouvrières, environ pendant deux mois (toujours dans le climat de Paris); puis, sans interrompre la ponte d'ouvrière, en avril et en mai, voire même jusqu'au moment de la destruction des adultes, pour le climat de Paris, elle pond une certaine quantité de mâles et, dans l'intervalle et à des jours différents, quelques œufs de futures mères dans les cellules spéciales (*).

(*) Nous avons soin de dire « dans le climat de Paris », parce que la ponte des

Dans les contrées favorisées d'un climat doux et d'une succession constante de fleurs, la fécondité des mères est prodigieuse; la ponte des œufs douvrières et de mâles s'y succède avec rapidité et continue presque toute l'année.

125. Dans nos climats tempérés la ponte de mâles a quelquefois lieu à deux époques de l'année : au commencement du printemps et à la fin de l'été. Dans les localités où l'on transporte les colonies au blé noir, une seconde ponte de mâles a lieu si cette plante donne beaucoup de pollen et de miel.

126. On appelle grande ponte, avons-nous dit (33), celle qui précède l'essaimage et lui donne lieu. Elle varie selon les climats et les fleurs. A l'époque de la grande ponte on trouve du couvain dans presque toutes les parties de la ruche, et les abeilles butinent autant de pollen qu'elles en trouvent. On voit des colonies en recueillir alors plus d'un kilogramme par jour.

127. L'abeille mère, nous l'avons vu, pond pendant presque toute l'année, mais beaucoup moins qu'au moment de la grande ponte. Pendant l'hiver même, quand il n'est pas rigoureux, il y a du couvain dans les ruches bien organisées; ce couvain se trouve alors au milieu et vers le haut de la ruche. Il n'y a donc que le temps froid, le manque de nourriture, des rayons défectueux et par trop vieux, ainsi que la vieillesse ou la défectuosité de l'abeille mère, qui empêchent la ponte.

128. Trois jours, ordinairement, après le dépôt de l'œuf dans l'alvéole, cet œuf se transforme : il donne naissance à un ver ou larve. L'œuf conserve sept ou huit jours, peut-être davantage, les facultés d'éclore lorsqu'il se trouve à une température moins élevée.

129. **Ver ou larve.** — Le ver ou larve est, comme nous venons de le voir, le produit de l'œuf. Ce ver est sans pieds, tout blanc, ridé circulairement, et toujours contourné sur lui-

---

mâles et des futures mères varie selon les climats. En Bretagne et dans d'autres contrées qui n'ont beaucoup de fleurs que tardivement, cette ponte n'a lieu qu'en juin et en juillet.

même au fond de sa cellule (*a, b, c, d, e, f, g h* et *L*, Planche 1, larves à divers âges). Il se donne fort peu de mouvement, même pour absorber la nourriture que lui présentent alors les abeilles. Cette nourriture est une bouillie composée de pollen et d'un peu de miel étendu d'eau dont la qualité varie selon l'âge du ver. Au commencement elle est presque blanche et insipide ; elle a un goût de miel lorsque le ver est plus avancé ; au terme de sa métamorphose, c'est une gelée transparente et fort sucrée. Tout le fond de la cellule est couvert de cette bouillie, sur laquelle le ver est couché, de sorte qu'il n'a qu'à ouvrir la bouche pour s'en gorger. Les abeilles ouvrières soignent ces vers avec l'affection la plus tendre, sont sans cesse occupées à les pourvoir de nourriture, et les visitent plusieurs fois dans la journée. Le chiffre 3 (*Planche* 1) représente une cellule coupée, qui laisse voir un ver dans la position qu'il occupe le quatrième ou cinquième jour de sa naissance.

130. Quand la saison est chaude, cinq jours suffisent au ver pour prendre tout son accroissement. Les nourricières, connaissant qu'il est au terme de sa métamorphose, cessent de lui apporter de la nourriture et ferment sa cellule avec un couvercle de cire bombé, et par conséquent différent de celui qui couvre les alvéoles où est renfermé le miel, ce dernier étant plat. C'est dans cette espèce de prison que le ver, après l'avoir tapissée d'un réseau de soie, c'est-à-dire après avoir filé une coque, change de peau et se transforme, se change en nymphe. Il accomplit cette opération en se roulant en tous sens et en se redressant. Le temps nécessaire pour cela est d'environ deux jours.

131. **Nymphe.** — On appelle nymphe l'état de mort apparente dans lequel passe la larve de presque tous les insectes avant de devenir véritablement insecte, c'est-à-dire avant de n'avoir plus de métamorphose à accomplir et d'être propre à la génération. La nymphe des abeilles (*Planche* 1, chiffre 3) est blanche, et on distingue à travers sa peau les parties extérieures de l'insecte parfait. Dans dix jours ou à peu près, toutes les parties de son corps acquièrent la consistance qui leur est néces-

saire; alors elle commence à déchirer son enveloppe; avec ses dents elle brise le couvercle de sa prison, et bientôt elle en sort la tête, puis les deux premières jambes, puis enfin le reste du corps. Une abeille vigoureuse franchit cette barrière en peu de temps, tandis qu'une abeille faible emploie souvent plusieurs heures et meurt quelquefois dans l'opération.

132. Le couvain d'ouvrière a donc mis de vingt à vingt et un jours pour accomplir toutes ses transformations, savoir : trois jours à l'état d'œuf, cinq jours à l'état de ver, deux jours (trente-six heures) occupé à filer sa coque, dix jours environ à l'état de nymphe. Mais ce laps de temps est plus grand si la température est froide : au lieu de naître au bout de vingt jours, le couvain d'ouvrière naît quelquefois au bout de vingt-deux, vingt-trois et vingt-quatre jours.

133. Les ouvrières ne prêtent aucun secours aux individus qui naissent, et les laissent périr s'ils ne sont pas assez forts pour sortir seuls de leur berceau. Mais elles s'empressent de les brosser aussitôt qu'ils en sont sortis, de leur présenter du miel, et semblent leur donner les instructions nécessaires pour les rendre utiles à la famille.

134. **Couvain de mâles.** — Les œufs de mâles, comme nous l'avons vu, sont pondus dans des cellules plus larges, où ils subissent les mêmes transformations que les œufs d'ouvrières. Mais ils n'arrivent à leur état parfait que le vingt-quatrième jour de leur ponte. Ils restent trois jours à l'état d'œufs, six jours à l'état de ver, trois jours occupés à filer leur coque, et douze jours à l'état de nymphe. Le couvain de mâle ne naît quelquefois qu'au bout de vingt-six et même de vingt-sept jours.

135. Les abeilles chargées de l'éducation du couvain prodiguent à celui de mâles les mêmes soins qu'à celui d'ouvrières; elles lui distribuent la même nourriture (76), le visitent avec la même assiduité; et, lorsqu'il est prêt à se transformer en nymphe, elles bâtissent sur les cellules qui lui servent de berceau des couvercles bombés. Ces couvercles sont quelquefois relevés en forme de calotte. Adulte, le mâle reçoit les mêmes attentions que l'ouvrière.

136. **Couvain de femelles** (*futures mères*). — Les œufs qui doivent produire des femelles développées sont déposés dans des alvéoles particuliers dont nous connaissons la forme. Ces alvéoles, M (*fig.* 22), ne sont encore profonds que de 5 à 6 millimètres, et ressemblent à la cupule du gland. Mais bientôt ils sont allongés et clos, L, même *fig.*, p. 53. (*Planche* 2.)

137. L'œuf de femelle éclot au bout de trois jours; la larve qui en sort passe cinq jours en cet état, après lesquels elle file sa toile; mais la longueur de l'alvéole ne lui permettant pas d'atteindre jusqu'à son extrémité, elle laisse ce travail imparfait du côté de la base. La bouillie qui couvre le fond de l'alvéole lui évite la peine d'y étendre sa toile. Elle n'emploie que vingt-quatre heures à ce travail; elle passe deux jours et quelques heures en repos, au bout desquels elle se métamorphose en nymphe, et, après être demeurée environ quatre jours en cet état, elle arrive à celui de femelle parfaite entre le quinzième et le seizième jour de la ponte (*). Mais, comme nous le verrons plus loin, elle peut être retenue prisonnière dans son berceau.

138. La nourriture que reçoit le ver de femelle développée est particulière : elle est d'abord plus acidulée, puis plus sucrée et plus abondante que celle donnée aux ouvrières et aux mâles. Il en reste presque toujours à l'état concret dans le berceau, après l'éclosion de l'adulte.

139. **Identité des œufs de mères et de ceux d'ouvrières.** — Les œufs de mères ne diffèrent en rien de ceux d'ouvrières, le fait a été découvert par Schirach. On sait donc aujourd'hui qu'*un œuf destiné à produire une ouvrière peut donner une abeille mère lorsqu'il est placé dans une cellule spéciale, et que le ver qui en naît reçoit une nourriture particulière* : ce qui démontre que toutes les ouvrières sont des

(*) Dans la première édition, nous avions donné seize jours quatre heures pour la durée de l'incubation. Huber n'a porté ce temps qu'à seize jours. M. Collin ne le porte qu'à quinze jours et douze heures. Nous pensons que cette durée peut varier au moins d'un demi-jour.

femelles et auraient pu devenir des mères, si elles eussent été autrement logées et alimentées. Elles sont restées stériles parce que leurs ovaires ont été comprimés pendant les développements du ver, et aussi parce que les vers n'ont pas reçu la nourriture particulière qui est donnée aux vers de femelles développées. Cette différence de nourriture influe beaucoup sur la larve : elle précipite son accroissement et facilite le développement de l'ovaire. Son influence sur cette partie du corps est telle que, si les ouvrières ont un excédant de cette nourriture et le donnent aux larves d'ouvrières, l'ovaire de ces ouvrières se développe de manière à pouvoir produire des œufs.

140. **Ouvrières qui pondent.** — Lors donc que des œufs d'ouvrières ont reçu la nourriture spéciale ou prolifique, soit parce que, leur cellule étant proche de celle de mère, des nourricières y ont laissé tomber quelques parcelles de cette nourriture, soit aussi parce que les nourricières, ayant voulu en faire des mères, s'y sont prises trop tard : toujours est-il que les ouvrières qui en naissent ont la faculté de pondre; mais elles ne peuvent pondre que des œufs de mâles.

141. Dans une ruchée bien organisée, il ne se trouve pas d'ouvrières qui pondent, parce que l'abeille mère leur livre combat et les tue; mais dans une ruchée qui n'a plus de mère, les abeilles accordent leur déférence aux ouvrières pondeuses : ces sortes de ruchées ne tardent pas à tomber en décadence.

142. **Œuf ou ver d'ouvrière transformé en femelle complète.** (*Moyen employé par les abeilles.*) — Tout ver d'ouvrière qui n'a pas atteint sa dernière période de développement peut être transformé en femelle complète (*).

(*) Nous avions dit, dans les éditions précédentes, d'après Féburier, Huber, etc., que la larve de plus de trois jours ne pouvait plus être transformée. On sait aujourd'hui que la transformation peut avoir lieu tant que le développement de la larve n'est pas complet, avant cinq jours révolus (132). Mais comme il arrive quelquefois que l'œuf n'éclot que quatre ou cinq jours, et même davantage, après la ponte, on voit des transformations avoir lieu encore après neuf, dix et onze jours. On en a même constaté au bout de quinze jours de la ponte de l'œuf; le cas est rare. Nous ajouterons que la cellule qui contient l'œuf d'ouvrière n'est agrandie que quand cet œuf est éclos.

Lorsque les abeilles veulent transformer une larve d'ouvrière en larve de mère (cela arrive quand elles viennent de perdre leur mère), elles agrandissent la cellule qui contient le ver en détruisant les cellules voisines M (*fig.* 23), et en donnant une autre direction à celles qu'elles agrandissent, L (*fig.* 23);

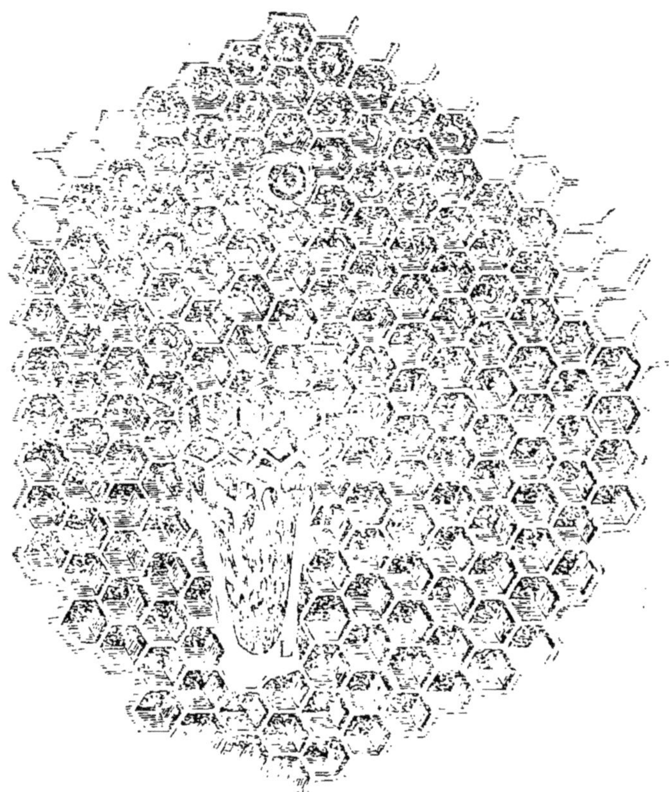

(*Fig.* 23.) Morceau de rayon avec cellules maternelles artificielles.

elles présentent à la larve à transformer la bouillie prolifique dont nous avons parlé, et cette larve accomplit les transformations que nous avons vues plus haut. Au bout de quinze ou seize jours de la ponte de l'œuf, il en naît une femelle que l'on appelle *mère artificielle*, laquelle a toutes les qualités de la mère qui provient d'un œuf pondu dans une cellule spéciale. Nous verrons plus loin le moyen de donner une mère artificielle à une colonie qui a perdu sa mère naturelle.

143. **Femelles retenues prisonnières au berceau.** — Nous avons vu que les femelles développées peuvent éclore au bout de seize jours ; mais elles n'éclosent quelquefois qu'au bout de vingt ou vingt-quatre jours, et même davantage. Alors elles sont retenues prisonnières par les ouvrières, qui renforcent les bords du couvercle de leur alvéole, et qui les gardent jusqu'à ce qu'il leur plaise de les laisser sortir. Il est rare que cette réclusion se prolonge au delà de huit jours ; et, pendant le temps qu'elle dure, les gardiennes du berceau pratiquent un petit trou au couvercle, par où la prisonnière peut passer sa trompe pour recevoir le miel que les ouvrières lui présentent comme nourriture.

144. Une femelle qui a été ainsi retenue prisonnière peut voler aussitôt qu'elle sort de sa cellule et se faire féconder deux jours après (28), tandis que celle qui éclot au bout de seize jours ne peut voler que deux ou trois jours après et se faire féconder qu'au bout de neuf ou dix jours de sa naissance.

145. **Chant de la femelle.** — On appelle ainsi le cri particulier que font entendre les femelles retenues prisonnières au berceau. Ce chant ne se fait entendre ordinairement que dans les ruches qui doivent donner des essaims secondaires, et, chaque fois qu'il est produit, il inquiète les abeilles et les plonge dans un silence instantané. Ce sont les jeunes femelles développées, retenues prisonnières au berceau et celles qui viennent de naître qui le font entendre, les premières par le cri accentué de *tit, titt, tuth* ; les secondes, plus particulièrement par *koua, koua*. Il est très-rare que les mères fécondées chantent ; elles ne le font que lorsqu'elles éprouvent une contrainte et qu'elles sont isolées de leur colonie (*).

(*) Plusieurs mères italiennes que nous avons enfermées dans des étuis avec quelques ouvrières pour les expédier par la poste se sont mises, au bout d'un moment, à chanter le *titt* très-accentué, qu'elles ont répété à plusieurs intervalles. — On entend quelquefois, avant la sortie des essaims primaires, un cri sourd et aspiré qu'on a rendu par *rhoue* et *crrre*, mais on ne sait à qui l'attribuer.

146. Influence de l'âge des mères sur leur ponte et sur la valeur des colonies. — Nous avons vu que les mères ne vivent que quatre ou cinq ans. La seconde année de leur existence est celle de leur plus grande fécondité. A cet âge elles sont vives, brillantes, d'une couleur d'or bruni, surtout aux premiers anneaux de leur abdomen; et, lorsqu'elles livrent des combats, elles sont ordinairement plus fortes que de plus âgées. A quatre ou cinq ans, leur port n'est plus le même : elles ont l'air moins vives, sont moins fortes et presque inféconds. Elles ont perdu une grande partie des petits poils de leur corselet, leur couleur a noirci, leur taille même a subi un grand changement; elles sont plus petites, leurs ailes sont souvent déchirées.

Les essains conduits par de vieilles mères dépérissent souvent parce que ces mères ne pondent presque plus. Il importe donc de n'avoir que de jeunes mères dans les colonies, et par conséquent de remplacer celles qui commencent à vieillir. Nous verrons plus loin les moyens à employer pour cela.

147. Attachement des abeilles au couvain. — Les abeilles ont pour leurs petits nourrissons l'attachement le plus tendre. Un rayon rempli de vers et placé dans une ruche vide suffit pour les y retenir et leur faire oublier l'enlèvement de leurs provisions, même quand elles seraient privées de mères; mais, dans ce cas, il faut qu'il y ait dans les rayons des œufs, ou des larves d'ouvrières qui ne soient pas entièrement développées, avec lesquelles elles peuvent se procurer une mère. Les soins que les nourricières donnent au couvain sont constants et remplis de sollicitude; elles lui distribuent les vivres avec égalité et abondance, sans toutefois les prodiguer; car la quantité est tellement proportionnée aux besoins qu'il n'en reste jamais dans l'alvéole quand la larve se change en nymphe, excepté chez les femelles complètes, à l'éducation desquelles les abeilles donnent des soins plus grands encore qu'à celle des ouvrières et des mâles.

148. Fureur des abeilles qui gardent le couvain. — Les abeilles sont très-attachées à leur progéniture, venons-nous de voir, et plus il y a de couvain dans une ruche, plus

elles y sont attachées. Ces sentiments maternels se changent en fureur à la moindre apparence de danger pour leurs nourrissons; au plus petit bruit qui se fait entendre près de leur habitation, elles sortent en nombre pour reconnaître si quelque danger les menace. C'est alors que, oubliant que la défense de leurs enfants leur coûtera la vie, elles font usage de leur aiguillon, qu'elles perdent la plupart du temps avec les organes qui l'accompagent, et y trouvent la mort. Aussi est-il prudent de ne pas tourmenter inutilement les colonies lorsqu'elles ont beaucoup de couvain, et de n'en approcher qu'avec précaution.

149. **Nettoiement des cellules.** — Les abeilles chargées de l'éducation du couvain nettoient les cellules lorsque ce couvain est éclos. Elles en visitent l'intérieur et enlèvent les parcelles d'opercules et les autres matières inutiles; mais elles ne touchent pas à la coque soyeuse laissée par le nouveau-né, laquelle coque, excessivement mince d'ailleurs, adhère à la cire et lui donne de la consistance. D'autres abeilles viennent rendre aux ouvertures des alvéoles la forme hexagonale que l'opercule leur avait fait perdre. Bientôt enfin la cellule est prête à recevoir un autre œuf que l'abeille mère ne tarde pas à y déposer (*).

150. **Dévouement des abeilles pour leur mère.** — Comme c'est sur l'existence de l'abeille mère que repose la conservation de la société, toutes les abeilles ouvrières sont disposées à se sacrifier pour la sauver, et se sacrifient souvent même à la seule apparence du danger. Ce dévouement peut être utilement employé lorsqu'on veut travailler une ruche, car il ne s'agit que de les mettre dans le cas d'être persuadées que toutes leurs piqûres seraient insuffisantes pour éloigner le danger qui menace leur mère, et qu'elles n'ont plus d'autres ressources que de masquer sa retraite, pour permettre de faire dans l'intérieur de cette ruche toutes les opérations qu'on juge nécessaires, sans trop craindre leur aiguillon. C'est ce qu'on obtient par l'*état de bruissement*, que nous connaîtrons dans une autre leçon (325).

(*) Maraldi a vu des abeilles élever successivement, dans des cellules, cinq vers dans l'espace de trois mois et quelques jours.

Vᵉ LEÇON

DE L'ESSAIMAGE

Causes de l'essaimage. — Conditions indispensables. — Causes qui nuisent à l'essaimage. — Indices apparents de la sortie des essaims. — Moyens de faire fixer les essaims. — Endroits où les essaims se fixent. — Reposoirs artificiels. — Réception d'un essaim. — Essaims difficiles à recueillir. — Moyens de recueillir les essaims logés dans les arbres creux ou dans les murs. — Rentrée des essaims. — Manière d'empêcher la rentrée des essaims. — Abeille mère tombée à terre. — Départ simultané de plusieurs essaims ; manière de les diviser. — Empêcher les essaims de se réunir. — Force, poids, volume et bonté des essaims. — Essaims secondaires. — Tendance des essaims secondaires à s'enfuir. — Signes qui indiquent que l'essaim est sorti. — Essaims volages et adventices. — Moyens de reconnaître la ruche d'où est sorti un essaim, etc.

151. Dès que le cours du soleil a ramené le printemps, dès que les fleurs commencent à s'épanouir, les abeilles mères augmentent leur ponte, qui est d'autant plus considérable que la ruche est plus garnie d'ouvrières, et qu'elle concentre mieux la chaleur. Il se produit donc à cette époque, dans chaque colonie, plus d'abeilles que les accidents ou la mort naturelle n'en font disparaître ; aussi la population augmente-t-elle si fort que bientôt l'habitation devient trop étroite, et qu'il est nécessaire qu'une partie de la colonie aille chercher un gîte ailleurs.

152. **Essaim, essaimage.** — C'est cette partie émigrante qu'on appelle *essaim* ou *jeton*, et l'action d'émigrer *essaimage*. Par extension, on donne souvent le nom d'*essaim* à toutes les colonies, vieilles et nouvelles ; ainsi, au lieu de compter par

colonies, on compte par essaims. Les expressions *ruches* et *paniers* s'emploient aussi dans le même sens, et l'on appelle *ruche mère* ou *souche* la colonie qui a essaimé (233).

153. On appelle *essaim naturel* la colonie sortie de son propre mouvement, et *essaim artificiel* ou *forcé* la colonie que l'on extrait, soit par le transvasement, soit autrement, et que l'on établit dans une nouvelle habitation.

154. **Causes de l'essaimage.** — Des naturalistes et des apiculteurs se sont ingéniés à expliquer, plus ou moins hypothétiquement, les causes qui déterminent la sortie des essaims. Quelques-uns l'attribuent à la grande gêne; mais il sort quelquefois des essaims des ruches qui ne sont pas pleines. Quelques-autres l'attribuent à la grande chaleur; mais toutes les ruches pleines n'essaiment pas lorsqu'il fait chaud, et il est des jours très-chauds où il ne sort aucun essaim. D'autres, enfin, l'attribuent à la haine des femelles les unes pour les autres; mais toutes les ruches où il y a de jeunes mères au berceau n'essaiment pas.

La nature, en condamnant les colonies à mourir après un certain laps de temps, ainsi que nous le verrons plus loin, devait offrir aux abeilles un moyen de se perpétuer : ce moyen, c'est l'essaimage. La principale cause de l'essaimage est donc la loi universelle imposée à tout ce qui vit : se perpétuer, croître et multiplier. Pour le reste, quand le fruit est mûr, il tombe; mais il y a des causes qui font que tel ou tel arbre ne donne pas de fruits, que telle ou telle année ou saison n'est pas favorable à l'essaimage. Nous verrons ces causes.

155. **Conditions indispensables.** — Les conditions indispensables de l'essaimage sont la saison d'abord, puis une population forte et vigoureuse, l'apparition des mâles en certain nombre, l'existence d'une ou plusieurs femelles au berceau. Les conditions du moment sont un temps favorable, un temps calme, chaud et peu nuageux. Cependant il sort des essaims par un temps venteux et quelquefois par la pluie; mais le cas n'est pas très-commun.

156. **Causes qui nuisent à l'essaimage.** — Lorsque

des temps froids et pluvieux succèdent aux premiers beaux jours du printemps, la ponte est diminuée, et parfois du couvain est jeté dehors, ce qui retarde l'augmentation de la famille. Il faut que l'abeille mère reprenne sa ponte, qui est souvent moins considérable, à cause de cette suspension accidentelle, et aussi à cause de la perte de temps. Ailleurs, dans les localités où l'essaimage a lieu en juillet et même en août, le temps sec et les grandes chaleurs peuvent, en détruisant les fleurs, empêcher ou seulement retarder la sortie des essaims. En outre, s'il survient au moment de l'essaimage un temps froid et pluvieux, la sortie des essaims n'a pas lieu, quoique les colonies soient dans des dispositions à essaimer. L'abeille mère, dans cette circonstance, va détruire au berceau les femelles près d'éclore. S'il s'en trouve à l'état de ver ou d'œuf, l'essaimage n'est que retardé, pourvu toutefois qu'un peu plus tard le temps ne s'oppose pas encore à la sortie de l'essaim.

La disette de miel et quelquefois aussi sa surabondance s'opposent encore à l'essaimage. Cependant il y a quelquefois beaucoup d'essaims dans les années qui ne donnent pas de miel, et l'on obtient parfois miel et essaims en abondance.

Les ruches très-vastes donnent beaucoup plus rarement des essaims que les petites, parce que celles-ci sont plus vite pleines.

Les ruchers placés sur les hauteurs et dans les endroits éventés donnent moins d'essaims et les donnent plus tardivement que ceux placés dans les vallées plantées de saules, et dans les bois où se trouvent en abondance le noisetier, le coudrier, le saule-marceau, le cerisier, etc. A conditions égales d'emplacement, la proximité des fleurs avance l'essaimage. Aussi, dans plusieurs cantons de plaines, on transporte les colonies près des bois ou dans les vallées abritées qui ont des fleurs hâtives, afin d'obtenir des essaims précoces. Ces colonies sont transportées ensuite à d'autres pâturages.

157. **Indices apparents de la sortie prochaine des essaims.** — Une colonie est souvent prête à essaimer lorsque, depuis six ou huit jours, l'on y aperçoit des mâles, et que ces mâles font des sorties bruyantes vers le milieu de la journée.

Elle est d'autant plus sur le point d'essaimer qu'une partie des abeilles se tient à l'entrée de la ruche et sur le tablier, où elle fait la *barbe*. Cependant il est des ruches qui font la barbe et qui n'essaiment pas, et il en est d'autres qui ne la font pas et qui essaiment. — Une disposition du temps à l'orage accélère toujours le départ des essaims; l'électricité, on l'a remarqué, a beaucoup d'action sur les abeilles.

Après le coucher du soleil, comparez le bruissement que font entendre vos ruches : dans les faibles ou celles qui ne sont pas remplies de gâteaux, il est presque nul; dans les fortes, le bruissement est sourd, grave, fortement soutenu; dans les très-fortes, il devient aigu, plus éclatant : espérez un essaim de ces dernières ruchées dans quelques jours. Voulez-vous encore un autre signe : voyez et considérez ces nombrouses abeilles venir de l'intérieur, s'avancer en toute hâte sur le plateau, comme pour apporter un message, puis s'en retourner et renter avec le même empressement; espérez un essaim dans quatre ou cinq jours. Cependant des ruchées fortes et prêtes à essaimer semblent rester dans l'inaction; les ouvrières qui vont à la picorée et celles qui en reviennent ne sont pas aussi nombreuses que de coutume; l'activité n'est plus en rapport avec la population; les mouches paraissent être dans l'attente d'un grand événement qui ne tardera pas à s'accomplir. En effet, des abeilles commencent à se grouper abondamment à l'entrée, et il règne dans l'intérieur un désordre assez grand; des ouvrières courent sur les rayons comme pour s'exciter au départ, et la température de la ruche s'est élevée.

158. **Sortie de l'essaim.** — Lorsque l'ordre du départ a été communiqué, les abeilles se précipitent en foule et en battant des ailes vers la porte; elles prennent leur vol avec vivacité et font entendre un son particulier et bien nourri que l'apiculteur reconnaît. Bientôt l'essaim est sorti ; il se balance un moment dans l'air, se fixe ensuite à un endroit le plus souvent peu éloigné de la ruche qu'il quitte. Cet essaim est composé d'abeilles de tout âge, dont la plupart ont eu soin de se charger de vivres; et, comme nous le verrons plus loin, il est accompagné de

l'abeille mère de la ruche qu'il quitte, laquelle ruche en a une ou plusieurs au berceau.

C'est de mai en juin, pour la latitude de Paris, qu'a lieu l'essaimage, et de neuf à dix heures du matin à quatre heures de l'après-midi (mais le plus souvent au milieu de la journée) que partent des essaims. Dans le Midi, l'essaimage a lieu d'avril en mai ; dans les localités de culture spéciale de blé noir et de bruyères, il a lieu de juin à août Le temps de l'essaimage dure environ six semaines.

159. **Moyens de faire fixer les essaims.** — De tout temps on a cherché les moyens d'arrêter les essaims dans leur vol ; et comme on avait remarqué que le tonnerre les faisait abattre sur-le-champ, on s'est imaginé que le bruit qui l'imite produirait le même effet. En conséquence, on frappait, et dans quelques localités, on frappe encore à coups redoublés sur des chaudrons, des poêles, des pelles à feu, comme si ce ridicule tintamarre devait être suivi de la pluie, compagne ordinaire du tonnerre, et qui est réellement ce que les abeilles craignent (*) ; d'autres usent dans le même but de coups de fusil. Les apiculteurs qui raisonnent leurs actions se bornent à jeter sur l'essaim qui s'élève et fait mine de ne pas vouloir se fixer, de la cendre, de la poussière ou bien de l'eau, parce que cela, imitant la pluie, leur fait réellement sentir le besoin de se fixer pour l'éviter autant que possible. Malheureusement, on ne peut pas toujours faire usage de cette excellente méthode, soit parce que l'essaim s'est élevé trop rapidement ou qu'il vole trop vite, ou, plus souvent, parce qu'on n'a pas les matériaux nécessaires sous la main.

Des apiculteurs de l'Algérie et de la Corse font dans cette circonstance usage du jus de citron, qui selon eux a la propriété d'attirer les abeilles ; ils en projettent à l'endroit où ils désirent que l'essaim se fixe, et ils en imprègnent le plus possible l'air en écrasant des écorces, en en mâchant et en en crachant le jus en l'air ; mais il arrive souvent que ce dernier moyen n'a d'autre

(*) Dans quelques villages, on ajoute au tintamarre des démonstrations orales qui sont au moins aussi sottes.

résultat que celui indiqué par le proverbe, et l'essaim se sauve quand même.

160. **Endroits où les essaims se fixent.**— La plupart du temps les essaims, après avoir parcouru un petit espace, se fixent à une branche d'arbre peu élevé, dans un buisson ou une haie, etc., où ils forment une sorte de pelote ou grappe assez volumineuse. Là, les abeilles attendent les coureuses qu'elles ont envoyées à la découverte d'un trou d'arbre ou de mur propre à les loger. Ces coureuses partent ordinairement avant la sortie de l'essaim et font l'office de maréchaux des logis. Mais, soit qu'elles ne remplissent pas leurs fonctions, soit qu'il n'en ait pas été mis en campagne, l'essaim séjourne quelquefois à l'endroit où il s'est fixé (*) ; ce n'est que le lendemain, lorsque le soleil a repris de la vigueur et qu'il a réchauffé les abeilles, que l'essaim fixé reprend sa volée, tantôt pour se fixer de nouveau près de l'endroit où il était, tantôt pour émigrer fort loin. On en voit quelquefois parcourir plusieurs lieues, le plus souvent en ligne droite.

Souvent les essaims du lendemain vont s'établir à la branche qui a servi de station à ceux de la veille. La raison de cette préférence, c'est que la nouvelle colonie est attirée par les quelques abeilles de la première qui reviennent voltiger près de l'endroit où elles s'étaient posées la veille. L'odeur d'une mère qui a stationné là pourrait bien aussi être une cause de cette préférence.

161. **Reposoir artificiel des essaims.** — Lorsqu'il n'existe pas d'arbre ni d'arbrisseau près du rucher, les essaims vont la plupart du temps se fixer aux reposoirs qu'on établit aux environs. On plante en terre quelques piquets longs de trois à quatre mètres (*fig.* 21), auxquels on append une poignée de branchages feuillus ou de bruyère, une sorte de balai, que l'on attache à une ficelle passée dans un anneau et que l'on fait fonctionner à l'instar des anciens réverbères ; on les descend et on les monte à volonté.

(*) Cet office de maréchaux de logis est loin d'être général. Si quelquefois on voit des abeilles aller avant coup nettoyer la ruche vide qu'elles ont découverte et où elles veulent se loger, la plupart des essaims partent à l'aventure, sans s'être préoccupés d'un logement.

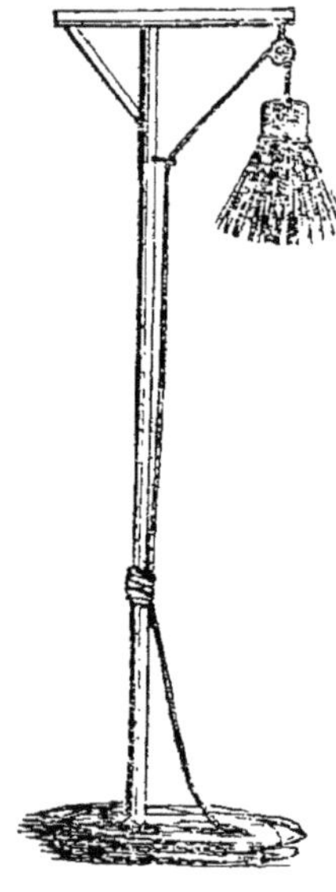

(*Fig.* 24.)
Reposoir artificiel.

On peut introduire dans cette sorte de balai un vieux rayon de cire dont l'odeur attire les abeilles, ou du moins quelques rôdeuses, qui attirent elles-mêmes les abeilles des essaims. On peut également y mettre un étui qui ait renfermé des mères.

162. **Réception d'un essaim.** — Dès qu'un essaim s'est fixé quelque part, et qu'il n'y a plus que quelques abeilles qui voltigent autour de la grappe, il faut s'apprêter à le loger dans une ruche qu'on aura disposée à cet effet. Quelques personnes frottent intérieurement cette ruche de plantes aromatiques ou de miel, dans le but d'y faire fixer plus sûrement les abeilles. Cette précaution n'est pas indispensable. L'essentiel est que la ruche soit propre et n'ait pas de mauvaise odeur. Il est bon de la passer au préalable sur la flamme d'un feu de paille, qui détruit les œufs d'insectes et les insectes qui auraient pu s'y loger.

(*Fig.* 25.) Réception d'un essaim.

Après s'être recouvert d'un camail si l'essaim est placé dans un lieu difficile et si l'on craint d'être piqué, on présente la ruche sous la grappe d'abeilles qu'on fait tomber dedans, soit en secouant fortement la branche à laquelle cet essaim est attaché (*fig.* 25), soit au moyen d'un petit balai, ou même avec la main, car alors elles piquent très-rarement; il n'est presque jamais nécessaire de prendre de précautions pour en approcher, excepté pour les essaims qui sont fixés depuis plusieurs heures ou depuis la veille. Lorsque les abeilles sont tombées en masse au fond de la ruche, on retourne doucement celle-ci, qu'on pose sur un linge étendu à terre, près de l'endroit où était l'essaim, ou sur un plateau, ou simplement sur le sol, s'il est sec et propre. On a eu soin de placer sur ce linge une petite cale, un bâton ou un caillou pour soulever un peu la ruche, et par là laisser plus d'entrée aux abeilles. Une grande partie des abeilles tombées dans la ruche s'accrochent aux parois ; mais bon nombre sont versées sur le linge lorsqu'on retourne cette ruche. On agit ainsi lorsqu'elle est destinée à loger l'essaim ; mais lorsque celui-ci doit être logé dans une autre ruche, on va secouer les abeilles à l'entrée de cette autre ruche, ainsi que nous le verrons plus loin (163-194). Aussitôt que les abeilles reconnaissent le logement qu'on leur a destiné, elles se mettent à battre le rappel et à entrer en colonne serrée dans ce logement ; celles qui voltigent dans l'air sont appelées par ce rappel et ne tardent pas à s'abattre où se trouvent celles de leurs compagnes déjà fixées. Au bout d'un quart d'heure ou d'une demi-heure au plus, toutes, ou à peu près toutes, sont entrées dans la ruche. Quelques-unes voltigent encore autour de l'endroit où s'est fixé l'essaim. Si le nombre en est assez grand et si plusieurs sont demeurées à cet endroit, il faut les en faire déguerpir en y plaçant quelque herbe puante, telle que l'éclaire chélidoine, la maroube, la camomille des champs, etc., ou bien y projeter de la fumée de chiffon qui éloignera les abeilles et les contraindra à chercher la colonie ou à retourner dans leur ruche mère. On peut aussi projeter de la fumée, mais modérément, aux abeilles groupées autour et aux environs du logement qu'on vient de leur donner, et qui tardent trop à y entrer.

163. Lorsqu'on a à loger un essaim dans une ruche peu maniable, une ruche lourde et compliquée, il faut recevoir cet essaim dans une ruche vulgaire, ou mieux dans une grande calotte armée d'un manche, et venir la secouer à l'entrée du logement en question, qu'on aura eu soin de placer sur un plateau, ou simplement sur un sol uni, et de soulever au moyen d'une cale, pour que les abeilles puissent y entrer facilement. Si elles

tardaient à le faire, on emploierait un peu de fumée, ainsi que nous l'avons enseigné plus haut.

164. On doit, au bout d'une demi-heure, trois quarts d'heure ou une heure au plus, porter l'essaim à la place qui lui est destinée, laquelle place doit être, autant que possible, éloignée de la ruche mère, afin que des butineuses ne soient pas exposées à confondre ces deux ruches. Si l'on attendait jusqu'au soir à le porter au rucher, un autre essaim pourrait venir se mêler à lui. En outre, un certain nombre d'ouvrières sortent dès ce jour pour aller à la picorée, remarquent l'endroit de leur demeure, et y reviennent le lendemain et même les jours suivants, sans pouvoir souvent retrouver leur colonie. Il est vrai que dans ce cas elles retournent la plupart du temps à la ruche mère.

165. **Essaims difficiles à recueillir.** — Les essaims ne se fixent pas toujours à une branche qu'on peut secouer : ils se placent quelquefois contre un mur, un tronc d'arbre, ou dans une fourche formée par des branches très-fortes ; dans ces circonstances, on présente la ruche de son mieux sous l'essaim, que l'on fait tomber au moyen d'un plumeau, d'un rameau touffu ou d'une baguette de bois.

166. On voit aussi des essaims se poser à terre, ce qui annonce, ou que la mère a les ailes avariées, ou qu'elle a été prise de lassitude. Rien n'est plus facile que de loger ces essaims : on pose doucement la ruche par-dessus ou tout proche, et on la tient soulevée d'un côté au moyen d'un tasseau ou d'un caillou. Si les abeilles ne se décident pas à monter de suite dans la ruche, on les y contraint en leur projetant un peu de fumée.

167. Lorsque l'essaim est fixé à la branche supérieure d'un arbre élevé, on le recueille dans une ruche renversée et placée au bout d'une longue perche. Tandis qu'une personne tient cette ruche sous la pelote d'abeilles, une autre personne, armée d'une seconde perche terminée par un crochet, secoue fortement la branche. On peut, dans cette circonstance, faire usage d'un sac de grosse toile, haut d'environ un mètre, taillé en rond par le bas et attaché autour d'un cerceau ; on fait, à vingt-cinq centi-

mètres du haut, une espèce d'ourlet dans lequel on passe un cordon assez long pour le tenir dans la main lorsque le sac est élevé. Quand il s'agit de s'en servir, deux personnes le présentent sous la branche au moyen de deux perches, secouent les abeilles par un mouvement de bas en haut et ferment ensuite le sac en tirant le cordon ; elles versent aussitôt l'essaim dans la ruche qui lui est destinée ; enfin on enfume la branche, s'il est possible, pour en chasser le reste des abeilles.

168. Lorsque la branche à laquelle est fixé un essaim peut être détachée facilement et sans inconvénients, on la coupe, soit avec une lame tranchante, soit avec une scie douce, et, tenant cette branche à la main, on vient secouer l'essaim à l'entrée de la ruche disposée pour le loger (163) ; mais si la branche appartient à un arbre élevé, on commence par l'attacher à une longue ficelle au moyen de laquelle on la descendra lorsqu'elle sera coupée. Il faut opérer le plus doucement possible, afin de ne pas détacher d'abeilles de la grappe qu'elles forment.

169. **Moyens de recueillir les essaims logés dans les arbres creux ou dans les murs.** — Quelquefois les essaims vont se loger dans le trou d'un arbre ou d'un mur, d'où il n'est pas toujours facile de les forcer à sortir pour les faire entrer dans une ruche. On commence par s'assurer à quel endroit de l'arbre ou du mur les abeilles sont logées, ce qu'on découvre par le bruit qu'elles font entendre. On pratique, autant que possible, une issue à la partie la plus élevée de l'endroit où elles sont cantonnées ; on place une ruche à l'orifice de cette issue, et par l'issue inférieure, celle qui sert d'entrée aux abeilles, on projette de la fumée, modérément d'abord, puis en plus grande abondance si la colonie se décide difficilement à déguerpir : ce qui a souvent lieu lorsqu'elle est fixée là depuis quelque temps. Lorsqu'on s'aperçoit que l'abeille mère est entrée dans la ruche, on ralentit l'injection de fumée, et, un peu après, on bouche l'entrée inférieure. On peut faire cette opération au milieu de la journée ou le soir : on choisit ce dernier moment pour faire l'enlèvement et le transport de la ruche qui renferme la colonie recueillie.

4.

170. **Rentrée des essaims.** — Il arrive qu'un essaim, après être resté quelques heures et même quelques jours dans une ruche, l'abandonne pour retourner à celle dont il était sorti. Ou cet essaim a perdu sa mère, ou il en a plusieurs.

171. Quelquefois l'essaim rentre immédiatement, c'est-à-dire qu'après s'être balancé un moment dans l'air sans s'être fixé, et d'autres fois, après s'être fixé et même avoir été logé, il revient en masse serrée à la ruche souche. Dans cette circonstance, la mère n'est pas sortie; ou bien elle est sortie, mais, ses ailes étant faibles, elle est tombée à terre; ou bien aussi elle s'est posée sur une toiture ou sur un objet quelconque près duquel était à l'affût une araignée qui l'a empêtrée dans sa toile. Cependant il arrive assez souvent qu'un essaim retourne à la ruche mère lorsque sa femelle est sortie et vole parfaitement; il arrive même que cette mère est des premières à rentrer.

172. Lorsqu'un essaim rentre dans la ruche mère, il en ressort quelquefois le même jour, le plus souvent le lendemain, ou deux ou trois jours après, s'il a conservé son abeille mère; mais, s'il l'a perdue il n'en ressort qu'avec une nouvelle mère, ordinairement sept ou huit jours après.

173. **Manière d'empêcher la rentrée d'un essaim.** — Quand on s'aperçoit qu'un essaim va rentrer dans la ruche d'où il est sorti, il faut se hâter d'enlever cette ruche et de mettre à sa place une ruche vide dans laquelle entrera l'essaim; s'il n'avait pas de mère, on verrait au bout d'un moment les abeilles courir autour de la ruche et s'envoler; dans ce cas, il faut rapporter à sa place la ruche souche dans laquelle l'essaim rentrera aussitôt; mais si cet essaim paraît tranquille dans la ruche vide qu'on a substituée à celle d'où il sortait, on lui donnera une destination définitive au bout d'une demi-heure environ (*).

(*) En 1830, j'ai vu chez mon père un essaim second repartir après huit jours d'habitation dans une ruche où il avait amassé plus de 3 kilos de miel. Après l'avoir reçu dans une ruche vide, de laquelle il s'échappa encore un moment après, nous résolûmes, mon père et moi, de le visiter, et nous y découvrîmes deux mères. En ayant tué une, il resta dans sa première ruche, où nous le réinté-

174. Mais, au lieu de rentrer dans la ruche d'où il sort, un essaim se jette quelquefois dans une ruche voisine. Si cette ruche voisine est un essaim de la journée, il n'y a pas combat entre les abeilles ; mais si elle est une colonie ancienne, une bataille furieuse s'engage entre les deux populations. Aussitôt qu'on s'aperçoit qu'un essaim fait mine de se jeter dans une autre colonie, il faut enlever celle-ci et lui substituer une ruche vide. Si déjà une partie de l'essaim s'était introduite au milieu d'une autre colonie, ce serait la ruche souche qu'il conviendrait de substituer à cette dernière, parce que l'abeille mère pourrait être parmi les abeilles entrées, de plus, elle pourrait déjà se trouver étranglée par les abeilles de cette colonie. Si la mère s'est introduite dans la ruche étrangère, on peut, en visitant le plateau de cette ruche, la trouver au milieu d'un peloton d'abeilles gros comme une noix, qui la pressent et finissent par lui lancer leur aiguillon si l'on ne vient vite à son secours. La fumée, dans ce cas, leur fait lâcher prise.

175. **Abeille mère tombée à terre.**— Lorsque l'abeille mère tombe à terre, l'essaim ne se décide pas aisément à rentrer : il cherche sa mère, se répand de tous les côtés ; on voit qu'il lui manque quelque chose. Il est toujours bon de jeter un coup d'œil devant la ruche qui vient d'essaimer, afin de s'assurer si la mère ne serait pas tombée à terre ; dans ce cas, on la ramasse et on la porte à l'endroit où l'essaim fait mine de vouloir se fixer. On réussit aussi quelquefois, en la plaçant dans une ruche vide que l'on tient en l'air, à attirer l'essaim dans cette ruche ; lorsque quelques abeilles ont découvert leur mère, elles sonnent le rappel et toutes leurs compagnes ne tardent pas à venir s'abattre dans la ruche, qu'on peut poser à terre aussitôt qu'on voit qu'une centaine d'abeilles s'y sont fixées (*). Plusieurs

---

grâmes. Dans plusieurs cantons, 1861 a été fécond en essaims premiers et seconds qui sont repartis après plusieurs jours de travail dans une ruche.

(*) C'est en tenant l'abeille mère dans la main, ou en l'attachant à toute autre partie du corps au moyen d'un fil mince, qu'on peut faire fixer des essaims sur soi, ce qui émerveille beaucoup les gens étrangers à l'apiculture, lesquels se figurent toujours qu'une abeille posée sur vous ne peut avoir d'autre envie que celle de vous plonger son aiguillon dans les chairs.

apiculteurs ont pu suivre pendant trois ou quatre ans des abeilles mères qui tombaient ainsi à terre parce que leurs ailes étaient endommagées. De là on a su que l'abeille mère pouvait vivre quatre ou cinq ans.

176. **Départ simultané de plusieurs essaims ; manière de les diviser.** — Dans les ruchers nombreux, plusieurs essaims peuvent sortir au même moment, se réunir et ne plus former qu'un seul groupe. S'il n'y a que deux essaims de mêlés, on peut les laisser ensemble, surtout dans une bonne localité et lorsqu'on tient plus au miel qu'aux essaims. Dans ce cas, on loge ce double essaim dans une grande ruche. Mais, s'il y en a plus de deux de réunis, il convient de les diviser. Je suppose qu'on ait trois essaims de mêlés : après avoir disposé trois ruches l'une près de l'autre, de manière qu'elles forment un triangle, on recevra la pelote d'abeilles dans un grand panier qu'on viendra secouer au milieu des trois ruches apprêtées pour loger les trois essaims ; on veillera à ce que toutes les abeilles ne se portent pas dans la même ruche ; on éloignera celle qui recevrait un plus grand nombre d'abeilles. S'il arrivait qu'une ruche n'eût pas de mère, ce dont on s'apercevrait bientôt par la sortie des abeilles qui y seraient entrées, on recommencerait l'opération en secouant les abeilles des deux ruches garnies. Il faut recommencer l'opération jusqu'à ce que la division soit assurée.

Lorsqu'on secoue un groupe renfermant plusieurs mères, il faut s'occuper de distinguer ces mères, et, aussitôt qu'on les aperçoit, s'empresser de les diriger vers chaque ruche. Mais si l'on n'en découvre qu'une, il faut placer un verre dessus et la tenir prisonnière jusqu'à ce que la plus grande partie des abeilles soient entrées dans les ruches. Lorsqu'on s'aperçoit que les habitantes d'une ruche courent en tous sens et s'apprêtent à en sortir pour se rendre dans les ruches voisines, il faut diriger la mère prisonnière sous cette ruche, qui rentrera aussitôt dans l'ordre. Le soir, ou immédiatement après que les abeilles sont rentrées, on peut, au moyen d'une cuiller à long manche, égaliser les populations de ces ruches, dont on a fait la tare par avance.

Pour deux essaims à diviser, on opère comme nous venons de

le voir ; mais on ne prend que deux ruches, bien entendu. Pour quatre et pour cinq, on opère toujours de même si l'on veut obtenir autant de divisions qu'il y a de colonies mêlées ; mais si l'on veut en faire moins, on prend moins de ruches. Dans ce cas, il s'en trouve qui ont plusieurs mères, lesquelles se livreront combat jusqu'à ce qu'il n'en reste qu'une (40).

177. **Ouvrières qui font mourir les mères.**— Lorsque deux essaims sont rassemblés dans une même ruche, fait remaquer l'auteur du *Guide* (M. Collin), il est possible que les deux mères périssent en même temps. L'explication de ce fait est facile : chaque mère, isolée de sa propre famille, s'est trouvée au milieu des abeilles de l'autre famille qui l'ont enveloppée et pressée de toute part. Quand cet accident a lieu, les abeilles retournent à leurs ruches respectives, et l'on trouve sur le plateau de l'essaim une des mères retenue dans une prison bien étroite. C'est un petit peloton d'abeilles, nous l'avons dit, qui entoure la pauvre mère et qui finit par l'étouffer.

178. Nous ferons encore remarquer, avec l'auteur précité, que quelquefois ces essaims, malgré la perte des deux mères, n'abandonnent pas la ruche ; ils construisent alors des gâteaux composés uniquement de cellules de mâles. Ne pouvant pas élever de couvain, ils ne recueillent point de pollen, mais ils amassent du miel. L'auteur précité dit en avoir récolté jusqu'à 8 kilogrammes dans une seule ruche, et il ajoute que ces sortes d'essaims sont rares. En effet, ce n'est que par une année d'abondance ou dans un pays très-avantageux qu'ils se comportent ainsi. En campagne ordinaire et en pays peu avantageux, ils retournent la plupart du temps à leurs ruches mères, ou ils émigrent au moment de la sortie d'un essaim auquel ils se mêlent.

179. **Empêcher les essaims de se réunir.**— Ce n'est pas toujours chose facile d'empêcher les essaims de se réunir, lors même que l'un sort un moment avant l'autre. Si le premier est en grande partie rassemblé à la branche d'un arbre, on le recueille au plus vite, et on se met à produire une certaine quantité de fumée aux environs de la ruche et de la branche, si le second fait mine de se diriger de ce côté. S'il persiste, on couvre

d'un drap la ruche du premier essaim, et on laisse l'autre se fixer à la branche ; on le reçoit lorsqu'il est fixé et on le place non loin du premier. Si quelques abeilles de ce premier s'étaient réunies au second, elles pourraient rejoindre leur colonie.

180. **Force, poids, volume et bonté des essaims.** — La force des essaims est subordonnée au pays et à la grandeur de la ruche qui les donne. Dans le Nord et le Centre un essaim premier ordinaire est de 2 kilogrammes ; il est très-fort lorsqu'il pèse 2 kilogrammes 5 hectogrammes. Dans certaines localités du Midi, on voit des essaims peser jusqu'à 3 et 4 kilogrammes, quoiqu'il y en ait à côté qui pèsent souvent moitié moins. Comme les abeilles se munissent d'une certaine provision de miel avant de partir (environ pour trois jours), il faut défalquer ce poids, qui varie un peu en raison de l'approvisionnement que contient la ruche mère, et en raison aussi du temps et de la force dont cette ruche mère faisait la barbe. Les abeilles qui faisaient la barbe depuis plusieurs jours emportent peu de miel. Chaque kilogramme d'abeilles dans un essaim qui vient de sortir contient de *neuf à dix mille* abeilles, tandis que dans un autre moment 1 kilogramme en contient plus de *onze mille* (*). Un essaim de 2 kilogrammes remplit aux trois quarts une ruche jaugeant 18 litres environ lorsque la température n'est ni trop élevée ni trop basse ; car si elle est élevée, il remplit toute la ruche, et si elle est basse, il n'en remplit que la moitié.

Je n'ai pas besoin de faire remarquer que plus un essaim est populeux mieux il vaut. Sa précocité et la jeunesse de sa mère ajoutent beaucoup aussi à sa bonté. Une colonie vigoureuse et active produit souvent des essaims qui réunissent les mêmes qualités.

181. **Essaims secondaires.** — On appelle essaims secondaires ceux produits par les ruches qui ont déjà essaimé une pre-

(*) M. Collin en a compté 11,200 dans un kilogramme, lorsqu'elles étaient prises à leur état habituel de vie, et 9,400 seulement prises dans un essaim, c'est-à-dire chargées de miel. Dans le premier état, Réaumur n'en a compté que 10,752 dans 2 *livres* anciennes (979 grammes), ce qui fait 10,982 pour un kilogr., et dans le second cas 8,960 pour *2 livres*, ou 9,152 pour un kilogramme.

mière fois quelques jours auparavant. Ces dénominations différentes indiquent que les ruches peuvent essaimer plusieurs fois dans la même année. En effet, il est des colonies qui essaiment trois ou quatre fois et même davantage dans les pays chauds. Celles des localités tempérées n'essaiment le plus souvent qu'une fois en année ordinaire, et encore n'essaiment-elles pas toutes ; il s'en faut même de beaucoup pour certaines localités dans certaines années. Mais, en année d'abondance d'essaims, des colonies donnent trois et quatre essaims. Les derniers venus sont toujours faibles, et il convient d'en réunir plusieurs, ou de les rendre aux colonies mères qui les ont donnés.

Ce qui distingue essentiellement un essaim secondaire d'un essaim primaire, c'est que celui-ci est toujours conduit par l'ancienne mère (je devrais dire accompagné, attendu que l'abeille mère suit plutôt l'essaim qu'elle ne le dirige), et que l'essaim secondaire ne l'est que par une jeune femelle (et souvent par plusieurs) non encore fécondée. Les essaims secondaires se distinguent encore parce qu'ils sont annoncés la veille ou quelques jours avant par le chant de la femelle.

Nous avons vu que, dans une période avancée de la grande ponte, l'abeille mère dépose, par intervalle de plusieurs jours, des œufs dans des cellules de femelles (124), et que les individus qui en naissent peuvent être retenus un certain temps prisonniers au berceau. Nous avons vu aussi que si une cause quelconque, telle que la pluie par exemple, s'oppose à la sortie du premier essaim, l'abeille mère va tuer au berceau les jeunes femelles prêtes à naître, ou, si je puis m'exprimer ainsi, trop précoces. Dans cette circonstance, les gardiennes ne l'en empêchent pas, et l'essaimage n'est que retardé. Mais si le mauvais temps continue pendant toute l'époque de l'éducation des jeunes femelles, l'abeille mère va les tuer successivement au berceau, et il n'y a pas d'essaims cette année-là.

Si donc les abeilles qui restent dans la ruche sont encore assez nombreuses, si cette ruche renferme beaucoup de couvain de toutes sortes, elles pensent à accomplir une deuxième et même une troisième migration Elles surveillent alors les berceaux qui renferment les jeunes femelles.

182. Indice certain d'un essaim secondaire (*).— L'essaim secondaire part ordinairement le huitième ou le neuvième jour après la sortie du premier, et toujours il se fait annoncer dès la veille par le chant de la femelle retenue au berceau. Par exemple, deux ruchées essaiment le lundi : la première a conservé peu de monde : très-probablement elle n'essaimera pas de nouveau ; la seconde, au contraire, est encore forte : un essaim secondaire est à craindre. En effet, le dimanche et le lundi, après le coucher du soleil, nous allons appliquer notre oreille contre la ruche ; nous entendons un son tout particulier sur un même ton, assez semblable à celui du grillon : c'est le chant de la future mère. L'essaim sortira le lendemain ou le surlendemain s'il fait beau ; mais si le temps est mauvais pendant quatre ou cinq jours, vous distinguez trois ou quatre chants différents : l'essaim sortira accompagné de plusieurs femelles ; dans ce cas, la ruche mère court risque de devenir orpheline si on ne lui rend son essaim.

Quand la sortie de l'essaim primaire a été retardée par la pluie ou par le froid, le chant de la femelle au berceau peut se faire entendre plus tôt. Quelquefois aussi les femelles ne chantent que douze jours après la sortie de l'essaim primaire, mais le cas est rare. Il n'est pas question ici des ruchées dont on a tiré un essaim artificiel ; pour celles-là les femelles au berceau ne chantent jamais avant le treizième jour.

Une ruche où les femelles chantent nous donne presque la certitude qu'il en sortira, le lendemain ou les premiers beaux jours suivants, un essaim secondaire. Cependant, quand le miel devient rare et que la guerre aux faux-bourdons commence, surtout si le temps devient pluvieux, il ne faut presque plus compter sur la sortie d'un second essaim, bien que le chant d'une femelle prisonnière se fasse entendre.

Lorsqu'une ruchée a donné un essaim secondaire, elle est souvent réduite à une très-faible population ; en outre, la saison

---

(*) Ce titre n'existe pas dans notre première édition, bien qu'un article traite du sujet. Nous avons remplacé cet article par un emprunt fait au *Guide* de M. Collin (2e édit.), que nous avons quelque peu modifié.

s'avance. Dans ce cas, les abeilles ne pensent plus à essaimer; la première femelle qui naîtra ira tuer ses sœurs au berceau, et, s'il en naît plusieurs à la fois, elles se livreront la nuit suivante un combat acharné, jusqu'à ce qu'une seule survive; le lendemain matin, on trouvera les victimes à terre près de l'entrée de la ruche. Mais si la population est encore assez nombreuse, et surtout si la ruchée se trouve dans un pays chaud, tel que la Corse, l'Algérie, etc., la souche sera prolifique d'une manière étonnante : elle essaimera encore. Dans ce cas, le lendemain de la sortie de l'essaim secondaire, vous entendrez le chant des femelles restées prisonnières au berceau, et deux ou trois jours après la sortie du deuxième essaim aura lieu celle d'un troisième. Il pourra rester des femelles retenues prisonnières, et un essaim ou deux sortiront encore peu de jours après. Mais, une vingtaine de jours après la sortie du premier essaim, il n'y aura plus d'essaimage, parce que la dernière femelle pondue (elle aura pu l'être le jour de la sortie du premier essaim) devra être sortie de son berceau après y être demeurée de sept à huit jours prisonnière, terme au delà duquel elle ne pourrait plus y être retenue, et qu'elle aura livré combat à ses sœurs du même âge, si elle en a. Donc, s'il n'y a plus d'espoir de nouvelles mères, il n'y a plus d'essaims à attendre (*).

L'essaim second sort le plus souvent huit ou neuf jours après le premier; le troisième, trois ou quatre jours après le second; le quatrième, deux ou trois jours après le troisième. Il arrive parfois que le cinquième sort le même jour que le quatrième. Ces derniers sont très-petits.

On ne doit pas considérer comme essaim secondaire celui qui sort de nouveau de la ruche mère où il était rentré un, deux, trois ou quatre jours avant, car il est toujours conduit par l'ancienne mère; mais lorsqu'il n'en sort, pour la seconde fois, que

(*) Il est des pays chauds et favorables, tels que Cuba, par exemple, où les abeilles essaiment pendant presque tout le cours de l'année. Dans ce cas, après avoir accompli la période que nous venons de décrire, un autre ordre de choses a lieu. L'essaimage ne recommence qu'au bout de quinze jours ou trois semaines, lorsque la jeune mère, restée après le départ du dernier essaim, a pondu à son tour des œufs de femelles.

neuf ou dix jours après, il doit être considéré comme essaim secondaire, attendu qu'il est accompagné cette fois d'une jeune femelle.

183. **Essaims seconds avant les premiers.**— On voit quelquefois, mais assez rarement, des essaims seconds sortir avant les premiers, c'est-à-dire des essaims premiers accompagnés de jeunes mères, et des essaims seconds accompagnés de vieilles mères. Voici comment cela a lieu : l'essaim commence à sortir; un grand nombre d'abeilles courent longtemps sur les rayons et à l'entrée de la ruche avant de s'envoler; l'abeille mère vient plusieurs fois à cette entrée, essaye de s'envoler et finit par rentrer, lorsque déjà une certaine partie de l'essaim a pris sa volée. Pendant ce temps de désordre, une jeune femelle retenue prisonnière au berceau profite de l'occasion pour éclore et pour s'échapper avec la colonie émigrante. C'est donc, dans cette circonstance, une jeune femelle qui accompagne l'essaim premier. Quelques jours après, même le lendemain, une seconde colonie sort, accompagnée de la vieille mère (*).

184. **Tendance des essaims secondaires à se sauver.** — Les essaims secondaires sont conduits, avons-nous dit, par des femelles non encore fécondées. C'est probablement afin que ces femelles ne s'accouplent pas avec des mâles de la même famille, et aussi pour répandre leur espèce, que les essaims secondaires ont une tendance à émigrer au loin. Ils sont d'ailleurs très-capricieux; on en voit fréquemment sortir et rentrer plusieurs fois de la ruche mère, et accomplir ces sorties et ces rentrées en peu de temps (**); d'autres fois, et cela principalement quand il y a plusieurs femelles, on les voit se sauver des ruches dans lesquelles on les a logés. Généralement ils restent peu de temps fixés à l'arbre qu'ils ont choisi, et si l'on ne se hâte de les recueillir, ils changent de place, se fixent un peu

(*) On trouve quelquefois plusieurs jeunes femelles dans l'essaim primaire qu'accompagne l'ancienne mère. Le cas est commun en Algérie.

(**) C'est peut-être ce qui, en Normandie, a fait appeler *pressis* (pressés) les essaims secondaires.

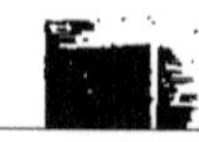

plus loin, et souvent à une élévation assez grande, ou se jettent dans une autre colonie, ou enfin s'élèvent très-haut et accomplissent une migration lointaine. C'est alors qu'on tenterait vainement de les suivre; leur course, souvent en droite ligne, égale celle de grande vitesse des chemins de fer.

185. Quelquefois, les essaims seconds se divisent en plusieurs grappes qu'il faut réunir lorsqu'on les loge, à moins qu'on ne les destine à être réunis en plusieurs colonies. Dans ce cas, on peut recueillir à part chaque grappe, qui a presque toujours une femelle.

Les essaims secondaires pèsent rarement plus de 1 kilogramme et demi dans la région de Paris. On en voit assez communément de 800 à 1,000 grammes. Le poids des troisièmes est d'environ 1 demi-kilogramme. Les quatrièmes pèsent moins, et ainsi de suite, quoiqu'il y ait quelquefois des seconds plus forts que les premiers et des troisièmes plus forts que les seconds. Mais les essaims secondaires ne sont presque composés que de toutes jeunes abeilles. Il y a toujours peu de mâles dans les essaims primaires. Il s'en trouve davantage dans les essaims secondaires. Là s'explique l'utilité de leur présence : il y a une femelle à féconder.

186. **Essaims volages et adventices.** — On donne le nom d'essaims volages aux colonies qui émigrent au loin ou qui ne veulent pas se fixer dans les ruches qu'on leur donne. Ces essaims sont dits adventices lorsqu'ils viennent se fixer dans votre rucher ou tout près, sans qu'ils soient sortis de vos ruches. Les essaims volages d'un apiculteur forment assez souvent des essaims adventices pour un autre. Je dis assez souvent, et non toujours, parce qu'il n'est pas rare non plus que ces essaims retournent dans les forêts, d'où notre abeille est sortie.

187. **Réparon ou rejeton.** — On appelle réparon ou rejeton l'essaim d'un essaim de l'année. Dans quelques localités, on appelle cet essaim *virginie*. Ce ne sont que les essaims hâtifs et forts qui produisent un rejeton, et encore n'en donnent-ils, sous nos latitudes, que dans les années très-favorables à l'essaimage. Il n'en est pas de même dans certaines régions de l'Afrique

et de l'Amérique : là on voit souvent des essaims essaimer plusieurs fois la même année.

188. **Moyen de trouver la mère d'un essaim.** — Voici comment on réussit neuf fois sur dix à trouver la mère d'un essaim. On le secoue doucement et successivement dans cinq ou six chapiteaux; les abeilles tombent et s'étendent sur les parois intérieures; on retourne les chapiteaux. Une demi-heure ou une heure après, les groupes commencent à s'agiter : les uns un peu plus tôt, les autres un peu plus tard. Un seul reste calme, c'est celui qui possède la mère, c'est là qu'il faut la chercher. On enfume une des portions qui sont agitées, le bruissement y est bientôt établi; on secoue à 30 centimètres de distance le groupe qui tient la mère; les abeilles, entendant le bourdonnement voisin, se dirigent de ce côté : quelques bouffées de fumée les engagent toutes à suivre le même chemin. Quand on les voit en marche pour franchir les 30 centimètres qui les séparent de leurs sœurs, on regarde attentivement et, dès qu'on aperçoit la mère, on la couvre avec un verre qu'on tient à la main. Il est curieux de voir les abeilles dans cette circonstance. Elles ressemblent à un troupeau de moutons qui se pressent de rentrer dans la bergerie. On peut faire cette chasse à la mère dans une chambre, à toute heure de la journée; mais elle ne devra être faite en plein air que le soir, une heure avant le coucher du soleil, ou le matin avant six heures. (*Collin.*)

En regardant attentivement sur le linge où l'on secoue un essaim au moment de sa réception, on peut aussi découvrir la mère et s'en emparer en posant un verre dessus; elle sera le plus souvent accompagnée d'abeilles, qu'on pourra éloigner ensuite.

189. **Signes qui indiquent que l'essaim est sorti.** — Les ruches qui viennent d'essaimer paraissent bien moins populeuses et moins actives qu'elles ne l'étaient la veille et les jours précédents; l'entrée est noircie et tachetée de propolis. Si on les renverse, on voit que les rayons sont moins garnis d'ouvrières, et que les mâles, au contraire, y paraissent très-nombreux.

190. **Moyens de reconnaître de quelle ruche est sorti un essaim qu'on n'a pas vu sortir, et par conséquent de reconnaître, en cas de contestation, le véritable propriétaire d'un essaim.** — Il faut détacher de cet essaim une quarantaine d'abeilles ou plus si l'on veut, les emporter à une certaine distance (une centaine de mètres), les saupoudrer de farine ou d'ocre rouge et leur donner la liberté. Quelques-unes reviendront à l'endroit où se trouve l'essaim ; mais la plus grande partie retournera à la ruche mère. Elles finiront par y retourner toutes, si l'essaim logé a été changé de place. En se postant près des ruches d'où l'on suppose qu'il est sorti, on est bientôt à même de distinguer celle dans laquelle on voit rentrer des abeilles blanches ou rouges. Si l'on n'était pas édifié par un premier essai, on pourrait en recommencer un second et même un troisième. Deux jours après la sortie de l'essaim, les résultats ne seraient plus sûrs, attendu que les abeilles se rendraient à l'endroit où est cet essaim, endroit qu'elles auraient remarqué, et elles s'y rendraient d'autant mieux qu'elles seraient mal reçues dans leur ancienne colonie, dont elles ne connaîtraient pas le mot d'ordre. C'est donc dans les premiers moments qu'il faut user de ce moyen si l'on veut qu'il réussisse.

VIe LEÇON

RÉUNION OU MARIAGE DES ESSAIMS. — ESSAIMS ARTIFICIELS

Empêcher l'essaimage. — Théorie de la réunion des colonies. — Avantage des réunions. — Réunion d'essaims venus le même jour. — Réunion d'essaims de plusieurs jours. — Réunir un essaim à une ancienne colonie. — Rendre les essaims secondaires à leur ruche mère. — Empêcher la formation des essaims secondaires. — Des essaims artificiels. — Essaim artificiel par transvasement, par division et par la méthode de Schirach. — Avantages et inconvénients des essaims artificiels.

Un préjugé ordinaire à ceux qui débutent dans la culture des abeilles, dit Varembey, c'est de croire qu'en recueillant dans des ruches séparées tous les essaims ils augmentent d'autant le nombre de leurs colonies. Il importe de les prémunir contre cette tendance funeste et de leur démontrer qu'il vaut souvent mieux réunir deux essaims que de les conserver isolément. D'ailleurs on peut, jusqu'à un certain point, empêcher l'essaimage.

191. **Empêcher l'essaimage.** — Il n'y a que les ruches très-peuplées au printemps qui puissent essaimer avantageusement ; pour toutes les autres, on se contentera d'en espérer du miel et de diriger tous ses soins vers ce but. On peut hardiment estimer à moitié le nombre de ruches qu'on doit destiner à fournir du miel et empêcher d'essaimer (*). En général, on em-

(*) Cette règle n'est pas applicable dans les localités où les fleurs printanières sont très-abondantes et où il convient d'augmenter le nombre des colonies, parce qu'on en trouve facilement la vente.

pêche les essaims en agrandissant à temps les habitations des abeilles; le moyen n'est pas infaillible, mais il réussira au moins trois fois sur cinq. Trois semaines avant l'époque présumée des essaims, on ajoutera une hausse sous toutes les ruches fortes qui ne sont composées que d'une ou de deux pièces (255), et qu'on destine à donner du miel. La hausse se remplit quelquefois dans l'espace de huit à dix jours. Quand elle est pleine aux trois quarts, on met un chapiteau sur la ruche si cette ruche est en même temps disposée pour en recevoir un. Au lieu d'opérer ainsi, c'est-à-dire de débuter par une hausse, on se contente de placer le chapiteau, si la ruche est simplement à chapiteau; c'est ainsi qu'on agit en Normandie (246). Inutile d'ajouter des hausses ou des chapiteaux à des ruches médiocrement peuplées; celles-là n'essaimeront probablement pas. Plus tard, on pourra le faire pour obtenir du miel si l'année devient très-favorable.

192, **Théorie des réunions de colonies d'abeilles.** — En général, les abeilles ne sont ennemies entre elles qu'autant qu'après s'être palpées elles ressentent des impressions contraires; si elles peuvent distinguer des étrangères pour les mettre à mort, ce n'est pas parce que celles-ci sont étrangères, mais parce que leurs sens sont affectés différemment. Réciproquement, si les abeilles d'une même société se reconnaissent entre elles et vivent d'accord ensemble (5-55-56), ce n'est pas par la raison qu'elles sont sœurs, mais bien parce que leurs sensations sont conformes. De même que la différence de famille n'est pas un motif de discorde, la parenté n'est pas non plus une cause d'union. C'est donc dans la conformité de sensations et dans leur opposition au moment de la réunion que doit se trouver l'explication des questions posées.

Les abeilles ont été douées par la nature de la faculté merveilleuse de pouvoir se retrouver et se rassembler après qu'elles se sont éparpillées. Le premier soin d'un essaim qui vient de prendre son essor est de chercher à se réunir et de trouver un point de ralliement. Quelques mouches commencent à s'y fixer; là, elles redressent leur abdomen et développent leurs anneaux, principalement celui qui touche à l'aiguillon. Elles battent des ailes avec force, probablement pour que leurs compagnes reçoivent l'impression de l'air agité. Bientôt la foule arrive avec la mère, si celle-ci n'y est déjà. Aucune abeille ne s'égare, toutes viennent exécuter les mêmes gestes, afin de rallier les retardataires qui, en s'approchant, répètent à leur tour les mouvements des autres. En peu d'instants la masse s'épaissit, un noyau s'établit et augmente rapidement de volume pour former une grappe compacte. Un essaim qui s'assemble procure un spectacle toujours curieux à voir; il fait entendre un bourdonnement particulier, agréable à l'oreille de l'apiculteur. Tous les essaims se rallient de la même manière et par les mêmes moyens. Ils obéissent aux règles qui leur ont été tracées par la nature. Pendant qu'un essaim s'assemble, si un autre sort, le premier rallie les abeilles du second à la recherche d'un point de ralliement, comme les unes et les autres, par un instinct commun de réunion, s'attirent entre elles et se trouvent attirées. Voilà pour la réunion. En fait, il y a bien là deux familles, mais à quels signes les abeilles de l'une pourraient-elles distinguer celles de l'autre? Dans un pareil moment, c'est le concert de volonté d'une même société, c'est l'accord lui-même dans toute sa manifestation. Nous venons de voir que, sous l'influence du ralliement, les abeilles qui se réunissent éprouvent les mêmes sensations : cette conformité annule et efface absolument la différence de souche; c'est donc comme s'il n'y avait réellement qu'une seule famille. Telle est la cause de l'union.

Ceci posé, l'explication précise de toutes les autres questions au sujet de l'accord ou du désaccord des populations réunies artificiellement devient très-simple. C'est la conformité d'impressions qui fait l'union, comme c'est leur opposition qui occasionne la discorde. Puisque deux essaims, chacun sous l'influence du ralliement, s'accordent en se joignant, je dis que pour les réunions artificielles il faut suivre les indications de la nature et n'opérer que quand les colonies à réunir se trouvent en état de ralliement et amenées à l'unité de famille ; étant alors dans des conditions semblables et ressentant les mêmes impressions, les colonies devront s'accorder, et j'ajoute : c'est que toute réunion faite en dehors de ces principes aura pour conséquence inévitable la confusion et la guerre (*).

On met les colonies en état de ralliement par la fumée et par le miel.

Un grand nombre de possesseurs d'abeilles connaissent les avantages des essaims forts et le moyen d'obtenir ces essaims; néanmoins, tous n'agissent pas pour les rendre forts, ce à quoi l'on parvient facilement en les réunissant. Il faut surtout réunir ou marier les tardifs.

193. **Avantages des réunions.** — Le même jour, nous avons trois essaims pesant chacun 1,500 grammes; le soir même, au coucher du soleil, nous en réunissons deux dans la même ruche; nous laissons le troisième essaim en l'abandonnant à sa fortune. La population de la première ruche est immense, il faut ajouter une hausse pour loger ce grand peuple. La population de la seconde est une population ordinaire. Celle-ci amassera-t-elle, par exemple, un kilogramme de miel dans le même temps que la première en amassera deux? Cela semblerait naturel, car dans un temps donné un ouvrier doit faire la moitié de ce qu'en font deux. Cependant les faits sont ici en opposition avec ce raisonnement : l'essaim doublé aura en magasin trois kilogrammes de miel quand l'autre en aura à peine un. Remarquons que ce calcul est plutôt affaibli qu'exagéré, c'est-à-dire que l'essaim doublé travaillera encore dans une proportion plus grande. L'expérience est facile, seulement pesez les ruches avec soin, et ne vous contentez pas d'un simple coup d'œil.

Vous voyez maintenant combien il est avantageux de mélanger même les essaims primaires. Il faudrait que l'année fût bien mauvaise pour qu'ils ne réussissent pas, et dans les bonnes années ils gagneront un poids étonnant. En pratiquant la réunion, on s'abandonne le moins possible au hasard des saisons (**).

(*) Cette théorie, due à M. Greslot, apiculteur de la Marne, est développée tout au long dans l'*Apiculteur* (5e année, p. 100).

(**) *Produit de deux ruchées dont une a essaimé.* — Dans cette question, il s'agit d'apprécier au juste et de comparer le produit de deux ruchées dont une seulement a essaimé. Mes recherches à cet égard ont été faites avec la plus

194. Réunion d'essaims venus le même jour. — Si l'on a à réunir un essaim encore à la branche à un essaim logé quelques heures plus tôt, on peut faire cette réunion de suite, ou le soir; on la fait de suite si l'essaim qu'on veut renforcer n'a pas encore été porté au rucher. On reçoit l'essaim dans une ample calotte et on vient le secouer à l'entrée de la ruche qui contient le premier reçu ; cette ruche a été exhaussée à l'avance au moyen d'une cale, afin de permettre aux abeilles qu'on ajoute d'entrer plus vite. Les abeilles des essaims de la journée se battent rarement quand on les réunit.

Lorsqu'on ne peut faire de suite la réunion, soit que la première colonie ait été portée au rucher, soit que la sortie d'autres essaims ait empêché le mariage, il faut opérer le soir après le soleil couché : on place sur un linge ou sur un large plateau la ruche qui doit contenir la réunion ; on l'exhausse au moyen d'une cale, et on secoue à son entrée les abeilles de la colonie à réunir. Si on avait à mettre ensemble trois ou quatre petits essaims, on viendrait secouer successivement les colonies à réunir. Lorsque toutes les abeilles sont entrées, on replace la ruche au rucher, ce qu'on ne peut faire quelquefois que le lendemain de grand matin ; mais on peut toujours activer la rentrée des abeilles en leur jetant de la fumée.

195. Réunion d'essaims de plusieurs jours.— Lorsqu'on a à réunir des essaims logés depuis plusieurs jours, il faut avoir soin de les enfumer à l'avance, c'est-à-dire de les mettre

---

grande attention ; je vais en donner le résultat consciencieux. Au printemps, vous avez deux paniers à peu près égaux pour le poids, l'âge et la population ; tous deux ont les mêmes chances de succès. L'un donne un essaim qui est recueilli et logé à part ; l'autre n'essaime pas, parce que vous lui donnez à temps une hausse pour continuer ses constructions (191). Vérifiez les produits à la fin de la récolte. D'une part, prenez le poids brut de la ruche qui n'a pas essaimé, défalquez aussi le poids du panier, des abeilles et des gâteaux, pour avoir le poids de son miel. Comparez ce poids au total que vous aviez tout à l'heure, et vous trouverez, à votre grande surprise, que cette dernière a amassé à elle seule plus de miel que les deux autres ensemble, et que la différence sera d'un à trois kilogrammes. Donc, lorsqu'un rucher est suffisamment garni de ruches, il ne faut permettre l'essaimage qu'aux plus fortes, et uniquement dans le but de remplacer celles qui périssent par accident et celles encore qu'on supprime pour cause de vieillesse ou de caducité. COLLIN.

en état de ralliement (192), notamment celui qui doit recevoir un supplément, car autrement les abeilles se livreraient combat et s'entre-tueraient.

Si l'essaim à réunir n'avait encore que peu de travail, on pourrait le secouer le soir à l'entrée de la ruche qui contient le premier, en procédant comme on l'a vu plus haut ; mais s'il avait un travail avancé qu'on voulût ménager, il faudrait en asphyxier momentanément les abeilles par les procédés que nous décrirons plus loin. (V. 14e leçon.)

Il ne s'agit ici que de réunions d'essaims logés dans les ruches communes. Nous verrons, en parlant des ruches composées, les moyens de faire les réunions avec ces ruches.

On doit, autant que possible, placer l'un près de l'autre au rucher les essaims dont la réussite laisserait des doutes, afin de pouvoir les réunir sans inconvénient un peu plus tard, si l'année n'était pas favorable. Je dis sans inconvénient, parce que, lorsqu'on réunit au milieu de l'année des colonies voisines, les abeilles de la ruche supprimée retournent à la ruche qui contient la réunion ; mais lorsque la ruche supprimée a été prise plus loin, un certain nombre d'abeilles retournent à l'endroit où était cette ruche et sont souvent perdues pour la réunion ; elles vont la plupart du temps se faire tuer dans l'une des ruches les plus voisines de la place qu'occupait la leur, si elles n'y arrivent pas chargées de miel (*).

196. **Réunir un essaim à une ancienne colonie.**— De même qu'on peut réunir des essaims entre eux, on peut éga-

---

(*) Dans un rucher couvert où les plateaux sont très-rapprochés l'un de l'autre, voici comment les choses se passent : Quand on a enlevé la ruche pour la réunir plus loin, si on a laissé le plateau en place et si on l'a fait toucher au voisin, quelques abeilles reviennent le lendemain sans défiance sur le plateau ; mais bientôt elles s'inquiètent, elles cherchent et finissent par aller sur le plateau voisin, d'où elles se dirigent en battant des ailes vers les abeilles de la ruche étrangère. Si on a enlevé le plateau, après avoir voltigé quelque temps en avant, d'un vol incertain, elles se hasardent à se mêler avec les abeilles voisines ; elles semblent demander grâce ; elles se laissent tirailler sans se défendre et sans fuir. Les choses se passent ainsi quand il fait chaud ; mais avec une température un peu froide, les pauvres abeilles sont transies et périssent avant de se réunir aux abeilles étrangères.

lement marier un essaim à une colonie ancienne, autrement dit renforcer celle-ci par l'addition d'un essaim ; il faut, autant que possible, opérer le jour de la réception de l'essaim et enfumer jusqu'à l'état de bruissement les deux colonies à réunir. Pour le reste, on procède comme lorsqu'il s'agit de réunir des essaims logés de plusieurs jours ; et, afin que les abeilles apportées accélèrent leur entrée, on leur projettera de la fumée. Lorsque les fleurs donnent abondamment du miel, on peut se dispenser d'enfumer l'essaim.

197. **Rendre les essaims secondaires à leur ruche mère.**— Les essaims secondaires, notamment dans les localités qui offrent peu de ressources mellifères, épuisent souvent la ruche mère ; par conséquent, il convient de les y réintégrer, ce qui est chose facile. L'essaim secondaire qu'on se propose de rendre doit être recueilli comme s'il s'agissait de le conserver et être placé près de la ruche mère. Le lendemain matin (on peut même attendre le lendemain soir), on le rendra par les moyens que nous avons vus plus haut pour réunir des essaims logés. On peut se dispenser d'employer la fumée, car il n'y aura pas de combat entre les abeilles. Il ne faut rendre les essaims secondaires que le lendemain, parce qu'en les rendant le jour de leur réception ils repartent le plus souvent vingt-quatre heures après et donnent plus d'embarras que la première fois. Lorsqu'il y a un certain intervalle, les jeunes femelles se recherchent et se livrent combat, ou celle qui rentre va détruire ses concurrentes au berceau, et c'en est fait de l'essaimage.

198. **Empêcher la formation des essaims secondaires par la décapitation des mâles au berceau.**— Le moyen n'est pas des plus faciles pour les personnes timorées, mais on finit par le pratiquer sans inconvénient après quelques tâtonnements. Ce moyen, employé par les bons praticiens de la Champagne, consiste à détruire les faux-bourdons au berceau, le jour de la sortie de l'essaim primaire ou les deux jours suivants, si on n'a pu le faire ce jour-là : pour y parvenir, on renverse la ruche, et au moyen de fumée on éloigne les abeilles pour reconnaître les cellules de mâles, d'ailleurs faciles à distin-

guer par leur grandeur et par leur couvercle proéminent. Armé d'un couteau mince et bien aiguisé, on enlève la pellicule qui les ferme, de manière à découvrir les têtes des mâles et même à les endommager, si cela facilite l'opération. On passe ainsi le couteau sur tous les rayons qui ont du couvain de mâles, et l'on remet la ruche à sa place. Les abeilles s'empressent aussitôt d'extraire les cadavres et de les traîner hors de la ruche. On doit avoir un seau d'eau fraîche près de soi et y plonger le couteau à chaque instant, autrement il s'échaufferait et abîmerait la cire. Cette pratique a un double avantage : celui d'empêcher la sortie des essaims, ou plutôt de diminuer le nombre des essaims secondaires (car il ne supprime pas toujours ces essaims), et celui de débarrasser la ruche de bouches inutiles.

198 *bis*. **Autres moyens d'empêcher les essaims secondaires.** — M. Collin conseille, pour empêcher la sortie d'essaims secondaires, d'enlever la souche aussitôt qu'elle a essaimé et de mettre à sa place l'essaim. On comprend qu'alors elle perd, pendant les premiers jours, une certaine quantité d'abeilles qui diminuent sa population et qui renforcent l'essaim d'autant.

Le même donne aussi cet autre moyen d'empêcher assurément l'essaim secondaire : placer la ruche sur une hausse dont le plancher n'a qu'un trou de 8 à 9 centimètres de diamètre ; mettre à ce trou un grillage dont les lignes ouvertes ont 5 millimètres 10 centièmes de largeur, sur 13 millimètres 25 centièmes de longueur ; mettre également à la porte d'entrée de cette hausse (celle de la ruche qui peut être établie dans le tablier) une autre grille dont les lignes percées ont 4 millimètres 15 centièmes de large sur 13 millimètres 25 centièmes de long (tenir les lignes horizontales). La grille de la hausse donne passage aux ouvrières et à la mère ; mais elle retient les faux-bourdons. La petite grille, celle de l'entrée, ne donne passage qu'aux ouvrières et retient la mère. Par conséquent, l'émigration n'a pas lieu. On ne doit mettre sous la souche la hausse avec les deux grilles qu'à partir du moment où la mère chante ; mais il faut l'enlever dès qu'on n'entend plus son chant, parce que l'essaimage n'est plus à craindre. C'est toujours dans la hausse qu'on trouve mortes les mères surnuméraires. — On trouve la tôle perforée (dimensions sus-indiquées et épaisseur d'un demi-millimètre) chez MM. Callard et Cie, 8, rue Leclerc, à Paris, au prix de 6 fr. le mètre carré.

On se contente quelquefois, pour empêcher la formation des essaims secondaires, d'agrandir la ruche après le départ de l'essaim primaire, par l'addition d'une calotte ou d'une hausse ; mais ce moyen, très-simple d'ailleurs, ne réussit pas toujours ; il s'en faut de beaucoup. Il réussit mieux pour empêcher la sortie des essaims primaires, sans cependant être toujours efficace (191).

Des auteurs ont conseillé, pour empêcher la formation des essaims seconds, d'enlever toutes les cellules qui contiennent du couvain de femelle, moins une. Ce procédé est efficace, mais est-il praticable, ou du moins dans les hautes et grandes ruches d'une seule pièce ? Comment découvrir et enlever ces cellules, qui sont cachées sous les gâteaux ou dans le fond de la ruche ? Les cadres mobiles permettent cette recherche ; mais il peut arriver aussi que la cellule laissée ne produise qu'une femelle avortée. On perd alors la souche.

199. **Des essaims artificiels.** — Les embarras que causent les essaims naturels, et encore plus le danger de les perdre, ont fait penser aux moyens de les prévenir, en forçant les ruches à les donner au jour et à l'heure qui conviennent à l'apiculteur, tout en ne contrariant pas, bien entendu, les lois de la nature.

L'observation ayant appris qu'il y a souvent des femelles près d'éclore lorsqu'il y a des mâles pour les féconder, et que, dans ce cas, on peut espérer avoir sous peu un essaim naturel si le temps est favorable, il ne s'agit que de forcer les abeilles à en faire un quelques jours plus tôt.

Sachant que les abeilles transforment en nymphe de femelle une larve d'ouvrière qui n'est pas arrivée à son dernier développement, on peut donc, sans crainte, pratiquer un essaim artificiel sur une ruche qui a des œufs ou des jeunes larves d'ouvrière, et qui possède des mâles pour féconder la femelle qui en naîtra (*).

(*) M. Collin fait remarquer avec raison que, pendant le temps de l'essaimage,

Comme nous le savons, on donne le nom d'*essaim artificiel* à un certain nombre d'abeilles que l'on a soustraites d'une colonie populeuse pour en faire une colonie nouvelle. Il y a plusieurs manières de faire des essaims artificiels ; la méthode la plus généralement applicable aux ruches vulgaires en cloche est celle dite par *transvasement*.

200. **Essaim artificiel par transvasement.** — Après avoir projeté de la fumée aux abeilles de l'extérieur, s'il y en a qui font la barbe, puis avoir décollé la ruche et projeté encore une certaine quantité de fumée afin de maîtriser les gardiennes, on enlève cette ruche et on la transporte à quelque distance, et à l'ombre autant que possible ; on la renverse ensuite sens dessus dessous, et on l'établit soit dans un petit trou en terre B (*fig.* 26), soit sur un objet quelconque, par exemple sur un tabouret dépaillé, A, de manière qu'elle ne puisse vaciller et qu'on l'ait à sa portée. On la recouvre après cela de la ruche qui doit loger l'essaim artificiel, en les enveloppant toutes les deux avec un linge qu'on fixe au moyen d'une ficelle (*V.* ci-contre). Des praticiens habiles et aguerris n'enveloppent pas les ruches : ils opèrent à ciel ouvert et sont beaucoup plus à même de juger quand l'essaim est fait. Nous détaillerons plus loin la manière de les faire à ciel découvert. Lors donc que les ruches sont ainsi disposées, on tapote avec les mains, avec des cailloux ou avec de petites baguettes autour de la ruche qui contient les abeilles, en commençant par la partie inférieure et en montant graduellement. Au bout de quatre ou cinq minutes de tapotement, quelquefois avant ce temps, un bourdonnement assez fort se fait entendre : ce sont les abeilles qui se mettent en marche. Ce bourdonnement grandit ; il se fait entendre, un peu après, vers le milieu, puis vers le haut de la ruche supérieure. C'est alors qu'on juge que l'essaim artificiel ne tardera pas à être fait. On frappe

---

toutes les ruches qui possèdent une abeille mère ont du couvain d'ouvrières de tout âge. Il n'est pas nécessaire qu'elles aient des faux-bourdons adultes ou sous forme de couvain pour se former une femelle ; mais l'absence de mâles est un indice certain que la ruche est médiocrement peuplée et qu'elle est incapable de fournir un essaim artificiel.

encore quelque temps, si on pense que l'abeille mère n'est pas montée. Après quinze minutes de tapotement continu, mais modéré, c'est-à-dire pas trop fort, afin de ne pas détériorer la ruche et détacher les rayons, il est rare que l'abeille mère ne soit pas montée dans la ruche supérieure, ainsi qu'une grande

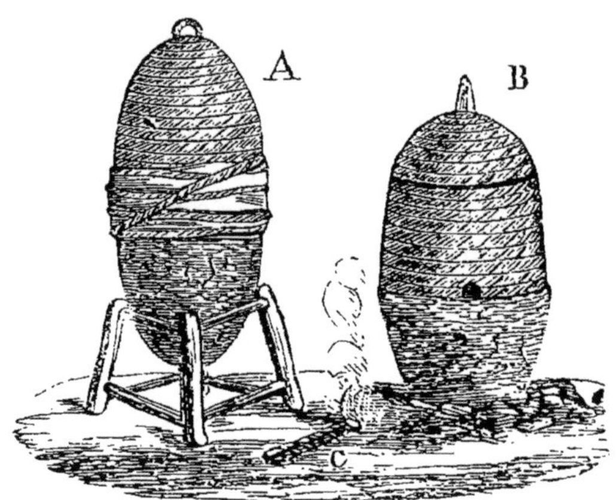

(*Fig.* 26.) A, Ruches disposées pour le transvasement ordinaire.
B, Transvasement sans couvrir les ruches.
C, Poupée de chiffon fumant.

quantité d'abeilles : plus des trois quarts de ce qu'en contenait la souche. On en laisse le moins possible, si beaucoup sont aux champs. On ôte alors l'enveloppe des deux ruches, qu'on sépare et qu'on établit chacune à la place qu'on lui a assignée. Pour cela, il y a des règles à suivre, et l'on opère de plusieurs manières.

Voici les quatre les plus employées : la première consiste à entoiler les essaims lorsqu'ils sont faits et à les transporter dans un autre rucher, éloigné de 2 à 3 kilomètres au moins. La deuxième manière consiste à établir l'essaim à côté de sa mère, en reculant celle-ci à droite ou à gauche, devant ou derrière, de façon que les abeilles qui reviennent des champs se divisent et entrent à peu près à raison des deux tiers dans l'essaim et d'un tiers dans la souche. La troisième manière consiste à placer l'essaim à une certaine distance de la souche et à laisser celle-ci à sa place ; mais, le soir ou le lendemain, il faut opérer une permutation : mettre l'essaim à la place de la mère et *vice versa* ;

c'est le moyen que nous employons le plus souvent. La quatrième manière consiste à placer l'essaim artificiel à l'endroit qu'occupait la souche et à mettre celle-ci à la place d'une colonie populeuse, ruche mère ou essaim, qu'on recule plus loin. Cette permutation donne de bons résultats (361).

On a conseillé aussi de secouer sur le sol l'essaim artificiel et de placer aussitôt dessus la ruche dans laquelle il monte et se comporte comme s'il était naturel. On peut alors le placer n'importe où dans le rucher. Mais dans le secouement quelques abeilles s'envolent et retournent à la souche.

201. **Moyen de constater que la mère est dans l'essaim artificiel.** — Lorsqu'on juge que l'essaim artificiel est fait, on pose sa ruche sur un linge de couleur tranchante ; au bout de vingt ou vingt-cinq minutes, on la lève doucement et on visite attentivement le linge. Si la mère est dans l'essaim, on doit trouver sur ce linge des œufs que, pressée de pondre, elle a laissé tomber (*).

Autrement on reconnaît bien vite si un essaim artificiel est réussi, c'est-à-dire si l'abeille mère se trouve dans la colonie nouvelle. Si elle ne s'y trouve pas, les abeilles ne tardent guère à s'apercevoir de son absence : on les voit alors courir en tous sens dans l'intérieur et à l'entrée de la ruche, puis sortir, d'abord une à une, et bientôt en grand nombre, et retourner en droite ligne à l'endroit où était la souche, si l'essaim a été déplacé, et voltiger près des autres ruches, comme si elles cherchaient quelque chose, si l'essaim a été mis à la place de la ruche mère. Il faut, dans ce cas, se hâter de remettre la souche à sa place ; l'essaim manqué y rentrera aussitôt, et on en sera quitte pour faire une seconde tentative le lendemain ou les jours suivants. Il est rare qu'une personne qui a l'habitude de faire des essaims artificiels par transvasement soit obligée de recommencer l'opération.

Il faut opérer au milieu d'une belle journée, lorsque les abeilles sont aux champs, depuis neuf heures du matin jusqu'à trois

(*) C'est un auteur espagnol, Jayme Gil, qui a le premier (en 1621) fait connaître ce moyen, qu'un apiculteur de la Champagne a *découvert* il y a quelques années. (Voyez l'*Apiculteur*, 5e année, p 86 et 166.)

heures de l'après-midi. On doit avoir soin, pendant l'opération, de placer une ruche vide à l'endroit qu'occupait la ruche mère; les abeilles qui reviennent des champs y rentrent et y séjournent un moment, surtout si on a eu soin de répandre quelques gouttes de miel sur les parois; autrement, ces abeilles pourraient se jeter dans les ruches voisines.

202. Une ruche qui a donné un essaim artificiel par transvasement peut encore donner, quelques jours après (communément quatorze ou quinze jours), un essaim naturel : il faut pour cela que cette ruche soit forte et populeuse. On reconnaît qu'elle donnera un essaim naturel (second essaim) lorsqu'on l'entend chanter, ce qui a lieu le treizième jour après la formation de l'essaim artificiel. On peut prévenir la sortie de cet essaim par l'extraction d'un second essaim artificiel. Il y a des apiculteurs qui extraient deux essaims artificiels de la même ruche et qui pratiquent quelquefois encore un essaim artificiel sur un premier essaim artificiel de l'année. On ne saurait conseiller cette manière d'agir aux producteurs de miel : ils devront toujours rendre à la ruche mère les essaims secondaires.

203. Un accident assez grave arrive quelquefois aux colonies qui essaiment après avoir fourni un essaim artificiel : elles deviennent orphelines, c'est-à-dire qu'elles se trouvent sans mère. Le jour de l'essaimage naturel, toutes les femelles émigrent avec l'essaim, et celles qui restent au berceau, soit que ce berceau ait été édifié trop tard, soit par une autre cause, sont mortes à l'état de nymphe. Pour ne pas perdre ces colonies, il faut, une dizaine de jours après la sortie de l'essaim, enlever les cellules de femelles qui ne seraient pas nées et placer dans la ruche un morceau de rayon contenant des œufs ou des vers d'ouvrières non entièrement développés. — On peut quelquefois être averti de l'absence d'une mère par l'agitation momentanée des abeilles. Mais, pour saisir cette agitation momentanée, il faut se tenir au guet et avoir une grande habitude des abeilles.

204. **Essaim artificiel par la méthode de Schirach.** — Vers le milieu de la journée, au moment où les abeilles sont en très-grand nombre à la picorée, on prend une ruche qui offre

les conditions voulues, une ruche populeuse, lourde, et qui a des mâles; on en enlève un ou deux morceaux de gâteaux, grands comme la paume de la main, qui contiennent des œufs ou des vers d'ouvrières. On fixe ces gâteaux avec quelques chevilles, ou de toute autre manière, dans la partie la plus élevée d'une ruche vide. On laisse autant que possible sur ces gâteaux les abeilles qui s'y trouvent; on ajoute un ou deux rayons vides ou contenant un peu de miel. Lorsque ces rayons sont suffisamment consolidés, on ôte de sa place l'ancienne ruche, qu'on transporte plus loin, et l'on y met celle qui contient les rayons en question. Les abeilles qui reviennent des champs entrent dans cette nouvelle habitation, y déposent leur butin et s'y mettent à l'ouvrage. Dès la nuit suivante, elles commencent une cellule de femelle, quelquefois plusieurs, qui sont bâties en peu de jours. Bref, au bout de deux semaines, cette colonie voit éclore une femelle qui tue au berceau ses rivales, se fait féconder et se comporte pour le reste comme si elle était née dans une cellule spéciale.

Cette méthode, plus difficile que la première, est moins sûre. Nous verrons les autres méthodes pratiquées pour faire des essaims artificiels, lorsque nous nous occuperons des ruches. En attendant, répétons qu'on ne doit former des essaims artificiels que sur des ruches fortes dont on aperçoit les mâles, ou, si on ne les aperçoit pas, on sait qu'il s'en trouve au berceau, et qu'il ne convient plus d'en pratiquer lorsque la saison des essaims naturels s'avance.

205. **Avantages et inconvénients des essaims artificiels.** — Par l'essaimage artificiel, on se procure des essaims à volonté, même avant l'époque ordinaire de leur sortie; en outre, on est à peu près sûr de ne pas perdre ses essaims, tout en n'étant pas obligé de surveiller du matin au soir les colonies mères au moment de l'essaimage; mais il faut une certaine aptitude pour ne pas les faire intempestivement. Il faut aussi venir à leur secours, c'est-à-dire les alimenter s'ils sont tôt et si le temps est incertain. Il faut aussi soigner les souches et venir à leur secours au besoin. La méthode artificielle présente alors des avantages réels.

VIIe LEÇON

MALADIES ET ENNEMIS DES ABEILLES

Principales maladies des abeilles. — Dyssenterie : cause, remède. — Constipation : cause, remède. — Pourriture ou loque : cause, remède. — Dessiccation du couvain. — Vertige. — Moisissure. — Embarras des antennes. — Poux des abeilles. — Ennemis des abeilles. — Pillage : cause, remède. — Fausse teigne. — Destruction. — Autres insectes ennemis. — Reptiles, oiseaux et quadrupèdes ennemis des abeilles.

206. Les abeilles, ainsi que les autres animaux, sont sujettes à différentes maladies pendant le cours de leur existence. Cependant elles en ont moins que certains animaux, parce qu'elles sont actives, laborieuses, économes, et qu'elles ne se créent pas de besoins factices. La plupart leur viennent de l'incurie ou de l'ignorance de l'apiculteur. Aussi les colonies vivant à l'état sauvage sont-elles moins affectées que celles placées dans l'état de domesticité.

Les principales maladies qui atteignent les abeilles sont : la dyssenterie, la constipation, la loque ou pourriture du couvain.

207. **Dyssenterie.** — Dans les conditions normales, les abeilles ne laissent pas tomber leurs excréments dans la ruche; elles vont les lâcher dehors. On s'en aperçoit principalement à la fin de l'hiver, lorsqu'elles ont été retenues un mois ou deux prisonnières par le froid ou la pluie. Elles ne ménagent alors ni les habits de ceux qui les fréquentent, ni le linge que les ménagères font sécher près du rucher.

Mais si l'air de la ruche est altéré par l'humidité ou par toute autre cause, les abeilles retenues prisonnières sont bientôt atteintes de dyssenterie. Elles lâchent alors leurs excréments sur les parois et le tablier de la ruche, sur les rayons, sur leurs compagnes qu'elles engluent. Ces excréments, noirs et larges comme des lentilles, finissent par faire une masse fort épaisse, et, en exhalant une odeur méphitique, ils achèvent de corrompre entièrement l'air de la ruche : aussi la colonie atteinte périt-elle si l'on ne vient à son secours. Comme la cause principale est l'air altéré, il faut se hâter de renouveler cet air en renversant la ruche, en essuyant autant que possible les parois salies, en enlevant les rayons malpropres, en essuyant bien le tablier. Puis, lorsqu'on aura replacé la ruche sur son siége, on y laissera entrer librement l'air, et on pourra présenter aux abeilles un peu de bon miel tiède. Il est des personnes qui conseillent d'ajouter à ce miel un peu de sel et de vin. L'usage du sel dans cette circonstance est sans aucun effet; quant au vin, nous conseillons à l'apiculteur de le boire lui-même, afin qu'il acquière plus de vigueur pour mieux soigner ses abeilles. Il n'oubliera pas alors que les populations fortes, suffisamment approvisionnées et convenablement logées, ne sont jamais atteintes de la dyssenterie, qui ne se fait sentir que chez les colonies peu fournies, chez celles qui ont reçu en saison froide du miel inférieur ou autre matière sucrée contenant beaucoup d'eau, chez celles enfin qui sont mal logées, mal abritées, et dont la ruche est placée dans un endroit humide. C'est en automne, et principalement au sortir de l'hiver, que cette affection règne.

Lorsqu'une ruchée a été assez fortement atteinte de dyssenterie, il faut s'emparer de sa population et la marier à une autre. La ruche doit être vidée et soigneusement lavée avant qu'on s'en serve pour y loger une autre colonie. Voici un mode de pansement conseillé pour les cas ordinaires : « Si la colonie est populeuse, il faut, avec de la fumée, refouler les abeilles au fond de la ruche, couper tous les rayons salis par les excréments et nettoyer la ruche, autant que possible, avec un chiffon humecté d'eau étendue de quelques gouttes d'alcali ; puis, le soir, administrer du bon miel mêlé de sucre aux abeilles de cette colonie.

Si la population est faible, il faut la réunir à une autre. » — Une colonie ayant eu la dyssenterie devient souvent loqueuse à la suite.

208. **Constipation.** — La constipation est le résultat d'un abaissement de température dans la ruche à l'époque où les abeilles ont leur abdomen rempli de résidus. Cet abaissement de température à l'intérieur est dû à un abaissement extérieur brusque et fort. Au printemps des années pluvieuses, il arrive quelquefois que la température des mois de mars et d'avril, se trouvant à 15 degrés au-dessus de zéro, tombe en quelques heures à 3 ou 4 degrés au-dessous avec un vent pénétrant. Les abeilles des ruches peu garnies et mal closes s'efforcent alors d'absorber du miel pour remonter la chaleur ; mais, leur corps étant plein, elles ne peuvent pas atteindre le but qu'elles se proposent et deviennent constipées. Sous une température plus élevée, elles en auraient été quittes pour la dyssenterie ; mais sous une température basse les excréments s'épaississent dans leur abdomen au point qu'elles ne peuvent plus s'en débarrasser. Un certain nombre d'abeilles constipées essayent de s'envoler, mais elles tombent souvent au pied de la ruche pour ne plus se relever ; d'autres tombent sur le tablier, ou meurent même entre les rayons. La constipation est produite aussi par le miel qui a été emmagasiné en arrière-saison, dans le bas des rayons et sur les côtés de la ruche, et qui n'a pas été operculé. Par l'eau qu'il a absorbée pendant la saison humide, ce miel s'est décomposé et est devenu tellement liquide qu'il coule sur le tablier de la ruche. Il faut enlever au plus vite les parties de rayons qui contiennent de ce miel.

Les abeilles atteintes de constipation ne veulent pas prendre les aliments qu'on leur présente.

Le moyen de sauver celles d'une colonie fortement affectée consiste à les marier à une autre colonie qui se trouve dans de bonnes conditions.

Les populations fortes et bien pourvues de provisions sont rarement atteintes isolément de cette affection. Je dis isolément, parce que la constipation, ainsi que la dyssenterie et la pourriture, dont nous allons parler, devient épidémique lorsqu'on ne la combat pas (*). On la combat en isolant les ruches atteintes et en leur présentant un peu de nourriture substantielle et chaude, telle que du bon miel mélangé avec du sirop de sucre. Les ruches à parois épaisses et bien closes la préviennent. A la fin de l'automne et au commencement du printemps, quelques abeilles meurent de cette affection dans beaucoup de colonies; mais leurs cadavres, soigneusement enlevés par les abeilles chargées des soins intérieurs, n'ont pas le temps d'exhaler l'odeur malfaisante qui rend la maladie contagieuse.

209. **Pourriture ou loque.** — La pourriture ou loque est une affection qui atteint d'abord le couvain, lequel se décompose et produit une odeur qui empoisonne les abeilles de la colonie affectée et s'étend aux colonies voisines. Cette affection n'attaque isolément que les colonies faibles, mal logées, et cela le plus souvent au commencement du printemps, après un hiver doux, qui a permis à l'abeille mère de hâter sa ponte et de l'étendre inconsidérément. S'il survient alors un abaissement de température sensible, les abeilles sont contraintes de quitter le couvain éloigné du centre de la ruche; ce couvain, ne tardant pas à mourir, se décompose et devient mou comme une loque, d'où le nom de *loque* donné à la maladie, et celui de *loqueuses* aux ruchées qui en sont atteintes.

L'odeur que produit une colonie loqueuse a une grande analogie avec celle de la viande gâtée; elle est si forte que l'apiculteur ne tarde pas à la découvrir, et si pénétrante qu'elle devient une véritable peste pour toutes les abeilles du rucher. Quant au couvain pourri, le plus souvent operculé, il se décompose très-vite et ne forme bientôt plus avec la cire qu'une masse brunâtre qui ressemble à de la pulpe d'abricot pourri (**).

Dans les cantons méridionaux, où les nuits d'été sont souvent très-fraîches, cette affection a quelquefois lieu après l'essaimage

---

(*) Dans les printemps pluvieux et froids de 1853 et de 1854, un grand nombre de colonies sont mortes de cette affection, qui fut une véritable épidémie en France et dans d'autres pays voisins.

(**) Un journal d'apiculture allemand donne un dessin et une description de l'animalcule trouvé par M. Walter dans la décomposition du couvain loqueux.

et en arrière-saison. — Ajoutons qu'elle est inconnue dans beaucoup de localités. — Les grandes ruches et celles qui concentrent mal la chaleur sont plus sujettes à la loque que les petites, qui la concentrent bien.

210. **Remède.** — On doit se hâter d'apporter un remède aux colonies atteintes de la loque. On s'aperçoit qu'elles sont dans cet état par un ralentissement sensible dans l'activité des abeilles et, nous l'avons dit plus haut, par l'odeur désagréable qu'exhalent les ruches. Il faut aussitôt chasser les abeilles dans des ruches vides, enlever les parties de rayons qui contiennent le couvain affecté, enlever même le couvain en bon état placé près de celui qui est pourri, et brûler sous la ruche une forte mèche soufrée, après quoi on y réintègre les abeilles. Ces moyens suffisent pour sauver la colonie lorsque la maladie n'est pas trop invétérée. Dans le cas contraire, il faut transvaser les colonies atteintes dans des bâtisses passées au soufre, et leur donner du miel liquide dans lequel on mettra une pincée de fleur de soufre. On pourra réunir plusieurs colonies attaquées au même degré. Ces colonies devront, autant que possible, être isolées du rucher. Si, malgré le traitement que nous venons d'indiquer, l'affection se développait, il faudrait éloigner les ruches non encore atteintes. Mais l'emploi du soufre arrête la maladie dès le début et évite le déplacement des colonies. Lorsque l'affection loqueuse a atteint l'abeille mère, qui dans ce cas ne pond plus que des œufs portant le virus contagieux, la colonie est perdue, si l'on conserve cette mère et son couvain, avec lequel elle pourrait être remplacée.

Il faut se garder de donner le miel des ruches loqueuses aux colonies saines, car ce miel communiquerait l'affection, même longtemps après avoir été récolté. On a vu des miels provenant de ruches loqueuses récoltées en Amérique communiquer la loque à des abeilles de l'Europe auxquelles ce miel avait été donné pour nourriture.

211. **Dessiccation du couvain.** — Cette affection ne présente pas de dangers graves. Elle n'atteint jamais que quelques couvains isolément, la plupart du temps operculés, qu'elle des-

sèche. La cause de la dessiccation paraît être due à l'alimentation, et peut être aussi à l'électricité. Les nymphes desséchées sont maigres, mais paraissent saines ; le couvercle de la cellule qui les contient est percé d'un petit trou rond, dont les bords sont relevés et bien taillés. Les abeilles se chargent du remède qui convient en enlevant le couvain desséché. Elles extraient aussi de leur berceau des nymphes atrophiées, qu'elles transportent également hors de la ruche. — Bien que la dessiccation du couvain n'entraîne pas la perte de la ruchée, ou du moins de suite, nous conseillerons toujours de défaire celles qui en ont des traces. Cette dessiccation a été un commencement de loque qui reparaîtra tôt ou tard.

212. **Moisissure.** — La moisissure est une altération des gâteaux produite par un excès d'humidité, qui développe sur les parties affectées des cryptogames (champignons) microscopiques. Il est urgent d'arrêter les progrès de cette altération en aérant la ruche et en enlevant les rayons et parties de rayons atteints, car elle développe d'autres maladies.

Dans les cantons où cette affection est commune, il faut établir des courants d'air dans le bas des ruches, soit en les plaçant sur des hausses à claire-voie, soit en ménageant une ou plusieurs issues au tablier.

213. **Vertige.** — Le vertige est une maladie qui atteint individuellement les abeilles dans certaines localités. Celles qui en sont affectées ne peuvent plus voler : elles courent et tournent sur elles-mêmes jusqu'à ce qu'elles tombent épuisées. Cette affection, que quelques apiculteurs attribuent à la fleur du chanvre, d'autres aux ombellifères, se manifeste vers les mois de juin et de juillet. On ne lui connaît pas de remèdes (*).

214. **Embarras des antennes.** — On a donné le nom impropre de maladie des antennes à la présence de deux masses de

(*) Depuis quelques années le vertige est devenu une épidémie, une sorte de choléra des abeilles, dans certaines localités du Nord où il a passé. On l'a signalé dans des cantons de la Somme, de l'Aisne, de l'Oise et de Seine-et-Oise, et il a apparu en mai et juin, même avant l'essaimage, qu'il a empêché.

pollen gluant de l'une de nos orchidées vulgaires, ou *pentecôtes*, lesquelles s'attachent comme des antennes à la tête des abeilles, sans que celles-ci puissent s'en débarrasser. Parfois ces masses deviennent assez volumineuses pour empêcher les abeilles d'agir.

Nous ne nous arrêtons pas aux autres affections des abeilles, telles que la dénudation du corselet, le déchirement des ailes, etc. Nous ferons seulement remarquer que la déchirure des ailes ne doit pas toujours être attribuée à un long travail ou à la vieillesse de l'abeille. Il est certaines fleurs, telles que le chardon et le bluet, qui abîment très-vite les ailes des abeilles.

215. **Miel défectueux.** — Nous avons vu que le miel provenant de ruches loqueuses procure la maladie aux abeilles qui le consomment, et que celui qui renferme beaucoup d'eau leur occasionne la dyssenterie. Nous devons ajouter que certaines fleurs, fort heureusement rares en Europe, produisent aussi un miel narcotique, souvent dangereux pour les abeilles qui l'absorbent. Par exemple, le miel que donne la fleur du tabac tue, dit-on, les abeilles qui vont le butiner.

216. **Poux des abeilles.** — Les apiculteurs allemands classent cet insecte parmi les affections des abeilles. On ne peut considérer ce petit animal que comme un parasite qui vit aux dépens de l'abeille et de sa propre substance.

Ce pou, appelé par les savants *braulia cæca*, ne se trouve le plus souvent que dans les vieilles ruchées, et sur les vieilles et les jeunes abeilles, c'est-à-dire les individus faibles. On n'en voit ordinairement qu'un seul sur une abeille. Il est très-visible : son corps est écailleux, rougeâtre, luisant, et il a six pattes à l'aide desquelles il se cramponne sur le corselet de l'abeille, où il se tient presque toujours. Il est gros comme la tête d'une petite épingle et difficile à prendre avec les doigts. Il passe aisément d'une abeille à l'autre, et celle qui en est chargée accomplit son travail sans paraître en être trop incommodée. Cependant l'abeille sur laquelle on le voit arriver cherche aussitôt à s'en débarrasser. L'abeille mère des ruches pouilleuses en porte souvent plusieurs sur et sous son corselet.

Œttl distingue trois espèces de ces parasites : le pou noir, qui apparaît principalement dans les années sèches ; le pou jaune pâle, plus allongé que les autres, qui est assez rare, et le pou rouge-brun, que nous connaissons parce qu'il est le plus commun et qu'il se rencontre souvent par un printemps humide, et aussi dans les ruches exposées à l'humidité, et encore dans les colonies qui ont reçu en arrière-saison une nourriture contenant beaucoup d'eau.

Les abeilles des colonies désorganisées et de celles dont la mère est vieille ou malade sont souvent atteintes de poux. Aussi les apiculteurs augurent-ils mal de toutes les colonies auxquelles ils aperçoivent des poux. Mais les ruches bien organisées voient disparaître cette vermine, soit que les abeilles qui en sont atteintes succombent, soit qu'elles s'en débarrassent elles-mêmes, ce qui paraît plus probable (*). — L'abeille a d'autres parasites, se sont des acares. (V. *l'Apiculteur*, 10e année.)

On a donné différents remèdes pour faire disparaître le pou des abeilles, mais nous n'en connaissons aucun qui soit efficace.

217. **Influence des odeurs sur les abeilles.** — Les odeurs désagréables et fortes déplaisent singulièrement aux abeilles ; tantôt elles les irritent (325) et tantôt elles les font fuir (331).

218. **Ennemis des abeilles.** — Les ennemis des abeilles sont nombreux. Il ne pouvait en être autrement, puisqu'elles butinent le miel. Bien que la nature les ait armées d'un aiguillon pour défendre leur trésor si envié, l'apiculteur ne doit pas moins les aider dans une foule de circonstances. — Les ennemis des abeilles sont de plusieurs natures : ce sont, d'un côté, les animaux et, de l'autre, les intempéries des saisons.

219. **Le plus grand ennemi des abeilles.** — Le plus grand ennemi des abeilles, c'est l'homme, c'est-à-dire l'apiculteur ignorant et avide qui les tue pour s'emparer de leurs produits ; c'est l'*étouffeur*, puisqu'il faut l'appeler par son nom. Mais l'homme aussi, l'homme intelligent et éclairé, est leur plus grand ami : c'est lui qui les propage et qui améliore leur culture afin d'en retirer de beaux bénéfices.

(*) OEttl dit avoir souvent trouvé des poux morts devant les ruches.

220. Les insectes ennemis. — Parmi les insectes ennemis, il faut compter en première ligne l'abeille elle-même, et ensuite la fausse teigne.

221. Pillage. — En famille, les abeilles sont parfaitement unies et vivent toutes dans un intérêt commun et dans une union parfaite; mais il n'en est pas de même à l'égard des autres colonies, qu'elles pillent si l'occasion s'en présente; et toute abeille qui s'aventure dans une ruche autre que la sienne est mise à mort aussitôt qu'elle est reconnue.

Une ruche est pillée lorsque les abeilles d'une autre ruche lui enlèvent son miel, ce qui a rarement lieu sans combat et est par conséquent visible. Les abeilles qui veulent piller une ruche commencent par rôder autour de son entrée, qu'elles examinent d'un air suspect; elles finissent par s'y poser, et si une des gardes s'avance vers elles, elles se retirent au plus vite pour revenir un peu après examiner de nouveau le terrain et essayer de mettre en défaut la vigilance d'autres gardiennes. Enfin quelques pillardes se décident à forcer l'entrée, et c'est alors que le combat s'engage. Les assiégées mettent autant de courage à défendre leur bien que les assaillantes à les en dépouiller : elles s'amoncèlent à la porte pour en interdire le passage, se mettent plusieurs contre un seul ennemi, et, pendant qu'une ou deux ouvrières le retiennent par les pattes ou les ailes, d'autres lui montent sur le corps et le tuent à coup d'aiguillon s'il ne parvient à se dégager. Pendant que les unes se réunissent en masse pour attaquer ou pour se défendre, d'autres se battent corps à corps. Couvertes de cuirasses, elles s'accrochent, se contournent le corps, pirouettent, dardent à chaque instant leur arme envenimée et cherchent les partie faibles de l'ennemi pour l'y enfoncer. Après s'être longtemps battues, s'être roulées sur le tablier, dans l'air et sur le sol, et avoir fait de vains efforts pour se blesser, elles se séparent, ou l'une d'elles parvient enfin à enfoncer son aiguillon dans le corps de l'autre, qui se recoquille et perd ses forces presque à l'instant. Le vainqueur retire, quoique avec peine, son aiguillon du corps de son ennemi; il n'y parvient qu'en tournant dans tous les sens comme un pivot. Il s'en détache enfin et vient se joindre aux autres combattants.

Si, après un moment de combat, les assaillantes ne parviennent pas à forcer l'entrée, elles finissent par abandonner la partie et se retirer ; mais si elles parviennent à forcer le passage, le combat prend des proportions plus grandes, car alors quelques pillardes, parvenant jusqu'aux provisions, dont elles se gorgent avec précipitation, retournent plus vite encore avertir leurs compagnes, qui arrivent en foule et finissent par envahir la place, non sans qu'il y ait eu un grand nombre de victimes de part et d'autre. Lorsque des pillardes se sont introduites dans la ruche, elles cherchent à y mettre le désordre en tuant la mère. Parfois, cependant, elles enlèvent toutes les provisions sans avoir recours à ce moyen.

Quand, à la suite du combat, on voit entrer et sortir des masses d'abeilles, on doit juger qu'il n'y a plus de résistance et que le pillage s'effectue. Ce qu'il y a de plus pressé à faire dans cette circonstance, c'est de boucher la ruche et de l'emporter si les pillardes arrivent en grande quantité. On ne l'ouvrira que le lendemain.

222. **Secourir une ruche au pillage.** — Il ne faut pas attendre qu'une ruche soit en train d'être pillée pour la secourir. Aussitôt qu'on s'aperçoit que des abeilles font mine de vouloir l'attaquer, il faut rétrécir l'entrée, de manière à ne laisser de passage que pour deux ou trois abeilles de front, et asperger abondamment les assaillantes d'eau froide. Si celles-ci continuent leur agression, on rétrécira encore davantage l'entrée, en laissant cependant assez d'air pour ne pas asphyxier les abeilles. On la bouchera entièrement si les abeilles de l'intérieur n'opposent aucune résistance ; on s'assurera ensuite que cette ruchée est bien organisée ; dans le cas contraire on la réunira à une autre. Il importe d'autant plus d'arrêter le pillage d'une ruche que ce pillage isolé entraîne souvent celui des ruches voisines.

223. **Causes du pillage.** — Il y a plusieurs causes de pillage. Les colonies faibles en population, mais bien garnies de miel, et celles qui ont perdu leur abeille mère sont exposées à être pillées. D'un autre côté, les abeilles des ruches dégarnies de provisions cherchent à en prendre à celles qui en sont bien four-

nies. On provoque le pillage lorsqu'on taille les ruches en plein jour, non loin du rucher, et qu'on laisse couler le miel extérieurement, et aussi lorsqu'on place du miel près du rucher et qu'on en présente aux abeilles au milieu d'une belle journée.

224. **Fausse teigne.** — La fausse teigne ou *gallerie* est un ennemi très-dangereux des abeilles : c'est un ver ou chenille (*Pl.* 3), qui ronge les rayons de cire où il s'établit, et qui provient d'un papillon de la famille des nocturnes. On distingue deux espèces de ces galleries : l'une, appelée par les savants *galleria cerella*; l'autre, *galleria alvearia*. La chenille de la première a 20 ou 25 millimètres de longueur sur 2 ou 3 de diamètre lorsqu'elle est développée ; elle est d'un blanc sale, avec des points verruqueux isolés; sa tête est d'un brun-marron, ainsi que l'écusson qui la suit et l'extrémité postérieure ; son corps est cylindrique, annulaire, et présente seize pattes. La chenille du second papillon ne diffère de la précédente que par la grosseur et la longueur. — Ces chenilles ne sont pas plus tôt sorties de l'œuf qu'elles entrent dans les gâteaux vides de miel et de couvain, en mangent la substance et s'y construisent un tuyau de soie qu'elles fortifient avec des parcelles de cire et leurs excréments. Tant qu'elles sont petites et peu nombreuses, elles font peu de ravages; mais, lorsqu'elles grossissent et se multiplient, elles ont bientôt envahi les rayons de la ruche et forcé les abeilles à déguerpir. Parvenues à toute leur croissance, les chenilles des galleries se réunissent ordinairement au milieu de la ruche, ou quittent les gâteaux et vont dans un des coins se bâtir chacune une coque soyeuse, dans laquelle elles se transforment en chrysalides, d'où sortent un mois après les insectes parfaits, c'est-à-dire des papillons qui se recherchent aussitôt, s'accouplent, pondent et meurent dans l'espace de très-peu de jours. Ces papillons pondent tout l'été à partir d'avril. On commence à voir la chenille de la fausse teigne vers le mois de mars. A cette époque on en rencontre le matin, à l'entrée des ruches, d'où les abeilles les ont extirpées pendant la nuit. Elles proviennent d'œufs qui ont été pondus avant l'hiver. Il faut aux chenilles de la fausse teigne une température assez élevée pour prendre leur accroissement. Pendant l'hiver, on en trouve de tout âge qui restent engourdies jusqu'à ce que

la chaleur des parois intérieures de la ruche leur permette de manger et de grandir.

Le papillon de la première espèce (A, *pl.* 3) est beaucoup plus fort que celui de la seconde (B, *pl.* 4), et de plus le mâle diffère assez sensiblement de la femelle ; ses ailes, d'un gris pâle, tachetées de petits points noirs, sont plus longues ; sa tête et son corselet sont d'un gris plus clair. Le papillon de la deuxième espèce est petit, ses ailes se tiennent presque horizontalement dans le repos ; il est d'un gris roussâtre ; sa tête est fauve, ses yeux d'un rouge métallique très-brillant. Ce papillon est beaucoup plus agile que le premier, et bat souvent des ailes en courant ; on le rencontre plus souvent dans le Midi que dans le Nord, et plus dans les vallées et près des habitations que dans les plaines.

Il est à remarquer que les abeilles, qui ne souffrent jamais d'animaux étrangers dans leurs ruches, laissent souvent tranquilles ces papillons et leurs chenilles, qu'elles pourraient cependant tuer à coups d'aiguillon. Néanmoins, les gardiennes des ruchées populeuses s'opposent le plus possible à leur entrée dans la ruche, el les ouvrières du logis extirpent les larves lorsque celles-ci apparaissent isolément. On voit quelquefois les abeilles couper un fragment de rayon dans le but de faire tomber les larves plus ou moins développées de fausse teigne qu'il contient.

On s'aperçoit de la présence de la fausse teigne dans une ruche à ses excréments, que l'on trouve sur le tablier mêlés à de nombreuses parcelles de cire ; ces excréments sont noirs et gros comme de la poudre à canon. La fausse teigne exhale aussi une odeur qu'on reconnaît facilement.

225. **Destruction de la fausse teigne.** — La destruction de ce parasite est assez difficile ; cependant nous pouvons dire que les ruches populeuses en sont généralement exemptes. Donc, pour éviter la fausse teigne, il faut avoir des colonies populeuses, tenir plus à la qualité qu'à la quantité ; mais, lorsqu'on s'aperçoit de la présence de cet ennemi dans une ruche, il faut se hâter d'enlever les rayons ou parties de rayons dans lesquels il se trouve, et, si l'on possède une population disponible, la donner

à la colonie affectée. Si la fausse teigne a fortement endommagé les rayons, on n'a rien de mieux à faire que de s'emparer de la population, de la réunir à une autre, et de vider entièrement la ruche.

On doit aussi faire la chasse aux papillons de la fausse teigne. Dans les ruchers couverts, on peut, pendant le temps de leur apparition, placer le soir une veilleuse allumée qu'on établira dans une assiette contenant de l'eau et une mince couche d'huile. La nuit, les papillons viendront se brûler les ailes à ces veilleuses et se noieront dans le liquide des assiettes. Mais on ne peut pas faire cela dans les ruchers en plein air; le vent ou la pluie éteindrait les veilleuses. Les débris de vieux rayons et les ruches qui en contiennent attirent la fausse teigne : il ne faut donc jamais en laisser séjourner en été dans le rucher. Les chauves-souris détruisent un grand nombre de ces papillons : on ne doit pas les chasser lorsqu'elles fréquentent les ruchers.

Parmi les autres insectes ennemis des abeilles se trouvent aussi : la guêpe et le frêlon, le sphynx-atropos ou papillon tête-de-mort, la fourmi, l'araignée, le philanthe, la libellule ou demoiselle, etc.

226. **Les guêpes et les frêlons.** — Dans les localités où les guêpes et les frêlons sont abondants, ils causent certaines déprédations aux ruches, dans lesquelles ils s'introduisent avec audace et malgré la défense des gardiennes. Ces ennemis ne se contentent pas d'emporter le miel : ils emportent encore, après les avoir tuées, les abeilles qu'il peuvent saisir, pour manger ce qu'elles ont dans l'estomac; mais les abeilles les repoussent lorsqu'ils sont peu nombreux. Or, on n'a rien de mieux à faire pour détruire ces animaux malfaisants que de les étouffer au moyen du soufre lorsqu'on a découvert leur nid, construit le plus souvent en terre. En tuant les individus qu'on rencontre au printemps, on détruit autant de nids, car ces individus sont des femelles fécondées qui, deux ou trois mois plus tard, auront donné le jour à une nombreuse famille.

227. **Le sphynx-atropos, ou papillon tête-de-mort.** — Le sphynx (*pl.* 5) est un grand papillon phalène qui paraît

vers la fin de l'été; il est si gros que dans l'obscurité on le confond avec la chauve-souris. Ce papillon, qu'on appelle *tête-de-mort*, tire son nom de la tache qu'il a sur le corselet, laquelle représente un tête de mort. Il fait entendre un son aigu et plaintif qui jette les abeilles dans l'épouvante. Lorsqu'elles l'aperçoivent elles se groupent en masse à l'entrée de la ruche pour l'empêcher d'y pénétrer. C'est dans le même but qu'on les voit souvent, dans les localités où se trouve ce papillon, construire à l'entrée des contre-forts en propolis, afin de rétrécir le passage. Ce lépidoptère est un ennemi redoutable des abeilles dans le Midi et par les années sèches. On le rencontre peu au nord de Paris. Il entre dans les ruches, sans trop en craindre les habitants, et s'y gorge de miel. On en a saisi dont l'abdomen en contenait 50 grammes. Il n'existe en France que depuis qu'on y a importé la pomme de terre, de la feuille de laquelle sa chenille se nourrit. Le moyen d'en préserver les ruches consiste à rétrécir leur entrée vers la fin de l'été.

228. **La fourmi.** — La fourmi commune n'attaque que les ruches mal gardées. Mais la grosse fourmi *(formica truncata*, Lamark), assez commune dans le Midi, entre effrontément dans toutes les ruches et y occasionne du désordre si l'on n'y veille. On conseille de jeter de la fleur de soufre sur le passage de ces insectes. On détruit les fourmillières en jetant dessus plusieurs chaudronnées d'eau bouillante, surtout au moment où il y a des larves.

229. **L'araignée.** — Les araignées prennent dans leurs toiles une certaine quantité d'abeilles : il est donc prudent de leur donner la chasse et de les détruire, elles et leurs œufs, aussitôt qu'on les découvre.

230. **Le philanthe.** — Le philanthe apivore est un insecte noir tacheté de jaune, qui voltige de fleur en fleur, saisit l'abeille qu'il y rencontre et la tue. Heureusement que cet hyménoptère malfaisant n'est pas très-répandu. Il faut prendre quelques précautions lorsqu'on cherche à le détruire, car il est armé d'un aiguillon.

231. **La libellule ou demoiselle.** — Les grosses demoi-

selles prennent les abeilles au vol et les mangent sans s'arrêter. Mais le nombre de celles qu'elles prennent n'est pas bien grand. Néanmoins il faut détruire ces insectes lorsqu'on peut les saisir.

On a rangé parmi les ennemis des abeilles les perce-oreilles, les cloportes, qui s'introduisent dans les ruches plus pour profiter de leur chaleur que pour autre chose. D'autres petits insectes, accusés de larcins dans les ruches, ne sont pas plus redoutables; cependant on fera bien de les chasser lorsqu'on les apercevra.

232. **Reptiles ennemis des abeilles.**— Les principaux sont : le lézard gris, le plus redoutable (*), les salamandres, les couleuvres, les crapauds, etc., qui happent les abeilles le plus souvent à leur sortie de la ruche quand celle-ci est peu élevée au-dessus du sol. Bien que ces animaux ne soient pas très-meurtriers, il n'en faut pas moins leur faire la chasse lorsqu'on les rencontre près du rucher.

233. **Oiseaux ennemis.**— Les oiseaux ennemis détruisent un assez grand nombre d'abeilles, surtout lorsque les ruches sont placées dans les bois. Parmi les plus meurtriers on doit compter : l'hirondelle et la mésange, qui en nourrissent leurs jeunes couvées. Le pivert, lorsque l'hiver le prive de nourriture, perce les ruches en paille et mange miel et abeilles. Avec sa langue longue et effilée, il s'empare facilement de ces dernières. Le guêpier, oiseau de passage, que les apiculteurs du Midi appellent *abeillerole*, en détruit considérablement au printemps. Les coups de fusil et les piéges sont les moyens de se défaire de ces ennemis.

Le rossignol et le moineau sont des ennemis indirects des abeilles; ils sont très-friands, pour eux et leurs petits, des larves blanches qu'elles extrayent de leur ruche en été. Le dernier est si glouton que souvent il ne donne pas le temps à l'abeille de se débarrasser de son fardeau et saisit l'une et l'autre au plus vite. On évitera donc autant que possible sa présence près des ruchers.

(*) Au Sénégal, on est obligé de suspendre les ruches à des branches d'arbre pour préserver les abeilles de la gloutonnerie des lézards, très-nombreux dans ce pays.

234. **Quadrupèdes ennemis.**—La plupart des rongeurs, tels que le rat, le mulot, la souris et la musaraigne, sont généralement regardés comme ennemis des abeilles ; mais le mulot est le plus redoutable : il mange miel, cire et abeilles, c'est-à-dire que tout lui est bon. On s'en débarrasse en plaçant à l'entrée des ruches qu'ils attaquent des morceaux de noix dans lesquels on a introduit un peu de pâte phosphorée, ou seulement le phosphore des allumettes chimiques. Le hérisson ne dédaigne pas les abeilles, faute de mieux ; il va souffler à l'entrée des ruches afin d'en faire sortir les mouches, qui se jettent à lui et qu'il tue en se roulant. La fouine, la genette et le chat sauvage sont très-friands de miel ; ils rongent les vieilles ruches avec leurs dents et leurs pattes. L'ours et le putois sont aussi à redouter pour les ruchers placés dans les bois où ces animaux se trouvent. L'ours surtout aime beaucoup le miel et ne redoute pas les piqûres des abeilles.

VIIIe LEÇON

DES RUCHES OU LOGEMENTS DES ABEILLES

Ruche, ruchée. — Ruche vulgaire ou commune. — Ruche à chapiteau, à calotte, etc. — Ruche normande. — Calottage. — Décalottage. — Réunion ou mariage des ruches à calotte. — Ruche écossaise. — Ruche lombarde. — Ruches à hausses. — Dimensions et planchers des hausses. — Ruches à trois hausses et plus. — Mode de conduire les ruches à hausses. — Essaimage artificiel au moyen des ruches à hausses. — Réunion des ruches à hausses. — Avantages et inconvénients de ces ruches.

235. **Ruche, ruchée.** — On donne le nom de *ruche*, dans son sens propre, au vaisseau dans lequel on loge une colonie d'abeilles (*). Comme ce vaisseau est souvent une corbeille en paille ou une sorte de panier en osier, on donne communément le nom de *panier* à une ruche, et l'on dit un *panier d'abeilles*, ou un *panier de mouches à miel*, pour désigner le contenant et le contenu. Par extension l'on emploie le terme *ruche* pour désigner une colonie et ses travaux. Mieux vaut dans cas se servir de l'expression *ruchée*.

On a fait des ruches de toutes les formes et de bien des matières, et parmi celles dont on se sert le plus il y a un grand choix à faire, tant sous le rapport de la matière que sous celui de la forme.

(*) Suivant quelques auteurs, *ruche* viendrait d'un mot grec qui signifie *garder*. Selon Della Rocca, il viendrait du mot latin *rupes*.

236. **La ruche considérée sous le rapport de la matière.**—Sous le rapport de la matière, la meilleure est celle qui coûte peu, qui est facile à confectionner, qui n'est pas lourde, qui donne peu de prise à la fausse teigne, qui conserve bien la chaleur des abeilles en hiver et qui ne s'échauffe pas trop en été. Celle en paille réunit le mieux ces conditions quand elle est bien confectionnée.

237. **Ruche sous le rapport de la forme.** — Sous le rapport de la forme, la meilleure est celle qui facilite le plus la récolte, celle qui concentre le mieux la chaleur, celles que l'on peut agrandir et diminuer à volonté, qui permet les réunions sans avoir recours à la chasse ou à l'asphyxie des abeilles, celle qui, en un mot, s'approprie le mieux au genre d'exploitation qu'on désire faire. La ruche à chapiteau et celle à hausses réunissent sous ce rapport les meilleures conditions.

Toutefois les abeilles paraissent indifférentes à la matière et à la forme, et travaillent dans toutes les ruches qu'on leur donne, pourvu que ces ruches soient propres et abritées. Dans les localités favorables, on les voit souvent emmagasiner autant de produits dans une ruche mal construite et défectueuse, mais spacieuse, que dans une ruche perfectionnée. Seulement cette dernière permet de faire la récolte en tout ou en partie sans nuire à la colonie, et les produits qu'on en extrait sont plus beaux, partant ont plus de valeur que dans la première. Donc la ruche perfectionnée est préférable; elle l'est d'autant plus que son emploi rend la culture de l'abeille plus facile.

238. **Ruche sous le rapport de l'exploitation.** — Sous le rapport de l'exploitation, la ruche est à l'apiculture ce que la charrue est à l'agriculture : celle qui convient à une localité et pour une méthode de culture peut convenir moins ou ne pas convenir du tout pour une autre localité ou pour une autre méthode de culture. Mais, en général, la ruche à chapiteau et celle à hausses conviennent à toutes les localités et à presque tous les genres d'exploitation, leurs dimensions étant modifiées selon les circonstances.

239. Nous diviserons toutes les ruches en six grandes classes :

1° Ruches vulgaires ou en une seule pièce, quelle qu'en soit la forme ;

2° Ruches à chapiteau ou à calotte ;

3° Ruches à hausses ;

4° Ruches à divisions verticales (divisions embrassant plusieurs rayons) ;

5° Ruches à feuillets, à cadres et à rayons mobiles ;

6° Ruches mixtes.

Nous pourrions étendre ces divisions et faire une classe pour les ruches de fantaisie, qui sont nombreuses ; mais elles rentrent dans les six que nous venons d'établir, ainsi que les ruches d'observation.

240. **Ruches vulgaires ou communes.** — On comprend dans cette classe toutes les ruches en une pièce qu'on emploie communément, quelles qu'en soient la forme et la matière. La plus en usage dans le nord et dans le centre de la France est la ruche en cloche, tantôt en paille (*fig.* 27) et tantôt en osier,

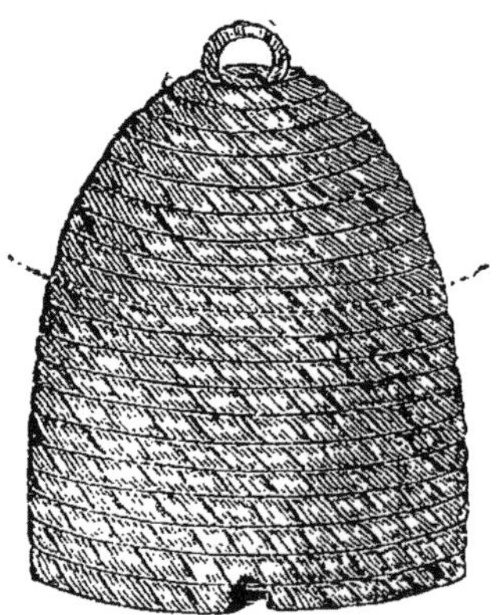

(*Fig.* 27.)
Ruche vulgaire en paille.

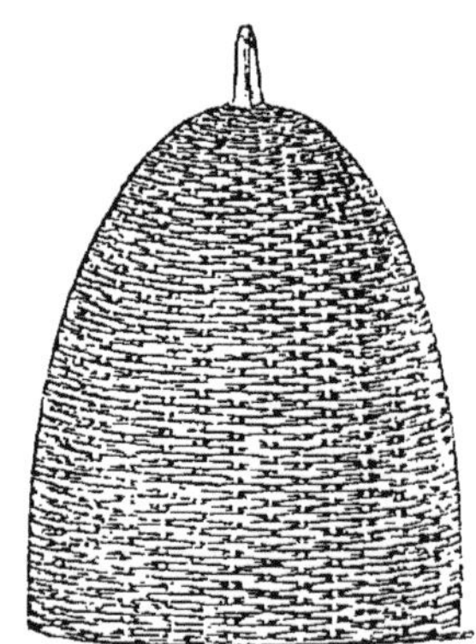

(*Fig.* 28.)
Ruche vulgaire en petit bois.

viorne ou troëne (*fig.* 28). Celle employée dans le Midi est en planches (*fig.* 29), ou en liége (*fig.* 30), ou c'est simplement un tronc d'arbre évidé, haut quelquefois de plus d'un mètre, et ne

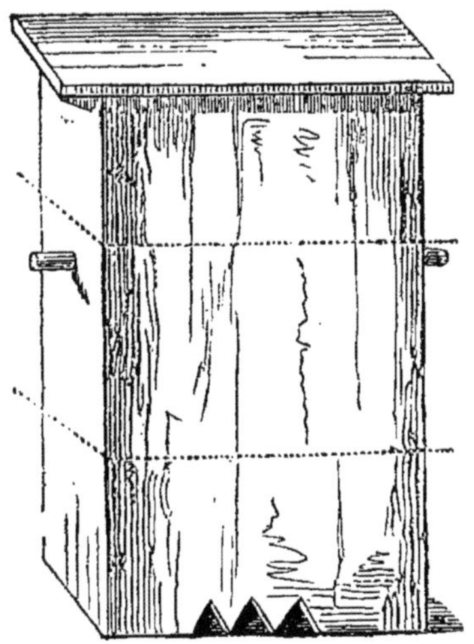

(*Fig.* 29.)
Ruche vulgaire en planches.

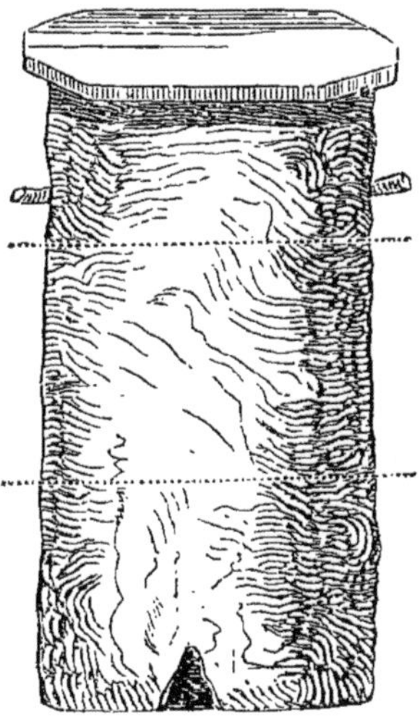

(*Fig.* 30.)
Ruche vulgaire en liége.

pesant pas moins de 15 à 20 kilos (*). En Algérie, les Arabes se servent d'une ruche longue (*fig.* 31), construite le plus souvent avec de petites *férules* (branches légères de la plante ainsi nommée), ou d'autres fois avec des planches de sapin ou d'un bois résineux quelconque, parce que, d'après une croyance assez générale, l'odeur de ce bois éloignerait la fausse teigne.

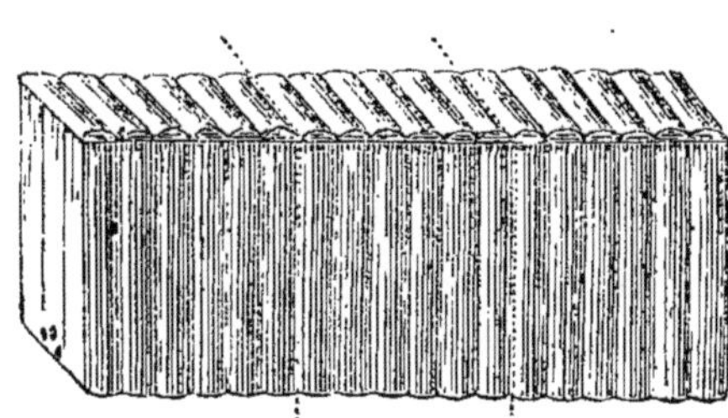

(*Fig.* 31.) Ruche arabe.

Ces ruches sont toutes plus ou moins défectueuses : 1° parce

(*) Dans quelques localités, on couche le tronc d'arbre au lieu de le tenir debout. Bienaimé, un évêque apiculteur qui vivait il y a environ soixante ans, a prôné une ruche longue en paille, également couchée, que l'on rencontre encore dans quelques localités de la Suisse. L'abbé della Rocca, contemporain de Bienaimé, a recommandé une ruche longue, en poterie, que l'on employait et que l'on emploie encore dans son pays, la Grèce. (V. *Ruches de tous les systèmes.*)

qu'elles ne permettent pas toujours les réunions ; 2° parce qu'elles sont souvent très-difficiles à récolter, lorsqu'on veut en sauver les abeilles ; 3° parce qu'elles perpétuent l'étouffage dans beaucoup de localités. On peut dire qu'elles sont à l'apiculture ce que l'araire romaine est à l'agriculture : des instruments primitifs, grossiers et imparfaits. Cependant elles sont encore les plus répandues, et ce n'est pas de si tôt qu'on les fera abandonner, surtout si l'on recommande à ceux qui les emploient de les remplacer par des ruches compliquées, lesquelles demandent une manœuvre intelligente et nécessitent de grands frais d'acquisition.

240 *bis*. **Moyens d'améliorer les ruches vulgaires.** — Nous pensons qu'il vaut mieux indiquer les moyens d'améliorer ces ruches défectueuses sans bourse délier et d'apporter des modifications qui ne tranchent pas trop avec les formes adoptées que d'engager à les remplacer par des ruches de prix élevé. C'est ainsi qu'on peut modifier la ruche en cloche, en passant à peu près aux deux tiers de sa hauteur, un trait de scie qui la divisera en deux parties : on aura une ruche à calotte. La ligne pointillée de la *fig*. 27 indique l'endroit où doit se faire la séparation. On établira un plancher fixe ou mobile au haut de la partie inférieure ou corps de ruche. Ce plancher sera à claire-voie, ou ce sera simplement une planche mince percée de plusieurs trous pour le passage des abeilles.

Les ruches hautes, en menuiserie ou en liége, seront divisées en trois par deux traits de scie passés aux endroits pointillés (*fig*. 29 et 30). Des planchers comme ceux dont nous venons de parler seront également établis au haut de chaque division. On aura alors de véritables ruches à hausses. Au lieu de trois divisions, qui conviennent dans les localités riches, on pourra en établir quatre pour les localités moins favorisées. Ces divisions seront fixées l'une à l'autre au moyen de pitons et de crochets en fer, ou simplement de clous et de ficelles.

La ruche longue sera aussi divisée en trois ou quatre parties égales, qui pourront s'enlever à volonté. Chaque division devra avoir une cloison à claire-voie qui facilitera la division des rayons, c'est-à-dire qui empêchera les rayons d'une partie d'adhérer à l'autre. D'ailleurs, il sera bon de placer des rayons indicateurs à chaque plafond, afin que les abeilles construisent en travers, autrement dit dans le sens des divisions.

Ainsi divisées, la ruche longue et la ruche haute seront faciles à récolter, à marier et à rajeunir. Elles se prêteront également à l'essaimage artificiel par divisions, comme aussi par l'addition d'une partie vide elles empêcheront ou du moins diminueront la formation des essaims.

Les modifications que nous venons d'indiquer peuvent être exécutées par presque tous les possesseurs de ruches vulgaires, et n'entraînent d'autres frais qu'un peu de temps perdu, quelques petits morceaux de bois et quelques clous, dont la dépense n'est rien en proportion des avantages qu'on peut en retirer et en comparaison du prix d'une ruche compliquée, comme par exemple celle à cadres, que ne sauraient construire bon nombre de gens de la campagne.

Si on ne se détermine pas à améliorer ces ruches de la manière que nous venons d'indiquer, on pourra les rendre moins défectueuses en tenant moins élevée celle en cloche et en lui donnant un dôme presque plat. On tiendra également moins élevées et moins grandes qu'on les tient généralement celles en menuiserie et en liége. Quant à la capacité à donner aux ruches, nous ne saurions la déterminer au juste. Là le panier devra avoir de 30 à 35 centimètres de diamètre sur 27 à 35 centimètres de hauteur; ailleurs, 40 centimètres de diamètre sur 30 centimètres de hauteur. Dans quelques localités riches, la boîte pourra avoir de 30 à 35 centimètres de diamètre sur 40 ou 45 centimètres de hauteur. Il faut rarement dépasser ces dimensions en France. — Une ruche ronde de 25 centimètres de hauteur sur 42 de diamètre jauge 35 litres. Une ruche carrée dont les côtés ont 30 centimètres de longueur sur 42 de hauteur jauge 37 litres.

240 *ter*. **Mode d'exploiter les ruches vulgaires.**— La méthode la plus rationnelle à employer pour la ruche en cloche consiste à en chasser les abeilles pour la récolter (200).

On la récolte entièrement ou partiellement; dans ce dernier cas, on peut pratiquer une opération très-simple que nous indiquerons plus loin (365), ou bien, après l'avoir chassée, on peut faire une *taille* (339 et 368) et réintégrer les abeilles dans leur habitation. Nous verrons ailleurs à quelle époque il convient d'opérer. Les ruches vulgaires en menuiserie et en liége ne se transvasent pas facilement lorsqu'elles sont élevées. Dans ce cas, le mode le plus rationnel de les récolter consiste à les tailler par la partie supérieure et à rafraîchir les rayons de la partie inférieure à une autre époque de l'année (338). Le mode le plus rationnel d'opérer les ruches couchées consiste à les tailler aux extrémités. On les marie en les plaçant bout à bout et en ouvrant, bien entendu, les extrémités qu'on fait coïncider.

241. **Étouffage.**—L'étouffage est une pratique aussi absurde que cruelle qu'emploient encore trop d'apiculteurs, laquelle pratique consiste à tuer, au moyen de mèches de soufre, les abeilles des ruches vulgaires qu'ils veulent récolter et de celles qui n'ont pas de provisions. Quelle que soit la défectuosité d'une ruche, il ne faut jamais en étouffer les abeilles, ni pour la récolter, ni lorsqu'elle ne contient pas de provisions. Il faut chercher à s'emparer de ses travailleuses, soit en les chassant par le tapotement ou la fumée, soit en les asphyxiant momentanément, et les réunir à d'autres colonies, ou les établir dans des ruches vides, si la saison leur permet encore d'y emmagasiner des provisions suffisantes pour passer l'hiver. Les apiculteurs qui les étouffent (ces gens-là osent parfois s'appeler des *éducateurs* d'abeilles!) pour prendre leur miel ou pour les *éteindre* se comportent aussi bêtement que ceux qui coupent les branches des arbres pour en cueillir les fruits; et les auteurs qui conseillent d'étouffer les abeilles, sous prétexte que leurs colonies deviendraient trop nombreuses et que, d'ailleurs, ajoutent-ils, on ne peut manger de bœuf sans tuer la bête, sont plus stupides que l'animal qu'ils choisissent pour comparaison.

Les abeilles, nous le répéterons à satiété, ne sont jamais trop nombreuses dans une ruche. Le fussent-elles, d'ailleurs, il serait facile d'y remédier en agrandissant cette ruche. Donc, chaque fois qu'une ruche ne regorge pas d'abeilles, on peut toujours en ajouter. Donc il ne faut pas en étouffer. Nous avons déjà démontré (191) et nous démontrerons encore plus loin (400) les avantages *immenses* des populations fortes sur les faibles. En attendant, nous répéterons, appuyé de l'expérience, que toute la science apicole se trouve presque dans ce précepte : *avoir des populations fortes, colossales*, et qu'en conséquence tuer des abeilles, c'est faire de l'apiculture en dépit du bon sens.

242. **Ruche à chapiteau.** — La ruche à chapiteau se compose d'un corps de ruche principal qui, seul, forme souvent ruche A (*fig.* 32), et d'un chapiteau B, généralement plus petit, qu'on enlève à volonté. L'un et l'autre sont ou en bois ou en paille, et leur forme et leur grandeur varient d'un canton à l'autre. On distingue parmi ces ruches : la ruche à calotte, à capote, cape ou cabochon, celle dite normande, la lombarde ou ruche villageoise de Lombard, la ruche à ruchette, la ruche à caseret, etc. Toutes ces ruches plus ou moins grandes, différant dans leur partie inférieure et dans leur partie supérieure selon les localités, sont établies d'après le même principe. C'est toujours un corps de ruche principal surmonté d'une partie moins grande, destinée à être enlevée à volonté pour en faire la récolte.

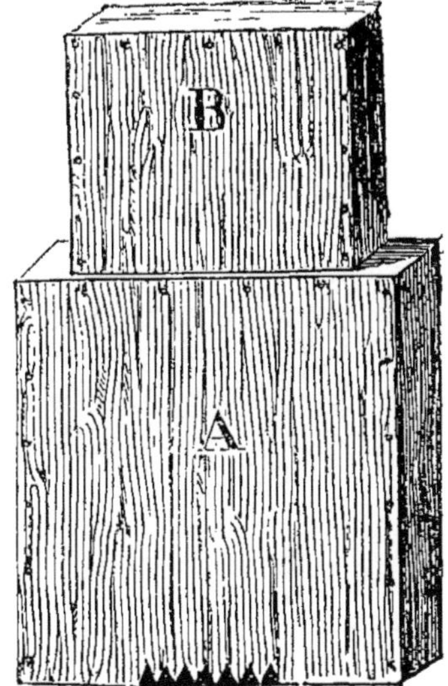

(*Fig.* 32.) Ruche à chapiteau.

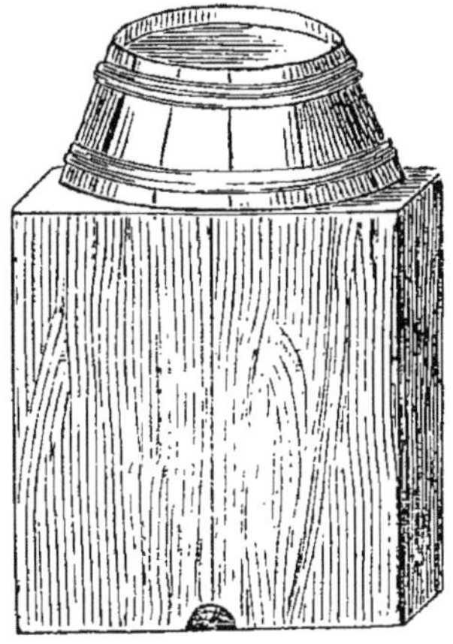

(*Fig.* 33.) Ruche à caseret.

C'est principalement le louable but d'enlever le miel sans faire périr les abeilles — et même sans qu'elles s'aperçoivent presque de cet enlèvement autrement que par la privation qui en est la suite — qui a déterminé la construction de ces sortes de ruches; et, remarquons-le en passant, ce sont celles qui ont été le plus adoptées par les praticiens, sans doute à cause de leur facilité à être confectionnées, de leur prix souvent peu élevé, et de leur grande parenté avec la ruche commune.

243. **Ruche à calotte.** — La ruche à calotte, capote, cape, corbillon, cabochon ou bonnet, varie souvent d'un apiculteur à l'autre; elle affecte différentes formes. Les corps de ruches, ainsi que les calottes, sont le plus communément en paille (*fig.* 34 et 35). Ils ont, aux environs de Paris, de 30 à 33 centimètres de diamètre sur une hauteur de 30 à 40 centimètres; leur partie supérieure, ordinairement plate, est percée d'un ou de plusieurs trous qu'on tient fermés au moyen de bouchons, lorsque la calotte est enlevée; le diamètre de ces trous varie de 3 à 5 centimètres; lorsqu'il n'y en a qu'un, il faut le tenir un peu plus grand.

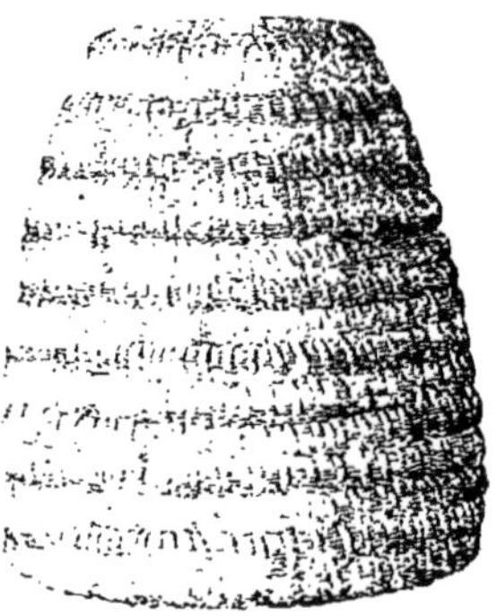

(*Fig.* 34.) Ruche à calotte, façon des Vosges.

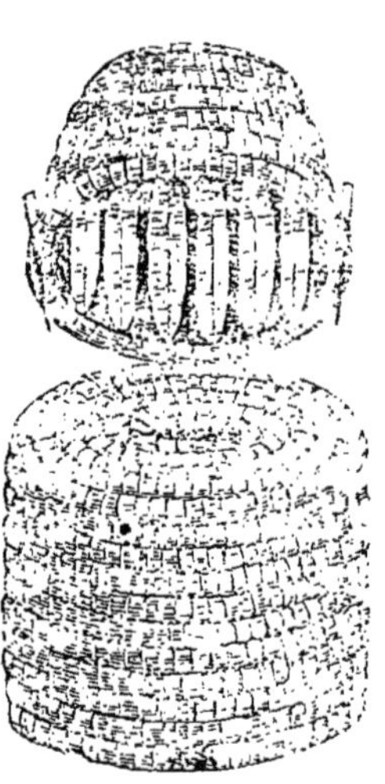

(*Fig.* 35.) Ruche à calotte, calotte soulevée.

Les calottes destinées à contenir du miel pour être vendu en rayons doivent, autant que possible, affecter la forme de corbeilles ou de panetons ronds (*fig.* 35). Celles en osier blanc, façon dite clôture, sont très-propres pour cet objet.

244. Matière, forme, pose et récolte des chapiteaux.—Les chapiteaux sont le plus souvent en paille, en vannerie et en menuiserie ; mais on peut aussi en employer en terre cuite, en faïence ou en verre.

Dans quelques cantons de l'Est, on emploie une boîte en boissellerie, qui peut facilement être transportée lorsqu'elle est garnie de son couvercle. Dans la même contrée et à Chamounix, on se sert d'un joli petit baquet en bois blanc, qui ajoute au prix de la marchandise en vrague.

La grandeur des chapiteaux doit être en raison des ressources mellifères de la localité. Plus il y a de fleurs et plus ces fleurs donnent de miel, plus les chapiteaux doivent être grands, surtout s'ils sont placés sur des ruches populeuses. Quant à l'époque de les placer, elle varie d'un canton à l'autre, selon la force des colonies et la quantité de produits qu'on veut en obtenir. Si, par exemple, on tient à avoir du miel au détriment d'essaims, il faut employer une grande calotte et la placer avant la formation de l'essaim, c'est-à-dire au moment où les fleurs commencent à donner abondamment. Si l'on tient, au contraire, à avoir des essaims, il faut ne placer les chapiteaux qu'après leur sortie, et employer des vases moins grands.

245. Greffe. — Les chapiteaux doivent être placés en temps opportun, c'est-à-dire au moment où la miellée va donner, et sur des ruches bien remplies de travaux et de population ; autrement les abeilles n'y édifieraient pas de suite, et la saison pourrait s'avancer sans qu'elles s'occupassent de le faire. Le moyen de les engager à ce qu'elles y édifient de suite, c'est d'y attacher artificiellement un bout de rayon propre, ce que l'on fait en présentant le bout de ce rayon à la flamme d'une chandelle, et en l'appliquant aussitôt au haut dudit chapiteau. Lorsqu'on a affaire à une calotte en paille, on fixe le rayon au moyen de chevilles de bois mince que l'on passe dans les cordons. On donne le nom de *greffe* à ce rayon. Plus cette greffe descendra près du trou de communication, plus vite les abeilles s'intro-

7.

duiront dans la calotte. A défaut de rayons pour former une *greffe*, des apiculteurs plantent dans le fond du chapiteau un petit bâton ou une paille qui descend jusqu'au trou de communication et qui sert d'échelle aux abeilles pour aller édifier au haut de ce chapiteau.

246. **Pourget.**— Le chapiteau doit être luté avec du *pourget*, nom que l'on donne au mortier, composé le plus souvent de bouse de vache, de cendre et de terre glaise, que l'on prépare pour boucher les issues inutiles des ruches. Au lieu de pourget, on fait usage de mastic de vitrier quand on ne veut pas salir les calottes, ou bien on emploie un ruban trempé dans de la cire fondue.

— On enlève les chapiteaux lorsque les fleurs ont cessé ou vont cesser de donner du miel ; ou bien l'on attend d'être à la fin de la campagne, et même après l'hiver, si le miel qu'ils renferment ne provient pas de crucifères, miel qui granule en séjournant dans la ruche, et si la vente des produits est plus favorable à cette époque.

Lorsque les chapiteaux sont petits et que les fleurs donnent beaucoup de miel, on peut, après les avoir enlevés, les remplacer par d'autres qu'on enlèvera un p u plus tard ; et, si ces seconds chapiteaux ne sont pas pleins, on peut les utiliser en les donnant aux ruches qui n'ont pas assez de provisions. On peut aussi les conserver pour les faire emplir au début de la campagne suivante.

On s'assure qu'un chapiteau est plein en donnant quelques petits coups dessus; si ces coups produisent un bruit sec et bref, on est certain qu'il est rempli de miel ; mais si le son est creux, il y a peu de chose à espérer. On peut d'ailleurs le soulever légèrement d'un côté pour mieux s'assurer de ce qu'il contient.

Lorsqu'un chapiteau est bien plein de miel, il contient peu d'abeilles, surtout au milieu de la journée d'un temps chaud : c'est donc au milieu de la journée qu'il faut l'enlever. On le décolle au moyen d'un couteau, puis on l'enlève et on le transporte à quelques pas de là ; on le pose sur l'herbe s'il y en a, et le peu d'abeilles qui s'y trouvent ne tardent pas à en sortir, non sans se gorger de miel, pour aller rejoindre leur colonie. Si elles tardent à déguerpir on peut présenter ce chapiteau à l'entrée de la ruche et le tapoter pendant quelques minutes pour les en chasser. On peut aussi porter dans un appartement les chapiteaux aussitôt qu'ils sont enlevés ; en fermant les croisées de cet appartement et en ne laissant qu'un peu de jour, les abeilles ne tardent pas à se diriger de ce côté.

Les bas des rayons du chapiteau sont toujours plus ou moins collés, la plupart du temps légèrement, sur le plancher du corps de ruche, et, lors de la séparation, des cellules se trouvent déchirées qui laissent couler le miel. On peut faire disparaître ces déchirures, toujours désagréables lorsque le miel doit être vendu en rayons. Il s'agit pour cela, lorsqu'on a détaché le chapiteau, de le tenir soulevé d'un centimètre ou deux au moyen d'une cale pendant une heure ou deux et même pendant une nuit. Les abeilles s'occupent pendant ce temps de faire disparaître les déchirures et le miel qui coule. On obtient ainsi des chapiteaux dont le bout des rayons ne laisse rien à désirer. On peut appeler cette opération l'*art de finir les chapiteaux*.

Les trous de communication qui se trouvent au corps de ruche doivent être rebouchés aussitôt après l'enlèvement du chapiteau, à moins qu'on ne veuille replacer un second chapiteau. Si les abeilles se montrent et courent aux environs des issues, on les force à rentrer dans la ruche en leur projetant de la fumée. — Nous verrons plus loin comment se renouvellent et comment se marient les ruches à calotte.

247. **Ruche normande à calotte.**— La ruche normande à calotte n'est autre que la ruche à dôme peu élevé de l'Alsace, de la Franche-Comté et de la Suisse, laquelle est disposée pour recevoir une calotte plus ou moins grande ; elle se compose, aux environs de Caen, d'un corps de ruche (*fig.* 36 et 37) à peu près régulier, ayant de 33 à 35 centimètres de diamètre sur 28 à 32 centimètres de hauteur, et d'une calotte de même forme dont le diamètre est un peu moins grand que celui du corps de ruche, et dont la hauteur est variable. Le dôme du corps est élevé de 2 à 4 centimètres, et se trouve percé d'un trou ayant de 6 à 8 centimètres de diamètre, lequel orifice se ferme au moyen d'un bouchon en paille, en bois ou en liége.

La calotte normande est quelquefois aussi grande que le corps de ruche ; les deux parties forment alors une véritable ruche écossaise, que nous ferons connaître plus loin (252) ; mais le plus souvent la calotte est moins grande que le corps de ruche (*fig.* 36) : elle varie d'une localité à l'autre. On comprend, du reste, que la grandeur de la calotte doit être réglée, là comme ailleurs, sur la force des colonies et sur les ressources locales.

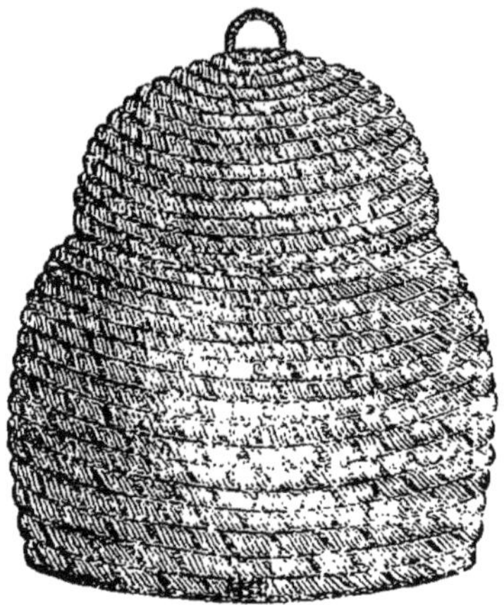

(*Fig.* 36.) Ruche normande à calotte.

(*Fig.* 37.) Ruche normande.

248. **Calottage.** — Le calottage, comme on l'applique en Normandie, a pour but d'obtenir des produits de choix, et de faire travailler les abeilles en miel au détriment de l'essaimage. Nous savons que, quand on agrandit les ruches et qu'on procure un nouvel espace aux abeilles avant la formation des essaims, la sortie de ces essaims n'a pas lieu, ou du moins dans des proportions aussi grandes que lorsqu'on n'agrandit pas les ruches. Nous savons, en outre, que c'est vers le haut de leur logement que les abeilles emmagasinent la plus grande partie de leur miel. Nous savons, enfin, qu'elles élèvent rarement de couvain dans cette partie, et que par conséquent elles n'y logent pas de pollen. Elles élèvent du couvain dans la calotte quand celle-ci est trop grande, quand l'année n'est pas favorable à la sécrétion du miel, quand la calotte n'a pas été posée en temps opportun, et quand le trou ménagé au corps de la ruche est trop grand.

Or, si dans les derniers jours d'avril ou les premiers jours de mai, lorsque le temps est beau et le colza en pleine fleur, on place une calotte sur une ruche pleine de travaux et regorgeant de population, les abeilles s'occuperont immédiatement d'édifier dans cette calotte, surtout si on a eu soin d'y placer une *greffe*; elles l'empliront de miel quelquefois pendant la floraison de cette plante. Lorsque le calottage est fait un peu plus tard et que la fleur de sainfoin donne, moins de douze jours suffisent souvent pour obtenir 12 ou 13 kilogrammes de miel logé dans une cire neuve, et exempt de pollen et de couvain. On emploie, quand on en a, des *bâtisses* pour le calottage. Les *bâtisses* sont des chapiteaux, des ruches ou des parties de ruches garnies de rayons vides dans lesquelles les abeilles emmagasinent rapidement du miel.

249. **Décalottage.** — Le décalottage ou enlèvement de la calotte a lieu en Normandie à la fin de juin et au commencement de juillet, lorsque le sainfoin est coupé. On enlève quelquefois des calottes à la fin de la fleur du colza, qu'on remplace pour n'avoir ensuite que du miel de sainfoin. Quelquefois aussi on place une seconde calotte sur la première, qu'on perce à la partie supérieure. Quoique placées à des époques différentes, ces deux calottes s'enlèvent au même moment. Le placement de la seconde calotte a lieu lorsqu'on juge que la première est pleine, que les fleurs donneront encore du miel pendant quelques jours, et qu'on voit les abeilles faire la barbe à l'entrée de la ruche

L'enlèvement des calottes a lieu au milieu d'une belle journée. L'opérateur est muni d'un vase à manche contenant de la bouse de vache sèche allumée (326) et d'un fort couteau, avec lequel, après avoir détaché les petites chevilles de bois qui fixent la calotte à la ruche, il enlève en un point le pourget séché qui clôt cette calotte. Les débris du pourget séché, qui n'est ordinairement que de la bouse de vache, sont jetés dans le vase dont je viens de parler pour y entretenir un bon dégagement de fumée. L'opérateur soulève ensuite la calotte par un côté et y souffle de la fumée afin de maîtriser les quelques abeilles qui pourraient s'irriter; il enlève cette calotte, qu'il présente sur le vase fumant où il la tient environ une demi-minute, après laquelle il la pose à terre, à un mètre ou deux de sa ruche et sur un sol à peu près égalisé ; il la clôt au moyen d'un peu de terre qu'il ramène autour de ses bords, et ne laisse seulement qu'un trou pour passer le doigt, autant que cela se peut du côté du soleil ; il la marque d'un signe quelconque, qu'il met également à la ruche d'où elle provient et ne s'en occupe, plus ; il passe alors à une autre ruche, qu'il opère de même.

Quant aux abeilles restées dans les calottes, voici comment elles se comportent : après avoir reconnu qu'elles sont isolées de la colonie mère, ce dont elles ne tardent pas à s'apercevoir, elles se gorgent de miel et déguerpissent en colonne serrée. On les voit, au bout de quinze à vingt minutes, sortir par la petite issue ménagée, s'envoler au plus vite et retourner en ligne droite à la ruche mère. S'il se trouve quelques jeunes abeilles qui n'aient pas encore sorti, elles ne sont pas du tout embarrassées pour reconnaître leur ruche : le bourdonnement de leurs compagnes plus âgées les guide dans cette circonstance. Lorsque le temps n'est pas beau, la sortie des abeilles est longue et souvent incomplète. Il faut alors avoir recours au tapotement et à la fumée.

Lorsqu'après vingt-cinq à trente minutes les abeilles ne pensent pas à sortir d'une calotte, il faut juger que l'abeille mère s'y trouve, ce qui arrive rarement : on chasse alors les abeilles de cette calotte dans une ruche vide. On fait cette opération par le tapotement et à ciel ouvert (365). Lorsque les abeilles sont à peu près toutes montées dans la ruche vide, on secoue celle-ci à l'entrée de la souche ; on replace le capuchon de paille, et tout est dit.

Il faut enlever les calottes laissées à terre aussitôt que les abeilles qu'elles contenaient sont parties, parce que d'autres pourraient y venir qui agiraient en pillardes.

Deux personnes peuvent opérer vingt ruches à l'heure par les moyens que nous venons de décrire, moyens beaucoup plus simples et plus expéditifs que celui qui consiste à faire sortir les abeilles par le tapotement ou par la fumée, qu'emploient souvent un certain nombre d'apiculteurs.

250. **Réunion ou mariage des colonies.** — La réunion ou mariage des colonies est très-facile avec la ruche normande,

dont le corps est généralement d'un diamètre uniforme. On n'a qu'à placer la ruche (le corps) que l'on veut voit déloger sous celle qui doit réunir les deux populations. Les abeilles de la ruche inférieure monteront dans la ruche supérieure : elles le feront de suite si on les y contraint par la fumée, et elles ne le feront qu'un peu plus tard si on les abandonne à elles-mêmes. Il est toujours bon de projeter par avance de la fumée à l'une et à l'autre des colonies à marier pour empêcher tout combat. Si l'on a, par exemple, à marier une vieille colonie à un essaim, on place le corps de ruche qui contient la vieille colonie sous celui qui contient l'essaim; on calfeutre ce dernier corps de ruche, et le mariage est bientôt fait.

On comprend que, quand on peut ainsi réunir les colonies, le moyen de rajeunir les vieilles ruchées et de défaire les défectueuses sans tuer les abeilles est tout trouvé. On n'a plus à se préoccuper que de l'opportunité de l'opération, ce qu'on saisit facilement avec un peu d'application.

La ruche normande n'est pas construite dans le but d'obtenir des essaims artificiels. Cependant on peut en faire avec elles : 1° par la chasse, comme avec la ruche vulgaire; 2° par l'addition d'un corps de ruche vide sur celui qui contient les abeilles. On a soin, dans ce cas, d'agrandir le trou de communication, afin que l'abeille mère monte dans la partie supérieure; elle y montera aussitôt que le travail de cette partie descendra près de l'orifice du haut de la partie inférieure. C'est lorsqu'on est assuré que la mère est montée et qu'il y a de jeunes larves d'ouvrières dans la partie supérieure qu'on divise les ruches. Comme c'est la saison de l'essaimage, la ruche que quitte l'abeille mère doit avoir du couvain de femelle ou de quoi en faire.

Il arrive parfois que dans les calottes normandes pleines de miel on rencontre, près de l'orifice et à l'extrémité des rayons, une ou deux cellules maternelles operculées environnées de quelques cellules contenant du couvain de mâles. Avec des calottes semblables il est facile de faire des essaims artificiels. Après avoir opéré la séparation des deux parties, on porte le corps de ruche à une certaine distance, et l'on établit le chapiteau sur un corps de ruche vide que l'on met à la place de la ruche primitive. Au lieu d'enlever le corps de ruche de ce chapiteau, on peut déplacer toute autre ruche forte et établir à sa place ledit chapiteau contenant le couvain de future mère.

251. **Avantages de cette ruche.** — La ruche normande présente des avantages incontestables, surtout pour l'exploitation en grand : d'abord elle est peu coûteuse et facile à confectionner ; elle est également facile à récolter, à renouveler, à transvaser ; ensuite elle donne des produits de choix, et la capacité exiguë et conique du corps de ruche concentre parfaitement la chaleur. Étant solidement construite et peu volumineuse, elle se transporte facilement et sans encombre.

La fausse-teigne a moins de prise sur elle que sur une grande ruche, dont les rayons inférieurs se trouvent davantage dégarnis d'abeilles. D'un autre côté, on sait que les abeilles se plaisent mieux et travaillent plus activement dans une petite cavité que dans une grande. Cette ruche peut, d'ailleurs, être agrandie à volonté au moyen de la calotte. — Un simple regard plongé dans son intérieur fait juger de suite de l'état et de la valeur de la colonie. La ruche à issue supérieure facilite aussi l'introduction d'une mère.

Toutes ces qualités réunies en font une des bonnes ruches qu'on puisse proposer pour la grande production : elle convient également à ceux qui se veulent faire éleveurs et producteurs en même temps. Dans ce cas, la calotte doit être moins grande ; au lieu de contenir, par exemple, 12 ou 14 kilogrammes de miel lorsqu'elle est pleine, elle n'en contiendra que 5 ou 6, plus ou moins, selon la localité. Le corps de ruche peut être aussi agrandi ou diminué, selon la localité et selon ce qu'on désire obtenir ; mais, en général, les petites capacités qui peuvent s'agrandir conviennent mieux que les grandes qui ne peuvent se diminuer.

252. **Ruche écossaise.** — La ruche écossaise (*fig.* 38) a une grande analogie avec la ruche normande ; elle se compose de deux pièces semblables qui peuvent être corps de ruche ou calottes, à volonté. Celle introduite aux environs de Rennes, il y a près d'un siècle, par La Bourdonnaye, avait pour chaque partie 33 centimètres de diamètre intérieur sur 30 centimètres

de hauteur; total des deux parties réunies : 60 centimètres de hauteur. Chaque partie a, comme la ruche normande, un dôme légèrement bombé percé d'un trou circulaire que l'on ouvre et ferme à volonté.

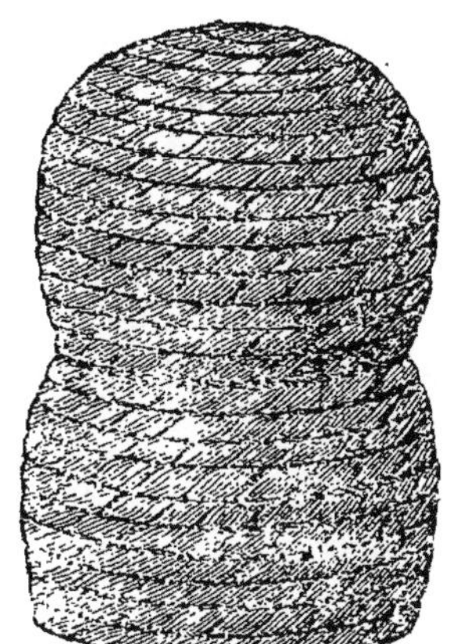
(*Fig.* 38.) Ruche écossaise.

En hiver, la ruche écossaise ne garde qu'une partie, à moins qu'on ait marié deux fortes colonies en arrière-saison. La seconde partie ne s'ajoute le plus communément qu'au printemps, un peu avant l'époque de l'essaimage, si l'on ne tient pas aux essaims, et un peu après, si l'on y tient; mais, en général, l'emploi de cette ruche a pour but d'obtenir du miel et non des essaims. On ajoute la partie vide sur la partie pleine, si l'on veut obtenir des produits de choix; on l'ajoute dessous, si l'on veut renouveler la ruche : il est entendu que, dans ce dernier cas, on récolte la partie vieille.

Les colonies qui, par une cause quelconque, n'ont pas été récoltées dans la bonne saison peuvent être divisées au printemps suivant : l'on obtient ainsi des essaims artificiels auxquels on peut donner des parties vides. Mais, je le répète, cette ruche ne demande pas la division des colonies. Toutes les fois qu'elle n'est pas suffisamment garnie de provisions, il faut la marier à une autre, et viser à n'avoir que des produits. Rien n'est plus simple que la réunion des colonies logées dans cette ruche : on réunit les deux parties supérieures de chaque ruche, en ayant soin de placer au-dessus celle que l'on veut conserver, la mieux garnie et la plus jeune autant que possible. Il faut avoir soin, avant la superposition des ruches, de tailler les rayons de celle qui doit être en dessus, ce qui est facile à faire en projetant au préalable de la fumée aux abeilles. Sa récolte se fait, comme pour la ruche normande, en enlevant la partie supérieure et en bouchant le trou de communication.

La ruche écossaise convient beaucoup dans les contrées qui

produisent abondamment du miel inférieur, telles que la Bretagne, les landes de la Gascogne, la Corse, etc. On peut aussi en retirer de bons profits dans le Gâtinais.

253. Les dessus (planchers) plats, nous le remarquerons en passant, concentrant moins la chaleur que ceux en dôme et permettant aux vapeurs des ruches de s'y condenser, lorsqu'ils ne sont pas épais, présentent des inconvénients qu'il faut éviter autant que possible, notamment dans les pays froids. Il faut donc qu'ils soient épais ou recouverts d'un bon surtout qui empêche l'action du froid. Réunissant ces conditions, il n'y a pas d'inconvénien à les employer, notamment dans le Midi.

254. **Ruche lombarde ou villageoise.**— La ruche dite *villageoise* de Lombard (*fig.* 39) n'est autre que la ruche à calotte régularisée; elle diffère des ruches à chapiteau, que nous avons vues, en ce que sa calotte devrait toujours être replacée sur le corps de ruche lorsqu'elle a été récoltée, ce qui n'a pas lieu pour les autres. Le corps de ruche a de 30 à 33 centimètres de diamètre, sur une hauteur de 30 à 33 centimètres; il est surmonté d'un plancher. La hauteur du couvercle ou calotte est de 12 à 15 centimètres. Ces dimensions doivent être diminuées ou agrandies selon les localités et la force des essaims.

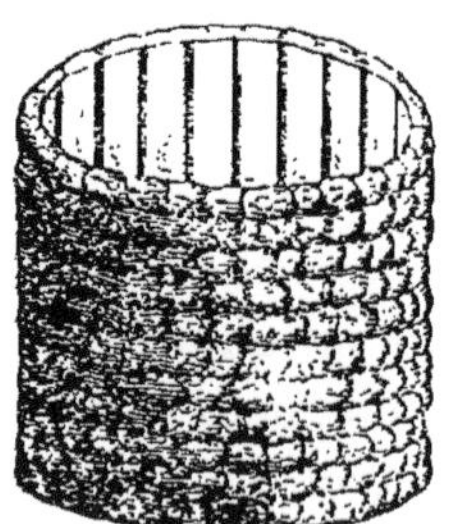

(*Fig.* 39.) Ruche lombarde.

Lombard établissait les planchers de ses ruches tantôt en bois et tantôt en paille : ceux en bois étaient faits de planches échancrées; ceux en paille étaient percés de plusieurs trous. Des planchers ainsi établis laissent à désirer, vu qu'ils divisent les abeilles, surtout à une saison où elles ont besoin de concentrer leur chaleur dans le milieu de leur habitation. Radouan a modifié ces planchers en les remplaçant par des baguettes d'environ 1 centimètre de largeur, placées à une distance de 3 centimètres les unes des autres. Cette modification ne divise plus les abeilles, mais elle crée un autre inconvénient : elle nécessite l'emploi du fil de fer lorsqu'il s'agit d'enlever les calottes, inconvénient au moins aussi grand que le premier. Pour y remédier, on a imaginé de faire les planchettes d'environ 3 centimètres, et de les distancer à 8 ou 9 millimètres les unes des autres. Plusieurs apiculteurs ont en même temps apporté cette modification, ce qui montre une fois de plus que lorsqu'une idée est sentie et a sa raison d'être elle germe au même moment dans une foule de cerveaux.

Nous avons dit que la calotte de la ruche lombarde devait être replacée après qu'elle avait été enlevée, ce qui n'est pas toujours sans inconvénient. Par exemple, lorsqu'elle est récoltée tardivement, ou que l'année est mauvaise, les abeilles ne rebâtissent pas dedans, ou n'y font qu'ébaucher des rayons. (Le cas est assez commun, lorsque le plancher est presque plein.) Dans cette circonstance, il existe donc, dans la partie supérieure, un vide qui, en hiver, absorbe inutilement la chaleur nécessaire aux abeilles et fait que ces insectes sont obligés de consommer davantage pour avoir la même somme de chaleur autour d'eux. Si les abeilles consomment davantage elles fatiguent également davantage, et, quand vient la bonne saison, elles se trouvent moins bien disposées pour le travail : elles ne sont pas actives.

Différents moyens se présentent pour éviter cet inconvénient : on peut d'abord tenir la calotte plutôt petite que grande, et ne pas la récolter entièrement lorsqu'on juge que le reste de la saison ne sera pas favorable. On peut ensuite ne pas replacer la calotte et mettre sur la ruche un plancher plein circulaire, que l'on coiffe de la calotte, dans laquelle on met de la mousse, des feuilles sèches ou du foin pour concentrer la chaleur.

La ruche villageoise, conduite comme nous venons de le voir, convient à l'apiculteur qui élève et qui produit en même temps ; elle est d'ailleurs presque aussi facile à construire que la ruche la plus vulgaire. Le renouvellement du corps de la ruche peut se faire ou en réunissant deux corps de ruche, ou en taillant les rayons, comme on le fait pour la ruche vulgaire. Les essaims artificiels qu'on veut en obtenir doivent être faits par le transvasement. On peut aussi les obtenir par la division en établissant, par exemple, la calotte pleine sur un corps de ruche vide, que l'on met à la place de la souche ; celle-ci est portée plus loin. Il faut avoir soin d'introduire dans la calotte un morceau de rayon contenant du couvain de premier âge, si elle n'en renferme pas, ce qui est rare, à moins qu'elle ne soit grande.

255. **Ruche à hausses.** — On appelle *ruche à hausses* un panier ou une boîte composée de plusieurs parties appelées *hausses* ou *cases*, qui peuvent se superposer. Il y a des ruches à deux, à trois, à quatre et à cinq hausses, qui sont quelquefois surmontées d'une calotte ou chapiteau en dôme. Les hausses sont le plus communément en paille (*fig.* 40) et en menuiserie (*fig.* 51), bien qu'on en fasse quelquefois en petit bois et en poterie.

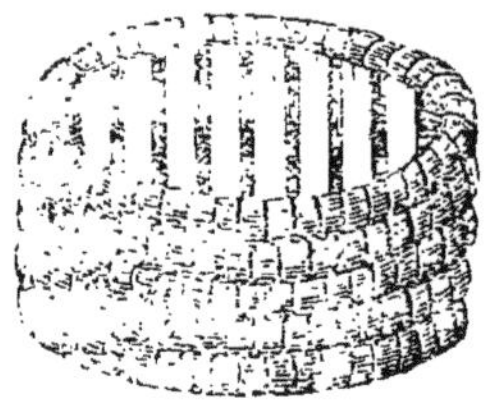

(*Fig.* 40.)
Hausse en paille.

256. **Dimensions.** — Toutes les hausses d'une ruche doivent avoir les mêmes dimensions ; ces dimensions varient selon les ressources florales. Il convient de les avoir petites dans les localités peu favorables, et grandes dans les localités qui sont favorables ; on les fait communément de 10 à 15 centimètres de hauteur, sur un diamètre de 30 à 35 centimètres.

Une hausse de 11 centimètres de haut, sur 33 centimètres de diamètre, donne de 6 à 7 kilogrammes de miel lorsqu'elle est bien pleine, quantité dont on doit se contenter dans beaucoup de localités ordinaires, lorsqu'on tient à conserver ses abeilles.

257. **Planchers des hausses.** — On donne ce nom aux boiseries ou autres constructions établies au haut des hausses. Les planchers sont mis pour faciliter l'enlèvement des hausses. Ils ne sont pas indispensables et les hausses peuvent n'avoir pour tout plancher qu'une baguette ou deux baguettes en croix (*fig.* 41). Les abeilles descendent même plus vite leurs rayons dans les ruches dont les hausses n'ont pas de plancher que dans celles qui en ont. Mais les hausses sans plancher nécessitent l'emploi d'un fil de fer ou d'une lame tranchante pour être séparées, et on sait les inconvénients de cette opération : le miel coule des rayons tranchés, et, par accident, on peut atteindre et

blesser la mère. Les hausses qui ont des planchers, notamment des planchers pleins, percés de quelques trous seulement (*fig.* 44), s'enlèvent facilement, les rayons de la hausse supérieure adhérant peu au plancher de la hausse inférieure. Mais le plancher plein arrête un moment le travail des abeilles, qui n'édifient en-dessous que lorsqu'elles regorgent en-dessus.

On a pensé qu'en établissant le plancher à claire-voie (*fig.* 42), dont les barrettes auraient un peu moins de trois centimètres de largeur, c'est-à-dire l'épaisseur des édifices des abeilles (disposition pour le couvain), et l'intervalle de ces barrettes serait d'un centimètre environ, intervalle observé par les abeilles ; on a pensé, dis-je, que ces planchers réuniraient les deux avantages : celui de ne pas arrêter les abeilles et celui de rendre facile l'enlèvement de la hausse. Mais l'observation a appris que si les abeilles travaillent plus vite sous les barrettes que sous les planchers

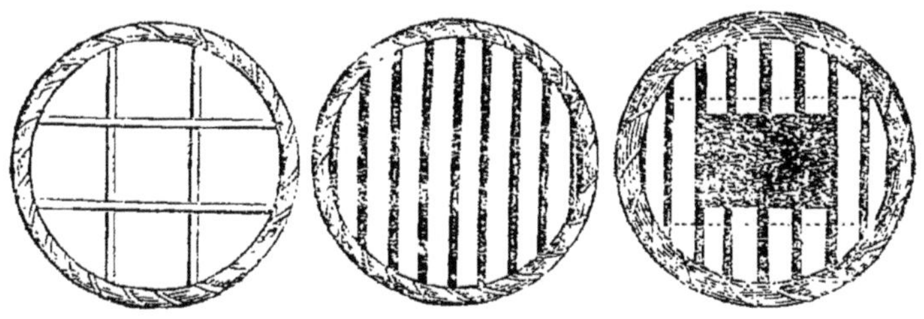

(*Fig.* 41.) Plancher élémentaire. (*Fig.* 42.) Plancher à claire-voie. (*Fig.* 43.) Plancher à claire-voie troué.

pleins, elles descendent cependant moins vite leurs travaux que dans les hausses sans plancher. En saison favorable, elles peuvent passer deux ou trois jours en hésitation avant de travailler dessous, et deux ou trois jours d'arrêt de travail sont une perte pour le propriétaire des ruches. L'observation a aussi appris que, s'il y a une solution de continuité dans les barrettes du plancher à claire-voie, les abeilles descendent par ce trou un ou plusieurs rayons, suivant l'espace ouvert, et bâtissent sans hésitation en même temps sous les barrettes voisines. Les planchers à claire-voie qui ont une solution de continuité présentent donc l'avantage de ne pas arrêter les travaux des abeilles, et permettent à l'apiculteur de faire l'enlèvement des hausses sans avoir recours au fil de fer, car la plupart du temps les rayons se brisent au même niveau que le plancher.

Le trou ménagé dans les planchers à claire-voie peut être plus ou moins grand et se trouver dans le milieu (*fig.* 43), ou sur le devant de la hausse (*fig.* 46).

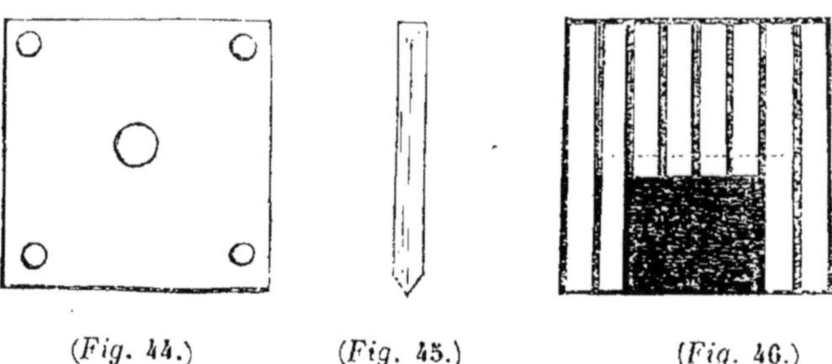

(*Fig.* 44.) Plancher plein. (*Fig.* 45.) Barrette en biseau. (*Fig.* 46.) Plancher à claire-voie troué.

Le dessous des barrettes est taillé en biseau (*fig.* 45), afin d'engager les abeilles à bâtir dans le sens de ces barrettes. On sait qu'elles posent volontiers les fondements de leurs édifices sur les saillies qui se trouvent au haut de leur ruche. Leurs rayons sont d'autant plus édifiés sur les barrettes que celles-ci se trouvent dans le sens de l'entrée de la ruche, du devant au derrière. (Il n'est pas indispensable qu'elles soient alors taillées en biseau.) Si ces barrettes étaient en travers, les abeilles pourraient ne pas les suivre, car on sait que communément elles bâtissent leurs rayons dans le sens de l'entrée, quelquefois obliquement à l'entrée, mais rarement en travers.

Les hausses sans plancher nécessitent l'emploi désagréable du fil de fer pour être enlevées. Je dis désagréable, parce qu'en coupant les rayons ce fil de fer peut atteindre nombre d'abeilles, et parmi elles la mère; parce qu'aussi il faut être deux pour opérer. Les planchers presque pleins ou percés d'un seul trou au milieu ayant l'inconvénient de diviser les abeilles, on fera donc bien, lorsqu'ils ne seront pas à claire-voie, de les percer de plusieurs trous et de les tenir le plus minces possible.

258. **Ruche à hausses et chapiteau.** — La ruche à hausses avec chapiteau est construite en paille ou en bois : celle

en paille se compose de plusieurs hausses et d'un couvercle bombé (*fig.* 47). Celle en menuiserie reçoit un chapiteau en paille ou en autre matière.

(*Fig.* 47.)
Ruche à deux hausses et chapiteau.

A, Hausse inférieure.
B, Hausse intermédiaire.
C, Chapiteau.

259. Les hausses en paille sont fixées les unes aux autres au moyen de mains ou crochets en fer, A (*fig.* 48), et au moyen de chevilles en fer, B (*fig.* 49), ou de chevilles en bois, (*fig.* 50), lorsqu'elles ont un bourrelet extérieur, ou d'agrafes, D, lorsqu'elles n'ont pas de bourrelets. Celles en bois le sont au moyen de crochets et de pitons ou de clous et de cordes, E, qui fixent également le plancher supérieur.

260. **Ruche à trois hausses et plus.** — Dans les localités où la production est irrégulière, il convient de tenir les hausses petites

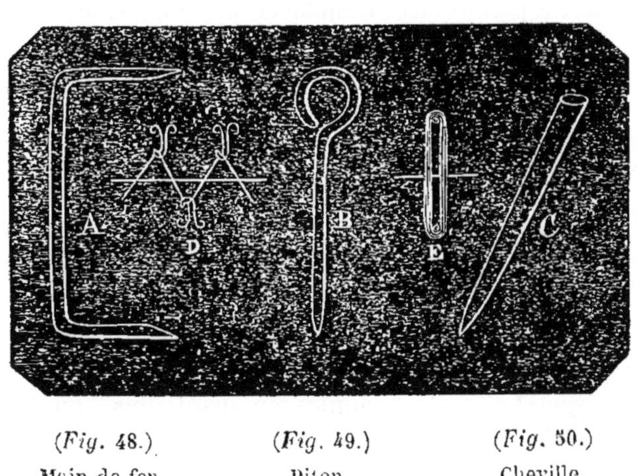

(*Fig.* 48.) Main de fer. (*Fig.* 49.) Piton. (*Fig.* 50.) Cheville.

et d'en augmenter le nombre pour les éventualités favorables. On fera alors un usage de ruches à trois ou quatre hausses;

on emploiera même une cinquième hausse si l'on se propose d'empêcher l'essaimage.

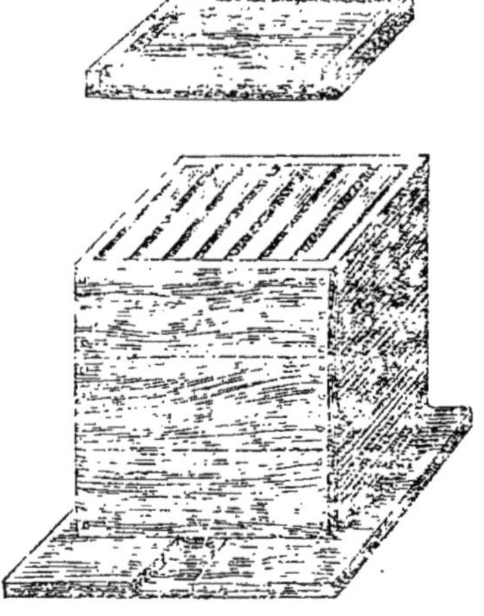

(*Fig.* 51.)
Ruche à quatre hausses en bois

On a construit des ruches à hausses obliques reposant sur un plancher également oblique, mais les difficultés qu'offre leur construction compensent à peine les avantages qu'elles présentent.

261. **Modes de conduire les ruches à hausses.** — Il n'y a qu'un mode d'opérer la ruche à deux hausses avec calotte lorsqu'il s'agit de récolter. Mais il y en a plusieurs de conduire les ruches à trois hausses et plus, lorsque les parties sont uniformes.

Pour la première, il faut enlever la calotte pleine et la remplacer par une vide, ou laisser seules les deux hausses inférieures que l'on clôt au moyen d'un plancher mobile. Dans le premier cas, la calotte replacée peut n'être pas remplie avant l'hiver, ce qui est un inconvénient. Quant au renouvellement des parties qui restent, il peut se faire par l'enlèvement de la hausse inférieure au sortir de l'hiver, et le dédoublement des colonies au printemps, ou bien encore par le mariage.

(*Fig.* 52.)
Ruche à quatre hausses en paille.

Pour les ruches à hausses uniformes, c'est-à-dire sans calotte, le premier mode consiste à enlever la hausse supérieure et à ajouter une hausse vide à la partie inférieure. Dans ce cas, on renouvelle graduellement les édifices de la ruche; mais on a le désagrément de récolter dans des gâteaux qui ont servi de berceaux au couvain et qui contiennent quelquefois du pollen avarié : de là du miel inférieur; en outre, au bout de deux ou trois ans, on a rompu l'harmonie établie par les abeilles : en montant successivement, les alvéoles de mâles arrivent à la partie supérieure; la cave se trouve alors au grenier. Le second mode consiste à enlever la hausse supérieure et à la remplacer par une vide si on veut encore récolter cette année-là, ou à ne pas la remplacer du tout si on ne veut plus récolter (*). Dans ce cas, on obtient du miel de choix, mais on ne renouvelle pas les édifices des abeilles; cependant on peut atteindre ce dernier but en enlevant au sortir de l'hiver la hausse inférieure pour une récolte de cire, ou en dédoublant les hausses qui restent par l'essaimage artificiel. La hausse contenant de la cire vide sera conservée avec soin si cette cire est propre, et elle sera placée en-dessus au printemps, pour une récolte de miel. Toute hausse peut recevoir une ou plusieurs *greffes*. (Il est très-avantageux de garnir de rayons secs, lorsqu'on en a, celles destinées à être placées par le haut.) On peut aussi user d'un mode mixte ou d'alternance, en opérant deux années de suite par le premier mode et l'année suivante par le second. On usera de ces différents modes selon les circonstances.

262. **Essaimage artificiel par division.** — La ruche à hausses permet l'essaimage artificiel par division. Voici les différentes méthodes employées.

Première méthode. — La première méthode de faire un essaim artificiel par division consiste à opérer sur des ruches de plusieurs hausses dont le couvercle a une issue. Une très-forte population, une ruche composée de quatre hausses pleines, voilà ce qu'il

(*) Varembey a donné le nom de *ruche française* à la ruche à hausses en bois qu'il récoltait par ce système. Nous nous contenterons d'appeler *méthode Varembey* cette manière de conduire les ruches à hausses.

faut pour appliquer cette méthode avec succès. L'essaim se fera entre cinq et sept heures du soir; voici comment : on enlève d'abord, avec la pointe d'un couteau, tout le pourget qui se trouve entre la hausse supérieure et celle qui la suit; on arrache les pointes ou les chevilles qui pourraient relier ces deux hausses entre elles, afin de pouvoir les détacher; l'ouverture du couvercle est ensuite détachée. On lance par cette ouverture de fortes bouffées de fumée, autant pour forcer les abeilles à descendre dans les hausses inférieures que pour prévenir leur fureur, qui deviendrait extrême si on négligeait cette précaution. On détache alors la hausse supérieure au moyen d'un simple levier si la suivante à un plancher, ou du fil de fer si elle n'en a pas. Dans ce dernier cas, deux personnes ne sont pas de trop dans cette opération : l'une tiendra la ruche tandis que l'autre tirera le fil de fer, lequel, autant que possible, sera dirigé de façon qu'il agisse en même temps sur tous les gâteaux, c'est-à-dire qu'il ne faut pas les attaquer de flanc. On peut voir par l'ouverture du couvercle dans quelle direction ils sont placés. Dès que les gâteaux sont coupés, une des personnes soulève la supérieure pendant que l'autre place une hausse vide dessous ; on calfeutre toutes les ouvertures qui pourraient donner passage aux abeilles. On laisse la ruche en cet état pour la nuit, afin de donner aux abeilles le temps de remonter, de sucer le miel et de réparer les brèches faites à leurs édifices (*). Le lendemain, de six à sept heures du soir, on souffle d'abord un peu de fumée par l'entrée; puis on s'arrête pour donner aux mouches le temps de se mettre en mouvement; on recommence à souffler, et on s'arrête encore quelques instants. C'est l'affaire de huit à dix minutes pour les faire monter dans la hausse vide, si déjà elles n'y sont montées. On enlève alors les deux hausses supé-

(*) Nous copions ici à peu près textuellement le *Guide* de M. Collin, mais, pour notre compte, nous ne faisons pas usage de hausses sans plancher, qui nécessitent l'emploi du fil de fer, l'aide d'une seconde personne et qui demandent deux jours pour faire un essaim par division. Nos hausses avec plancher à claire-voie ou percé de trous rapprochés permettent d'opérer seul et instantanément. Lors de la récolte, elles ne laissent non plus couler de miel, ce qui permet de les enlever à toute heure sans crainte de pillage et d'autres inconvénients.

rieures, que l'on place sur un plateau, à quelque distance de la souche. Cette nouvelle ruche, composée de deux hausses et où l'abeille mère se trouve très-probablement, nous l'appellerons l'*essaim*. Sans perdre de temps, on recouvre les trois hausses inférieures d'un couvercle, dont il faut à l'instant même calfeutrer le pourtour. Ces trois hausses, qui sont restées en place, nous les nommerons *souche*. Tout est terminé pour le moment. La question est de savoir si on a réussi : on le saura une heure après. Examinez l'essaim : si les abeilles paraissent dans un repos parfait, c'est que la mère s'y trouve : l'essaim a réussi. On le portera à la place de la souche (*), celle-ci à la place d'une ruche lourde et forte, et cette dernière à quelque distance sur le rucher. Dans aucun cas, il ne faut séparer la souche de son plancher ; les gâteaux n'étant pas attachés au plafond, le moindre dérangement, le moindre choc les ferait incliner ou tomber. Nous venons de dire qu'on a réussi si les abeilles de l'essaim sont calmes ; mais quand elles sont visiblement inquiètes et qu'elles quittent la nouvelle ruche par groupes continus de trois ou quatre, il est certain qu'on a échoué : la mère est restée dans la souche. Dans ce cas, sans différer un instant, on enlèvera le couvercle de la souche, et sur celle-ci on replacera l'essaim manqué ; le jour suivant on recommencera l'opération.

Avec la méthode de division dont nous venons de parler, on partage à peu près les provisions en deux parties égales. L'année serait bien mauvaise si l'essaim et la souche ne les complétaient pas. Dans une année passable l'essaim aura besoin d'une hausse ou d'une calotte, qu'on lui donnera huit ou quinze jours après. Si l'année est favorable et qu'on veuille en profiter pour augmenter le nombre de ses ruches, on pourra procéder à la formation de nouveaux essaims sur les colonies de second ordre. Dans ce cas, on mettra les souches à la place des premiers essaims ou des ruches dont ils proviennent pour en recevoir la population.

(*) On peut laisser l'essaim à sa place pour la nuit, et ne remplacer la souche que le lendemain dans le milieu du jour.

Deuxième méthode. — La seconde manière de faire des essaims artificiels par division ne peut convenir qu'à des ruches composées de deux hausses seulement. Il faudra donc, à l'automne ou en mars, réduire à deux hausses les ruches qui en auraient trois, et que l'on destinerait à donner des essaims artificiels selon la seconde méthode. Un essaim selon cette méthode exige les dispositions préparatoires qu'on emploie pour rajeunir les vieilles ruchées (par l'enlèvement d'une hausse inférieure en mars) ; je vais les répéter en peu de mots. Dans les premiers jours de mai (il s'agit des localités où l'essaimage commence au milieu de mai), on place sur la ruche un chapiteau, et, par le couvercle de celui-ci, on fait passer un petit bâton, qui est fixé et maintenu au milieu des deux couvercles de la ruche et du chapiteau. Au lieu du petit bâton, on ferait mieux de mettre un petit gâteau (une *greffe*) d'une largeur de 7 à 8 centimètres, et d'une longueur suffisante pour descendre sur le couvercle de la ruche. Ce petit gâteau, pour être bien affermi à sa base et à son sommet, devra être serré verticalement entre deux petites baguettes comme entre des tenailles. Les abeilles viennent se fixer sur le gâteau et en construisent d'autres parallèles, à droite et à gauche. Dès que le chapiteau est plein, on met une hausse dessous, et par ce fait il devient ruche. Les abeilles du bas et du haut se trouvent alors séparées ; mais leur premier soin est de rétablir les communications, ce qui a ordinairement lieu la nuit suivante. Elles s'occupent à prolonger dans la hausse les gâteaux de leurs édifices ; la mère y dépose ses œufs au fur et à mesure de la construction des cellules : elle choisit de préférence les gâteaux du centre, les autres servent à emmagasiner le miel. Ces gâteaux du centre sont construits plus vite que les autres. Dès que la nouvelle ruche est aux quatre cinquièmes remplie de gâteaux, il est presque sûr qu'elle renferme des vers de tout âge, et qu'avec ces vers les abeilles pourront au besoin se créer une mère. C'est le moment le plus favorable pour faire l'essaim. On y procédera entre sept et huit heures du soir ; la manière est bien simple.

Après avoir soulevé et enfumé légèrement la nouvelle ruche, on la porte provisoirement sur un plateau à quelque distance.

Quant à l'ancienne ruche, on n'y touche pas pour le moment; on se contente d'enfumer les abeilles qui sont sur son couvercle, dont on bouche ensuite l'ouverture ; la mère se trouve quelquefois dans la nouvelle ruche, mais plus souvent dans l'ancienne. Le lendemain, s'il est bien constaté que l'ancienne ruche a gardé sa mère, cette ruche conservera sa place ; la nouvelle ira remplacer une ruche forte, et celle-ci sera portée plus loin. Si, au contraire, la mère se trouve dans la nouvelle ruche, celle-ci sera portée à la place de l'ancienne, laquelle à son tour remplacera une ruche forte. Il nous reste à savoir maintenant où est la mère. Avec un peu d'attention, on le saura une heure ou deux après la séparation. Voyons d'abord l'ancienne ruche : elle ne paraît nullement affectée du changement qui vient d'avoir lieu ; c'est le même bruissement à l'entrée, c'est la même tranquillité qu'auravant ; le lendemain matin, même calme, même indifférence pour tout ce qui s'est passé la veille ; sans aucun doute la mère est là. Allons à la nouvelle ruche : les abeilles sont inquiètes ; les unes se croisent en tous sens, elles paraissent à la recherche d'une chose égarée ; d'autres, pêle-mêle, sont en bruissement, c'est leur cri de détresse ; on entend dans l'intérieur un bourdonnement singulier. Ces signes sont très-apparents pour quelques ruches ; ils le sont moins pour d'autres ; quelquefois même ils sont presque insensibles. Ce trouble, ce désordre, quand ils sont modérés, indiquent que les ouvrières ont des vers qu'elles peuvent élever à la maternité, et l'on doit être tranquille. Le lendemain matin, tout sera rentré dans l'ordre ; mais lorsque l'agitation s'accroît et dure plus de douze heures, c'est une preuve que les abeilles sont dans l'impossibilité de remplacer leur mère, et, dans ce cas, le tumulte est excessif. Il n'y a qu'un moyen de calmer les mouches, c'est de remettre les ruches l'une sur l'autre comme avant l'opération, car l'essaim est impossible. On s'aperçoit facilement de cette agitation : la nuit, les abeilles n'osent s'aventurer au dehors ; mais, le jour, elles vont chercher leur mère en voltigeant tout autour du rucher, puis elles reviennent, puis elles ressortent avec une vivacité extrême. Cette agitation dure toute la journée. Voilà ce qui se passe lorsque la ruche est restée à sa place ; mai quand elle a été changée, les abeilles sortent pour ne plus rentrer, elles reviennent à leur ancienne place dans la ruche qui a conservé la mère.

Troisième méthode.—La troisième manière de faire un essaim par division peut être appelée *mixte*, parce qu'elle convient autant aux ruches à hausses qu'aux ruches communes, lorsqu'on voudra remplacer peu à peu celles-ci par les ruches à hausses. Dans les premiers jours de mai, on place sous les ruches les plus fortes un chapiteau contenant des gâteaux à petites cellules (ce chapiteau doit être peu bombé) ; on bouche exactement toutes les issues, de manière que les abeilles ne puissent entrer et sortir que par le chapiteau, et deux jours après on peut procéder à la formation de l'essaim. Le moment le plus convenable, c'est entre sept et huit heures du soir ; on soulève et on enfume modérément l'ancienne ruche, puis on la porte sur un plateau à quelque distance ; par cette seule opération tout est fait pour le moment. La mère sera presque toujours dans l'ancienne ruche, et dans la nouvelle ruche, qui est restée en place, il y aura presque toujours des vers propres à être transformés en femelles développées. Si le lendemain la mère est dans l'ancienne ruche et que les abeilles de la nouvelle soient calmes, tout est bien : les deux ruches resteront comme elles sont placées. S'il est bien constaté, au contraire, que la nouvelle ruche a gardé la mère, il faut encore la laisser à sa place ; mais on met l'ancienne à la place d'une ruche lourde et forte pour en recevoir la population. Quant à cette dernière, on la porte à quelque distance sur le rucher. Enfin, si la nouvelle ruche n'avait ni de mère ni de jeunes vers, l'essaim serait impossible ; il n'y aurait autre chose à faire que de remettre les deux ruches l'une sur l'autre. On ne doit faire cette sorte d'essaim que sur des ruches qui ont leurs provisions d'hiver. Si le chapiteau, au lieu de contenir des gâteaux, était vide, il empêcherait rarement d'essaimer ; souvent les abeilles se borneraient à y construire deux ou trois gâteaux à cellules de bourdons, et ensuite l'essaim sortirait sans qu'aucun symptôme nous permît de le prévoir. — Mais, direz-vous, par quel moyen peut-on se procurer des chapiteaux contenant des gâteaux? Le voici : en mars, après avoir renversé les ruches dont vous voulez supprimer la hausse inférieure, au lieu de couper les gâteaux avec un couteau, passez un fil de fer entre la hausse inférieure et celle au-dessus, voilà que vous avez une hausse pleine; mettez ensuite et fixez avec des pointes un couvercle par-dessus, de cette manière vous avez un chapiteau tel qu'il convient.

Outre ces trois méthodes, que recommande l'auteur du *Guide*, nous en employons une quatrième, qui consiste à diviser purement et simplement la ruche (nous rappelons que nos hausses ont des planchers), de manière que nous ayons des vers d'ouvrières dans chaque division (lorsque nous n'en apercevons pas dans l'une nous en extrayons de l'autre pour les lui donner); nous donnons une hausse vide à chaque division; les deux parties ainsi établies forment deux ruches que nous plaçons l'une à côté de l'autre, et que nous reculons ou avançons de l'endroit qu'occupait la souche, afin de rendre leurs populations à peu près égales (200). La hausse vide est placée, bien entendu, sous la partie pleine. Nous opérons au milieu de la journée.

263. **Mariage des ruches à hausses.** — La réunion des ruches à hausses est très-facile. On prend la partie supérieure des deux ruches à réunir, c'est-à-dire les hausses qu'occupent les abeilles, et on les réunit après avoir projeté un peu de fumée de part et d'autre. Un peu plus tard on enlève les hausses inférieures inutiles, si le miel qu'elles contenaient est consommé.

264. **Avantages et inconvénients de la ruche à hausses.** — La ruche à hausses offre bien plus d'avantages qu'elle ne présente d'inconvénients : elle permet la récolte de miel de choix sans que les abeilles s'en aperçoivent, le renouvellement des rayons, l'essaimage artificiel par division et la réunion facile des colonies, quatre points importants de l'art apicultural, qui en recommande l'usage à la plupart des apiculteurs de toutes les localités. Mais les grands producteurs, qui visent avant tout à l'économie et ensuite à la simplicité, lui trouvent l'inconvénient, inconvénient minime, de coûter plus cher et d'être plus compliquée que la ruche en une pièce et celle à calotte. L'apiculture pastorale lui reproche aussi de ne pas être aussi transportable que la ruche simple. Ce dernier reproche ne nous paraît fondé qu'autant que les hausses sont élevées et mal jointes.

IXᵉ LEÇON

SUITE DES RUCHES

Ruches à divisions verticales. — Ruches à deux et à trois divisions. — Avantages et inconvénients. — Ruche à feuillets. — Ruche à cadres et à rayons mobiles. — Avantages et grands inconvénients. — Ruche grecque. — Ruche Dzierzon. — Ruches mixtes. — Ruches à divisions verticales et horizontales. — Ruches Œttl. — Ruches diverses. — Ruche d'observation.

265. **Ruches à divisions verticales.** — Les ruches à divisions verticales sont presque toutes en menuiserie, et se composent le plus souvent de boîtes accolées les unes aux autres. On en a fait de deux, de trois et de quatre divisions, les unes sur les côtés, les autres sur la profondeur.

266. **Ruches à deux divisions.** — La première ruche à divisions verticales qui a été offerte aux apiculteurs est celle de Jonas de Gélieu (*fig.* 53). Elle se composait primitivement d'une caisse parallélipipédique, sciée en deux de haut en bas, dont chaque moitié recevait une cloison percée de trous de communication. Ces demi-boîtes étaient réunies au moyen de chevilles ou de crochets, et ne formaient qu'une ruche. Plus tard Bosc, et après lui Féburier, modifièrent cette ruche le premier, en enlevant les cloisons de sépara-

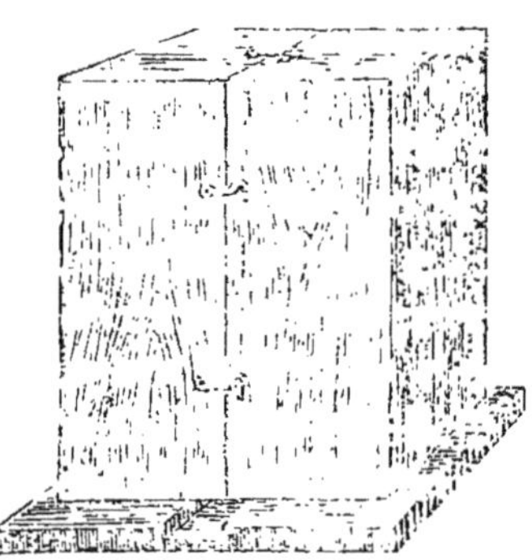

Fig. 53. Ruche Gélieu, à divisions verticales.

tion, et, le second, en obliquant la toiture et la partie postérieure. Brunet, un apiculteur peu connu, l'a modifiée à son tour en la composant de deux demi-boîtes à toiture oblique, s'accolant l'une derrière l'autre. Radouan, en la modifiant un peu, en a fait la ruche qu'il appelle du cultivateur. Plusieurs autres apiculteurs l'ont modifiée dans ces derniers temps.

267. **Dimensions.** — La ruche à deux divisions verticales, telle que l'établissait Gélieu, avait 50 centimètres de profondeur, 35 centimètres de largeur (les deux demi-boîtes réunies) et 33 centimètres de hauteur dans œuvre. Les planches qui la composaient étaient de 4 centimètres d'épaisseur. Celle de Féburier avait 33 centimètres de profondeur dans œuvre, 29 centimètres de largeur, sur une hauteur moyenne de 42 à 44 centimètres, avec des planches d'une épaisseur de 3 centimètres.

268. **Récolte.** — La récolte de la ruche à divisions verticales se fait par l'enlèvement d'une division, que l'on remplace par une vide. On chasse les abeilles de cette division soit par la fumée, soit en la tapotant après l'avoir renversée. Elle est alors mise en communication avec la première, pour que les abeilles puissent s'y rendre.

269. **Avantages et inconvénients.** — Cette ruche est très-commode pour faire des essaims artificiels par séparation : il suffit de diviser les deux parties et de leur ajouter chacune une partie vide. On procède pour le reste comme nous l'avons indiqué ailleurs (262). Mais elle est moins avantageuse pour la récolte : elle donne des produits mélangés. D'un autre côté, elle facilite le renouvellement des édifices.

270. **Ruches à trois divisions verticales et plus.** — Les ruches à trois divisions verticales sont encore moins répandues que celles à deux divisions. Celle de Ravenel se composait de trois boîtes plates placées l'une à côté de l'autre, avec entrée dans le milieu, c'est-à-dire à la deuxième boîte; mais Serain plaçait ses trois fractions les unes derrière les autres et établissait l'entrée par un des bouts de la ruche, qui ressemblait à une caisse à savon. La ruche de Canuel était à peu près construite dans les mêmes formes, mais elle différait par ses

dimensions démesurées. La ruche de Mahogand ou Mahogani se composait d'une boîte dont la capacité était remplie par trois tiroirs placés dans le sens des divisions de Ravenel et séparés par des cloisons. Delattre divisait sa ruche en quatre parties et lui donnait la forme d'un lutrin.

Les ruches à trois divisions se cultivent comme celles à deux. La récolte se fait par l'enlèvement de la partie qui se trouve le plus éloignée de l'entrée, qu'on remplace ou non par une partie vide. Elles sont généralement peu employées.

271. **Ruches à feuillets, à cadres et à rayons mobiles.** — Il y a longtemps, bien longtemps, qu'on dut penser à enlever un ou plusieurs rayons d'une ruche, sans endommager les autres et sans déranger sensiblement les abeilles. En effet, les Grecs faisaient des récoltes partielles, au moyen de planchettes (*fig.* 56) qu'ils plaçaient au haut d'une ruche plate, et auxquelles les abeilles appendaient leurs édifices, c'est-à-dire au moyen de ruches qui se divisaient en autant de parties que les abeilles bâtissaient de rayons. C'est donc à eux qu'il faut faire remonter l'invention des parties mobiles, et non aux modernes, qui n'ont fait que les copier et les améliorer. Parmi les ruches ainsi divisées et améliorées, il faut distinguer : 1° celle à feuillets ou à cadres extérieurs; 2° celle à cadres intérieurs; 3° celle à rayons avec ou sans montants.

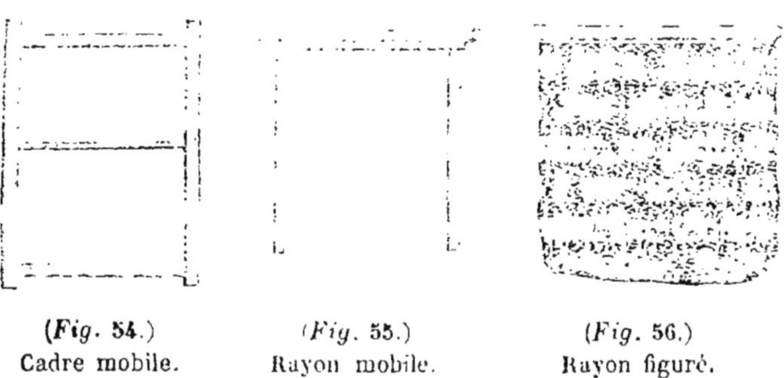

(*Fig.* 54.) Cadre mobile. (*Fig.* 55.) Rayon mobile. (*Fig.* 56.) Rayon figuré.

Le feuillet et le cadre mobile ont une grande analogie. Ce sont : le premier un châssis extérieur, et le second un châssis intérieur (*fig.* 54) dans lequel les abeilles bâtissent un gâteau.

Le rayon mobile (*fig.* 55) en diffère en ce qu'il n'a pas quatre côtés ; ce n'est quelquefois qu'une simple planchette à laquelle les abeilles appendent un gâteau (*fig.* 56).

272 **Ruches à feuillets.** — La ruche à feuillets (*fig.* 57), inventée par Huber, se compose de huit feuilles ou châssis mobiles (on peut en donner plus ou moins aux ruches), ayant chacun 50 centimètres de hauteur sur 30 centimètres de profondeur, et 4 centimètres de largeur. Les deux feuillets des extrémités peuvent recevoir un vitrage et sont recouverts d'un volet mobile. Les châssis sont fixés au moyen de broches en fer ou de barres en bois, telles qu'on en aperçoit dans la figure ci-jointe. L'entrée des abeilles est ménagée dans l'épaisseur du tablier ou plancher de support.

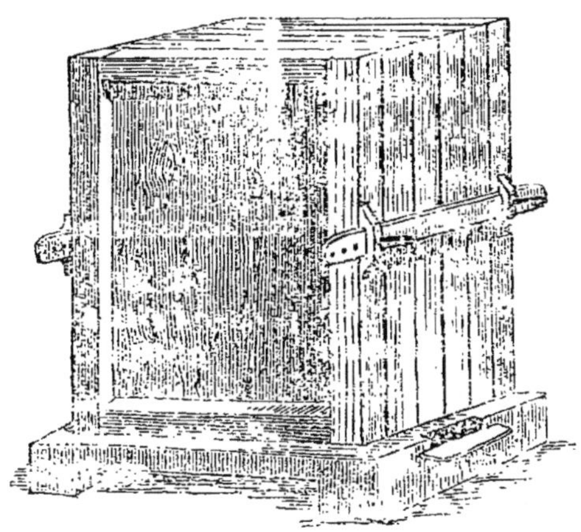

(*Fig.* 57.) Ruche à feuillets.

Les barres des châssis doivent avoir 3 centimètres d'épaisseur. Une ruche de huit feuillets a 32 centimètres dans œuvre. Le dessin de la ruche à feuillets ci-dessus laisse à désirer, le volet de côté étant mal indiqué. Il doit poser sur le châssis et non entrer dedans.

Depuis Huber, on a construit des ruches à feuillets inclinés par le haut, à feuillets obliques, en ogive, et à cadre dans les feuillets ; mais toutes ces ruches ne sauraient convenir qu'à l'observation, but qui a dirigé le premier inventeur.

273. **Ruches à cadres mobiles.** — Les ruches à cadres verticaux ont une grande parenté avec celles à feuillets ; elles n'en diffèrent que parce que leurs châssis se meuvent intérieurement, c'est-à-dire dans une boîte la plupart du temps.

Parmi ces ruches, on distingue principalement celles de Prokopowitsk, de Debauvoys, de Langstroth, qui ont donné naissance à une foule d'autres. — Toutes sont des boîtes qui contiennent des cadres mobiles destinés à recevoir les édifices des abeilles.

274. **Ruche Prokopowitsk.** — La ruche de Prokopowitsk consiste en une caisse haute, formée par l'assemblage de six planches (quatre côtés et deux fonds). Sa hauteur est de 1 mètre 175 millimètres, sa largeur de 40 à 50 centimètres, et sa profondeur de 35 à 45 centimètres. Le devant de la ruche se compose de trois volets qui s'ouvrent à volonté et qui laissent voir trois divisions horizontales de la ruche; ces divisions reçoivent chacune une série de dix cadres uniformes et mobiles, tenus par des barres transversales. La planchette de la partie inférieure de ces cadres est échancrée afin de ménager un passage pour les abeilles. Sur l'un des côtés de la ruche se trouvent trois ouvertures avec leur fermeture à coulisse, qui sont les entrées pour les abeilles. Ces entrées sont placées de sorte qu'elles correspondent à chaque division ou compartiment.

Voici la manière d'opérer de Prokopowitsk. Il divise sa ruche en trois récoltes et enlève chaque année une série de rayons pleins qu'il remplace par des vides. A la troisième année, il renverse sa ruche sens dessus dessous et recommence sa récolte rotative. (Voir *Ruches de tous les systèmes.*)

« Moyennant cette manœuvre, dit le traducteur de Prokopowitsk, l'apiculteur qui aura introduit une famille dans une ruche retirera pendant trois ans, chaque année, une des trois divisions alternativement, ou un tiers de toute la masse du miel, et à la fin de ce terme il sera parvenu à opérer le renouvellement complet de la cire, c'est-à-dire qu'à cette époque il sera obligé de renverser la ruche, dont la base deviendra ainsi le sommet. »

Bien que l'auteur ne manque pas d'ajouter que l'opération est aussi facile que la marche en est rationnelle, on voit de suite qu'il ne peut en être ainsi avec une ruche qui, vide, pèse 20 à 25 kil., et qui a d'autres inconvénients non moins grands, entre autres celui de coûter de 30 à 40 fr.

275. Ruche à cadres verticaux de Debeauvoys. — C'est d'après Huber et Prokopowitsk que M. Debeauvoys a établi sa ruche à cadres mobiles qui, selon l'auteur, réunit à elle seule les avantages de toutes les autres sans en avoir les inconvénients, bien entendu, et qui, par conséquent, devait les remplacer toutes et rénover l'apiculture. En attendant, voici comment, après l'avoir modifiée plusieurs fois, l'auteur l'a décrite :

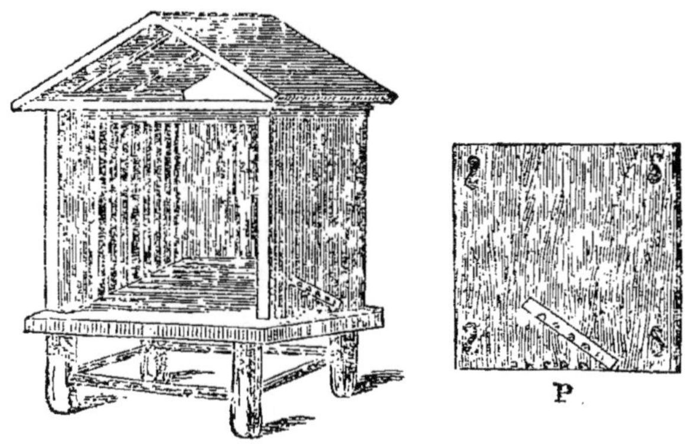

(*Fig.* 58.) Ruche Debeauvoys.

« C'est une boîte carrée, un peu plus haute que large (*fig.* 58), à laquelle on donne de 35 à 40 centimètres de hauteur, 35 centimètres de dedans en dedans d'un côté à l'autre, et 38 d'avant en arrière dans œuvre.

« Les planchers qui la composent devront avoir 25 millimètres d'épaisseur au moins. Les deux côtés, dont le bord inférieur repose sur le tablier, y seront fixés à l'aide de fortes pointes de Paris clouées par dessous le tablier, que l'on renverse à cet effet, de sorte qu'il y aura un rebord sur les côtés de 25 millimètres.

« Les planchers formant le devant et le derrière de la ruche, que nous désignons sous le nom de portes, n'auront que 33 centimètres de largeur pour entrer dans l'intérieur de la ruche et la rétrécir à volonté. Ces portes ne faisant aucune saillie en dehors, le rebord du tablier, en avant et en arrière, sera de 88 centimètres ; la porte du devant pourra être clouée au tablier et aux côtés de la ruche pour plus de solidité.

« Ce rebord, qui règne tout autour de la ruche, est plus élégant ; mais il prête un point d'appui aux ennemis des abeilles, surtout aux oiseaux et aux lézards ; on le supprimerait tout à fait si l'on adoptait la mode très-bonne, très en usage dans la Saintonge, de faire les entrées à une certaine hauteur, vers le milieu de la ruche. Ces trous-entrées seraient pratiqués sur un des côtés, vis-à-vis l'espace qui se trouve entre les cadres.

« Les portes ne sont point reçues dans les feuillures, parce que : 1° souvent on a besoin de rétrécir la ruche ; 2° qu'en les remettant on tue toujours des abeilles que l'on ne peut chasser et qui rôdent sur ces feuillures. C'est pour les mêmes raisons que nous ne les retenons pas par des charnières, qui ont, en outre, l'inconvénient de laisser pendante et battante une porte fort incommode lors du dépouillement de la ruche.

« Elles sont retenues par quatre crochets fixés sur elles-mêmes, et qui s'engagent dans des pitons vissés dans le bord des planches qui forment les côtés, P (*fig.* 58). Ces portes sont, toutes les deux, ou du moins l'une d'elles, indispensables pour permettre d'enlever les cadres chargés de rayons que nous sortons de la ruche par cette porte et non par en haut. Sans cette ouverture, cette manœuvre est impossible ou désastreuse ; on a d'ailleurs besoin parfois d'ouvrir les portes pour diriger le travail des abeilles, qui peuvent ne pas bien établir les rayons, pour décoller les cadres sur les côtés, nettoyer le tablier, etc.

« Au milieu et au bas de ces quatre côtés seront pratiquées six ou sept entrées pour les abeilles..... On placera devant ces entrées des trappes de bois de 7 à 8 millimètres d'épaisseur sur 3 de largeur, arrondies au-dessous d'un des bouts qui doit être fixé à la ruche par une pointe sur laquelle elles pivotent, présentant un trait de scie devant chaque entrée, et, à l'aide d'un petit piton à vis placé à l'autre bout, on les maintiendra contre la ruche, soit qu'on veuille la tenir fermée, soit qu'on ouvre les entrées.....

« La partie supérieure de la ruche est formée de dix compartiments, ou liteaux, d'une épaisseur de 2 centimètres et demi, ou plus si l'on veut, de 45 centimètres et de 36 millimètres de largeur, mesure de rigueur, les abeilles exigeant 27 millimètres pour l'établissement du rayon, et 9 millimètres entre chaque rayon pour leur libre circulation.

« Le premier et le dernier liteau seront plus larges, pour recouvrir les portes et les dépasser de 7 centimètres, afin de former un rebord tout autour de la partie supérieure de la ruche. Sur le milieu d'un des côtés des liteaux, n°s 4 et 5, sera pratiquée une entaille de 9 millimètres de largeur sur 8 centimètres de longueur ; on tiendra cette ouverture fermée par un coin faisant saillie au dehors pour le retirer. Cette ouverture sert à donner passage aux abeilles que l'on veut faire passer d'une ruche commune établie sur la ruche, ou pour aller puiser des vivres dans la boîte à *pansement*.

« Au-dessous de chaque liteau, à 38 centimètres l'une de l'autre, seront deux petites cales solidement fixées par deux fines pointes ; elles servent à maintenir les côtés de la ruche et à les empêcher de se jeter en dehors. Sur un des côtés des liteaux, à 30 centimètres l'un de l'autre, ou à 75 centimètres de l'extrémité, une entaille de forme convenable, assez profonde pour recevoir l'extrémité des cadres. Sur les liteaux seront posées deux traverses en feuillard de fer ou en bois mince de 38 centimètres de longueur sur 3 ou 4 centimètres de largeur ou d'épaisseur. On les fixe à chaque extrémité par une vis ou une longue pointe qui, traversant le liteau, pénètre dans la planche formant le côté de la ruche. Elles serviront à maintenir les liteaux pressés les uns contre les autres.

« Les cadres (*fig.* 54) sont au nombre de neuf pour une ruche de 33 centimètres de côté dans œuvre. Ils sont composés de deux montants d'une longueur de 40 centimètres pour les ruches de 35 centimètres de hauteur, et d'une largeur de 20 à 25 millimètres ; de deux traverses de 27 à 30 millimètres et de 32 millimètres de longueur. Ces traverses sont clouées sur les montants à 6 centimètres des extrémités supérieures et inférieures de ces derniers, en affleurement avec le côté extérieur de ces mêmes montants ; il résulte de cet assemblage qu'il règne un espace vide de 5 millimètres entre les cadres et les côtés internes de la ruche, et que leur extrémité dépasse le liteau de 25 millimètres. Placés entre les liteaux, ils se trouvent à une distance très-régulière et voulue de 36 millimètres sans pouvoir se déranger, et à la partie inférieure il suffit de les établir bien perpendiculairement pour que les abeilles les collent dans cette position sans qu'ils puissent se déranger par la suite.

« Pour faire les pièces qui composent ces cadres, il faut une baguette de 12 millimètres d'épaisseur sur 2 centimètres à 25 millimètres de largeur pour les montants, et 27 millimètres à 3 centimètres pour les traverses. Puis, à la scie tournante, on les sépare en deux en sciant d'un angle à l'autre, ce qui donne deux pièces semblables à la chanlate. Le bord aigu est mis en dedans du cadre.

« Ainsi disposés, il est rare que les abeilles bâtissent entre eux et les côtés de la ruche, et *jamais* elles ne les propolisent, de sorte qu'*on les enlève sans peine*... »

En effet, les abeilles commencent presque toujours leurs rayons sur les parties saillantes des barrettes; mais il arrive parfois qu'elles les contournent un peu plus loin, de manière qu'ils vont souvent d'un cadre à l'autre. Comment alors enlever ceux-ci? Les liteaux, d'ailleurs, sont toujours fortement collés ensemble par la propolis, et les cadres aux liteaux. L'enlèvement des cadres ne se fait donc pas sans peine; il est souvent plus difficile que celui des feuillets, ce qui n'empêche pas l'auteur de s'écrier : « Telle est la ruche dont l'*homme aisé* et l'*amateur* doivent se servir. »

C'est, il est vrai, une des ruches à cadres qui fonctionnent le mieux et peuvent plaire davantage à l'*amateur* de toutes sortes de ruches; mais quant à l'*homme aisé*, qui n'est pas souvent amateur..... de se faire piquer, et qui, la plupart du temps, confie ses ruches aux soins d'un jardinier ou d'une autre personne étrangère aux abeilles, nous lui conseillons une ruche plus facile à récolter, telle, par exemple, que celle à chapiteau ou celle à hausses, dont la calotte ou la hausse s'enlève en trois fois moins de temps qu'il n'en faut pour enlever un cadre, et avec beaucoup moins de danger d'être piqué par les abeilles, puisqu'on n'est pas pour ainsi dire en contact avec elles.

276. **Enlèvement des cadres.** — Il faut ouvrir d'abord un des volets; mais il se peut que le miel soit moins abondant

du côté de ce volet que de l'autre côté. Aussitôt qu'on l'a décollé et écarté un peu, il faut projeter de la fumée aux abeilles, que le bruit a émues. Il faut ensuite enlever entièrement le volet et projeter de nouveau de la fumée aux abeilles, afin de les chasser du rayon qu'on veut enlever. Il faut décoller le cadre, projeter encore de la fumée aux abeilles qui sont prêtes à se jeter sur vous, et, à l'aide des doigts ou d'un poinçon recourbé, enlever ce cadre et le poser sur un appareil destiné à le recevoir, ou simplement à terre, en l'adossant contre un objet quelconque. Il faut ensuite donner un nouveau coup de fumée avant d'opérer l'extraction du second cadre ou la remise d'un cadre vide si on se borne à l'enlèvement d'un seul cadre ; il faut chasser enfin par la fumée les abeilles qui sont restées sur le rayon extrait. Pour que les abeilles aient moins le temps de se jeter sur vous pendant cette opération, on n'est pas trop de deux personnes, dont l'une est constamment occupée à lancer de la fumé aux abeilles, qui, malgré cela, ne sont pas toujours de bonne composition, surtout lorsqu'on extrait plusieurs rayons et que l'on opère sur un certain nombre de ruches. Dans ce cas, voici ce que conseille l'auteur :

« Il faut ouvrir les unes après les autres toutes les ruches qu'on veut tailler. On retourne à la première un quart d'heure après, et toutes les abeilles ont repris leurs places ; mais cette précaution est sans effet si le temps est venteux et à la pluie ; *on est pourchassé à outrance, et il faut se retirer et renoncer à son projet, ou se décider à les assoupir* (*asphyxier*).

Vous voilà donc réduit, avec votre ruche *perfectionnée*, à ne pouvoir récolter qu'avec peine, et quand les abeilles vous le permettent. Mais il y a des compensations, direz-vous : les cadres, par exemple, pouvant être récoltés à moitié et retournés, permettent de ne pas sacrifier de couvain et d'avoir toujours du miel pur. La moitié de cette assertion est vraie ; mais l'autre, celle qui concerne le miel pur, ne l'est pas. Lorsque du couvain aura logé dans votre rayon, il l'aura terni, et du pollen s'y trouvera souvent emmaganisé. Que du miel soit mis à la suite dans ce rayon, il ne sera jamais de choix quand on l'en extraira.

277. **Avantages et inconvénients.** — Le plus grand

avantage que cette ruche présente à l'amateur, c'est qu'elle peut se démonter comme un jeu de marionnettes ; mais, en revanche, elle est dispendieuse et difficile à transporter ; elle abrite mal les abeilles et concentre peu la chaleur ; cependant l'observateur peut l'employer avec avantage.

Nous nous sommes quelque peu étendu sur cette ruche, à cause du bruit qu'elle a fait dans ces derniers temps, et de la prétention qu'elle avait de transformer l'apiculture : prétention ridicule qu'une ruche anglaise s'était arrogée trente ans plus tôt. Bien qu'elle fût déclarée quasi-officiellement la plus rationnelle des ruches, et qu'elle valût à son auteur quinze ou dix-huit médailles dans différents concours, sans compter un grand nombre de rapports flatteurs, elle n'a pu se faire accepter par nos bons praticiens de la Normandie, du Gâtinais et de la Champagne.

Les ruches à cadre que nous venons de voir ont donné naissance à une foule de modifications, tant en France qu'à l'étranger (*). Des modificateurs ont cherché à les rendre moins dispendieuses et à simplifier les cadres. D'autres se sont appliqués à éviter autant que possible le contact des abeilles lors de l'extraction des cadres. Nous-même avions cru, dans un moment d'engouement, qu'on pouvait en faire une ruche économique : nous l'avons vainement tenté.

278. **Ruches à rayons mobiles.** — Nous aurions dû parler de la ruche à rayons mobiles avant de nous occuper de celle à feuillets et à cadres, puisque c'est elle qui leur a donné naissance et qu'elle a moins de prétention à la perfection ; mais il nous a semblé qu'il y avait avantage à procéder autrement.

Le rayon mobile se compose tantôt d'une simple planchette en bois, à laquelle les abeilles fixent leur gâteau (*fig.* 56) ; tantôt de cette même planchette armée de deux montants (*fig.* 55).

On a fait des ruches à rayons mobiles plus ou moins compli-

(*) En Allemagne, on cite la ruche à châssis de Morlac ; aux États-Unis, la ruche à cadres mobiles de Langstroth, qui est en Amérique ce que celle de Debeauvoys est en France, et la ruche à rayons de Dzierzon en Allemagne.

quées ; mais la plus simple, et ce n'est pas la plus mauvaise, il s'en faut de beaucoup, est celle dont se servaient les Grecs, et que Della Rocca désigne sous le nom de *ruche candiote*, parce que, de son temps, elle était en usage dans l'île de Candie.

279. **Ruche grecque** (*). — « Les ruches à la grecque (*fig.* 59) sont faites de saule ou d'osier, comme un de nos paniers médiocres, larges par en haut, étroites par en bas et plâtrées de boue et de terre par dedans et par dehors. On les place l'extrémité la plus large en haut, et ce haut est couvert de cinq ou six planches, qui sont aussi plâtrées de terre en dessus, avec un petit toit de paille pour les défendre du mauvais temps. Les abeilles attachent leurs rayons à ces planches, et ainsi, quand les Grecs veulent tailler leurs ruches, ils n'ont qu'à tirer ces planchettes sans briser le reste, ce qui est très-facile. Ils les partagent pour les accroître au printemps (c'est-à-dire aux mois de mars et avril, jusqu'au commencement de mai) : premièrement, en séparant avec un couteau les planches où les rayons sont attachés avec les abeilles ; et ainsi, en ôtant les premiers rayons et les abeilles ensemble sur chaque côté, ils les mettent dans une autre ruche, dans le même ordre qu'ils les ont ôtés, jusqu'à ce qu'ils les aient partagés également. Après cela, lorsqu'ils les ont raccommodés avec les planches et les plâtras, ils mettent une ruche neuve en la place de la vieille, et celle-ci en quelque autre endroit. Tout cela se fait vers le milieu du jour, pendant que la plupart des abeilles sont en campagne, en sorte qu'à leur retour elles se partagent d'elles-mêmes dans les paniers ; par là on a l'adresse de les empêcher de se mettre en essaim et de s'envoler. »

(*Fig.* 59.)
Ruche grecque à rayons mobiles.

(*) La description et la figure de cette ruche sont empruntées à la *Maison rustique* de Liger, 8e édition (1742), p. 408.

280. Récolte. — « On ôte le miel au mois d'août, ce que l'on fait encore en plein jour, pendant qu'elles sont en campagne; on prend les rayons comme auparavant, c'est-à-dire en commençant à chaque extrémité et autour, et n'en laissant au milieu que ce qu'il en faut pour nourrir les abeilles pendant l'hiver. Celles qui étaient dans les rayons enlevés se rassemblent dans la ruche, qu'on recouvre de nouvelles planches enduites de terre. »

Il est présumable que les Grecs renversaient la ruche avant de l'opérer, et qu'au moyen d'une lame effilée ils détachaient de ses parois les rayons qui y adhéraient et dont l'enlèvement ne pouvait se faire sans cela.

Les rayons grecs ont été employés depuis quelques annés en Allemagne, notamment par Dzierzon, dont nous allons faire connaître le système.

281. Ruche Dzierzon. — La ruche qui jouit aujourd'hui de la plus grande vogue en Allemagne, et que quelques apiculteurs regardent comme supérieure à toutes les autres, est celle qui a été proposée, il y a une dizaine d'années par Dzierzon sous le nomde *ruche jumelle*, parce qu'elle est destinée à être appliquée dos à dos contre une seconde toute semblable. C'est une ruche longue, ouverte à ses deux extrémités, mesurant à l'intérieur (nous prenons ces mesures sur une ruche en réunissant deux) : 0,68 centimètres de longueur de A en B (*fig*. 60), 0,44 de largeur de B en C, et 0,36 de hauteur. Les parois sont faites de planches légères de sapins posées, non dans la longueur de la ruche, mais en travers, de telle sorte que le jeu du bois n'altère en rien les dimensions en hauteur et en largeur de la capacité intérieure. La paroi supérieure, qui forme le plafond de la ruche, et celle inférieure, qui en fait le plancher, font saillie d'environ 5 centimètres sur la paroi de devant. Au-dessous de la saillie du plafond, et au-dessus de celle du plancher, sont cloués deux forts liteaux qui donnent une plus grande solidité à l'ensemble et qui forment une espèce d'encaissement destiné à recevoir un épais revêtement de paille. Quatre petites lisses clouées verticalement contre les liteaux servent à maintenir cette paille et la couverture de roseaux ou d'osier qui en forme l'extérieur. L'ouverture d'entrée pour les abeilles est pratiquée dans l'épaisseur du liteau inférieur et à 3 centimètres à peu près au-dessus du plancher de la ruche. Pour faciliter l'entrée et la sortie des abeilles, on place au-dessous de cette ouverture une planchette de 9 centimètres qui, pénétrant quelque peu dans le liteau lui-même avec une légère inclinaison, sert en même temps de renvoi d'eau. Quant aux portes des extrémités, elles sont fermées par de fortes planches en bois de peuplier ou tout autre également léger et chaud, entrant dans deux battues pratiquées dans

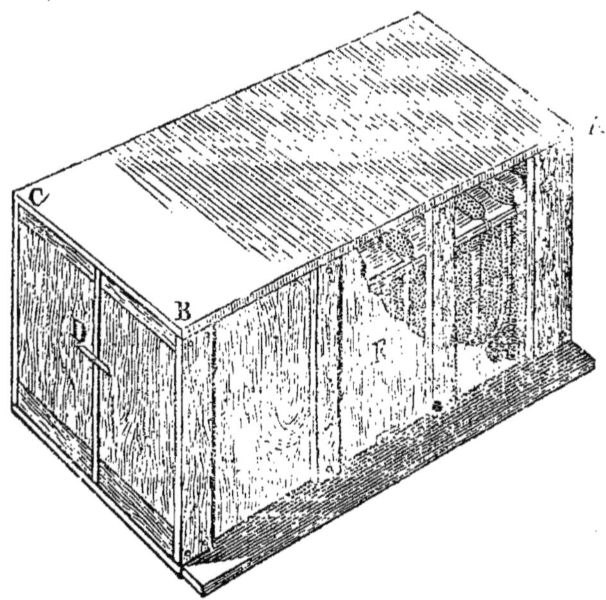

(*Fig.* 60.) Ruche Dzierzon.

les deux parois latérales de la ruche et maintenues simplement par le haut ou par le milieu au moyen d'un petit tourniquet, D. Les planchettes destinées à porter les rayons doivent courir librement dans deux rainures poussées intérieurement dans les deux parois latérales à la distance de 7 centimètres du plafond. Une coupure, E, laisse voir la disposition des rayons mobiles. La capacité intérieure de la ruche se trouve ainsi divisée par un grillage en deux parties fort inégales, dont la supérieure n'est ouverte aux abeilles que lorsque les constructions de la plus grande sont à peu près achevées, et qui leur sert alors de magasin à miel pour leur propre usage. En outre, pour restreindre la capacité intérieure de la ruche, qui peut être trop grande en certaines circonstances, on la divise verticalement par une planche légère ou par un vitrage qu'on peut à volonté avancer ou reculer dans l'intérieur. Les deux trous qui servent à saisir cette cloison mobile servent en même temps de passage aux abeilles quand on veut qu'elles puissent construire des rayons et entasser leur miel dans le compartiment qu'on a ainsi formé. Enfin, à la face postérieure de la ruche et au niveau du plancher, on pratique une ouverture de 0,04 de hauteur et de 0,07 de longueur à distance égale des deux extrémités. Cette porte, qu'on ferme à volonté par un petit tasseau, est destinée à servir de communication entre deux ruches jumelles juxtaposées quand on veut diviser ou réunir des colonies.

Le dessus d'une paire de ruches jumelles ainsi établies forme une surface à peu près carrée sur laquelle on peut en poser une deuxième paire en sens inverse, et quatre paires superposées forment un pavillon de huit ruches, garanties par un petit toit rustique qui ne manque point d'élégance. Un petit rucher à quatre faces, sur chacune desquelles deux ruches ont leur ouverture de sortie, offre aux abeilles un logement avec le double avantage de la chaleur en hiver et de la fraîcheur en été.

Assurément cette ruche, comme celle à feuillets et à cadres mobiles non compliqués, offre des avantages pour certaines opérations; elle a permis à Dzierzon de fractionner les colonies italiennes qu'il a introduites et propagées à gros bénéfices en Allemagne. Elle convient à l'observateur et à l'amateur. Mais, en conscience, elle ne vaut pas, pour nos producteurs ordinaires, la ruche à chapiteau telle qu'on l'emploie dans le Calvados et ailleurs, non plus celle à hausses en paille ou en bois (*).

D'autres apiculteurs ont modifié les rayons en y ajoutant des montants (*fig.* 55). De Berlepsch les a appliqués à une ruche

(*) Dzierzon a apporté plusieurs modifications à sa ruche ; primitivement elle était simple. Voir *Ruches de tous les systèmes*.

longue. De notre côté, nous avons tenté de les appliquer, ainsi modifiés, au corps de ruche de la lombarde, à la ruche à hausses droites et obliques, etc.

Dire que nous laissons là toutes ces ruches ingénieuses lorsque nous voulons économiser le temps et obtenir des produits avant tout, et que nous leur préférons les ruches à chapiteaux et celles à hausses, c'est faire connaître notre opinion sur ce qu'elles valent pour la grande production. Ce qui n'empêche pas que, pour l'amateur, elles ne réunissent des avantages incontestables.

282. **Ruches mixtes.** — Nous donnons le nom de *mixtes* à toutes les ruches qui tiennent de plusieurs systèmes. Beaucoup de ruches améliorées dans ces derniers temps rentrent dans cette classe. Nous ne nous arrêterons qu'aux plus remarquables.

283. **Ruche à division verticale et horizontale.** — Cette ruche, mentionnée par Milq et connue sur quelques points de l'Allemagne, a été améliorée par M. Boensch, qui essaie de la répandre en Algérie. Elle se compose de quatre divisions : chaque division a trois côtés pleins, un côté vide et deux côtés à claire-voie, dont l'un, le supérieur, a cinq planchettes de 2 à 3 centimètres de largeur, et l'autre n'a que trois planchettes beaucoup plus espacées. L'ensemble a 40 centimètres de capacité intérieure ; chaque division a 20 centimètres de côté sur 40 de longueur. L'intervalle des planchettes supérieures est d'environ 1 centimètre. Le plancher que forment ces planchettes n'est pas à fleur de bois; il repose sur deux tasseaux attachés à 1 centimètre environ de l'arête du côté supérieur, et peut s'enlever à volonté. Les trois planchettes qui forment la séparation intérieure de chaque division servent d'abord pour la consolider et pour maintenir l'écartement, et ensuite pour empêcher la construction des rayons à travers la séparation verticale de la ruche. La planchette supérieure dépasse d'un demi-centimètre le

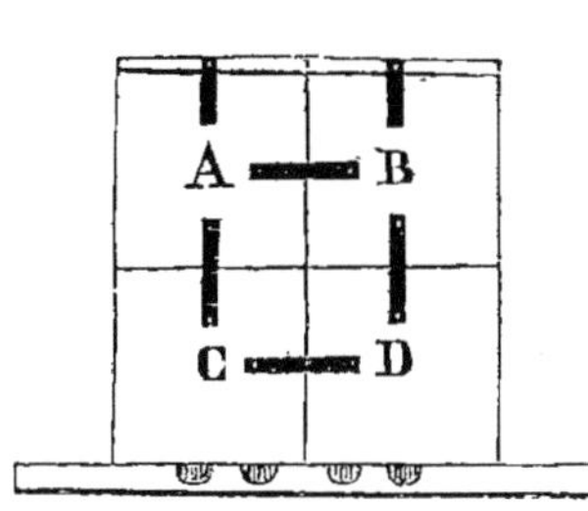

(*Fig.* 61.)
Ruche Boensch.

support du plancher, dans le but d'arrêter celui-ci. Ces planchettes intérieures sont éloignées de 2 millimètres environ du bord, de manière que, lorsque les deux divisions sont approchées, il se trouve une distance libre de 4 millimètres environ afin de pouvoir opérer facilement l'écartement des divisions verticales. Les deux divisions supérieures sont munies de planchers mobiles fixés au moyen de pattes que l'on aperçoit sur la figure. Des pattes fixent également entre elles les quatre divisions. Le plancher qui reçoit la ruche est entaillé de manière à assurer une entrée facile aux abeilles, entrée qui peut s'agrandir et se diminuer à volonté.

Les dispositions de cette ruche montrent les avantages qu'on peut en retirer. Elle s'agrandit aussi facilement qu'elle se diminue : ce qui veut dire qu'on peut lui réunir des ruches faibles, aussi bien qu'on peut la dédoubler pour obtenir des essaims artificiels. Rien de plus facile que de la diviser verticalement : après avoir détaché les pattes qui unissent les parties, on passe entre les divisions une feuille de zinc qui n'atteint aucun rayon puisque les barrettes intérieures de chaque division empêchent les abeilles de bâtir à cet endroit.

Lorsqu'il s'agit de récolter, on passe la lame de zinc comme nous venons de le voir, puis on décolle la division supérieure au moyen d'un ciseau ou d'une forte lame de couteau. Ayant enlevé cette partie, l'inférieure lui succède, et on place une partie vide sous cette dernière, ou bien on met la vide à la place de la pleine, si on tient à faire une seconde récolte de miel de choix dans cette partie et à ne pas intervertir l'ordre établi par les abeilles.

En Allemagne on donne souvent trois divisions horizontales à cette ruche, et on obtient alors une sorte de ruche à hausses divisée en deux. Cette disposition n'est pas sans avantages.

284. **Ruche Œttl.** — Œttl emploie la ruche à hausses en paille fabriquées avec un métier particulier; mais il fait aussi usage d'une ruche longue, également façonnée au métier, qu'il a améliorée et qui rentre dans la classe des ruches mixtes. Cette ruche (*fig.* 62) a trois divisions verticales, dans lesquelles il a adapté des rayons mobiles sans montants. Tantôt il n'emploie

qu'une rangée de rayons qu'il établit alors au haut de la ruche ; tantôt il en emploie deux qui se correspondent et qui divisent la capacité de la ruche, A. Les rayons des deux rangées, étant uniformes, peuvent se transposer.

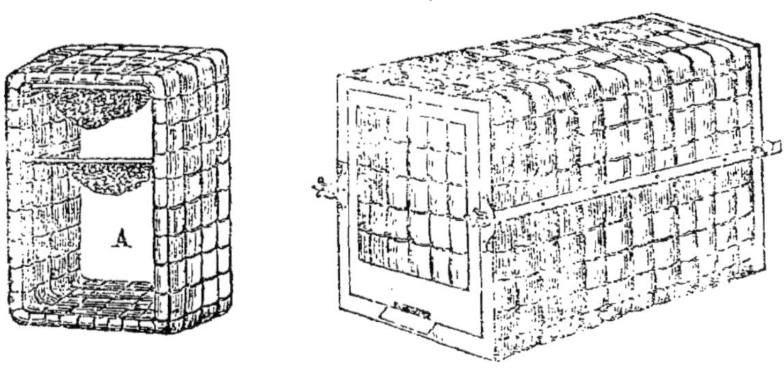

(*Fig.* 62) Ruche OEttl.

« Aucune ruche, dit l'auteur, ne permet de faire plus facilement un essaim artificiel par la division de la souche : on n'a qu'à ôter une division remplie de couvain et d'abeilles et à lui donner une division vide. On distance les deux colonies, et celle qui n'a pas de mère s'occupe d'en élever une. » Œttl a modifié plusieurs autres ruches.

Le plus grand mérite que nous reconnaissons aux ruches Œttl est celui d'avoir des parois épaisses, et par conséquent d'être peu impressionnables au froid et au chaud.

285. Nous aurions à citer une foule de ruches si nous voulions nous occuper de toutes celles qu'on a proposées et qui rentrent dans cette classe : nous nous bornons aux plus récentes et à celles dont on a le plus parlé. Parmi ces dernières, il faut citer : la ruche de l'Anglais Nutt, qui faillit faire tourner toutes les têtes tant elle promettait d'avantages et de profits ; la *ruche du mois de mai*, de Delavabre ; la *ruche comto-jurassienne*, de Boilley, un élève de Lombard ; la *ruche des bois*, de Fremict ; la *ruche à air libre*, de Martin ; la *ruche à deux fins*, de Desveaux ; la *ruche de l'amateur*, de Radouan, etc. Parmi les plus récentes nous citerons : la *ruche des jardins* et celle *des champs*, de M. de

Frarière ; la *ruche industrielle*, la *ruche polytrope* (*), etc. Les pays étrangers possèdent également une foule de ruches qui se rattachent à cette classe. Les États-Unis n'en comptent pas moins de soixante à soixante-dix différentes, presque toutes brevetées, ce qui ne garantit pas leur mérite.

Comme on le voit, les inventeurs de ruches ne manquent en aucun pays du monde ; mais ce qui manque assez souvent, ce sont des *ruchophiles*, c'est-à-dire des hommes assez consciencieux et assez désintéressés pour reconnaître le mérite des ruches qui ne sont pas les leurs, et assez sensés pour ne pas prôner un système que n'a pas sanctionné une longue pratique.

Trop souvent les personnes qui se font un amusement ou une occupation de soigner les abeilles apportent des changements aux ruches qu'elles emploient, et pensent que ces modifications contribuent pour beaucoup à entretenir l'activité des abeilles. Si ces personnes voulaient comparer toutes les circonstances, elles trouveraient que les soins y sont pour plus que l'habitation.

286. **Ruche d'observation.** — Une bonne ruche d'observation, une ruche qui mérite ce nom, doit permettre de visiter toutes les parties des édifices des abeilles et de suivre tous leurs travaux sans les déranger. La plupart des *ruches vitrées* ne remplissent pas ces conditions, attendu qu'elles ne laissent voir que quelques rayons à l'endroit des vitres, et que le reste est caché. Avec sa ruche à feuillets, Huber put porter ses investigations d'un bout à l'autre des édifices ; mais la ruche à feuillets a ses inconvénients : devant être ouverte chaque fois qu'on veut faire une observation, les abeilles peuvent se jeter sur l'observateur et le contraindre à fuir.

« Il n'est qu'une sorte de ruches, dit Bosc, qui puisse remplir complétement l'objet du philosophe observateur et du naturaliste : ce sont celles qui ne sont composées que par un seul rayon parallèle aux carreaux. »

Depuis Bosc, plusieurs apiculteurs ont modifié la ruche plate, qui présente le grand avantage de laisser voir tous les travaux

(*) Consulter les *Ruches de tous les systèmes*.

des abeilles, mais qui a l'inconvénient de n'être pas habitable en hiver, ou du moins dans notre latitude, attendu que les abeilles n'y peuvent entretenir le degré de chaleur dont elles ont besoin.

Il importe cependant de faire des observations pendant la saison froide. Dans ce cas on est obligé de recourir à la ruche à feuillets, ou mieux à celle à cadres mobiles, qui en est une modification; mais on peut réunir la ruche plate, proposée par Bosc, à la ruche à cadres, et avoir ainsi une combinaison qui permette l'observation en toute saison. C'est ce que nous avons fait dans la ruche ci-dessous (*fig.* 63). Cette ruche se compose donc de deux parties principales : un corps de ruche qui reçoit six cadres (il pourrait en recevoir davantage, c'est-à-dire être plus large), et un chapiteau qui ne loge qu'un cadre. Le corps

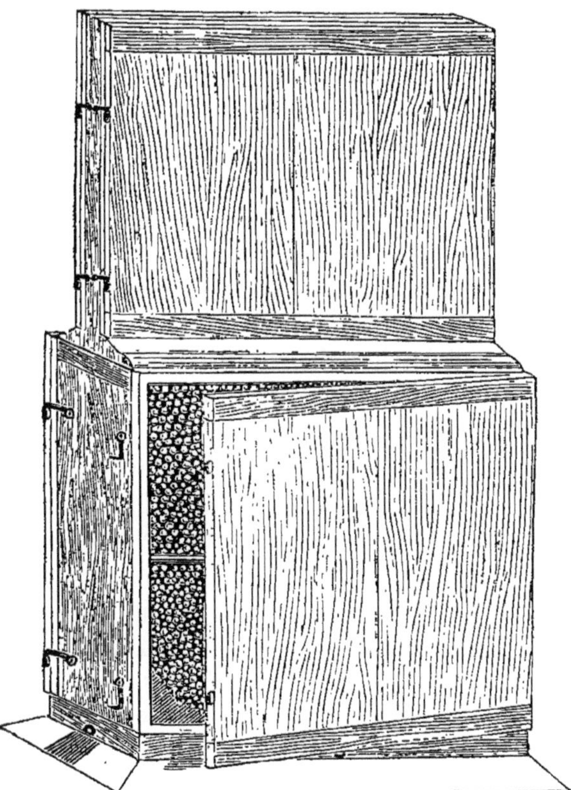

(*Fig.* 63.) Ruches d'observation.

de ruche se compose d'une boîte de 40 centimètres de hauteur sur 40 centimètres de largeur et 22 centimètres d'épaisseur dans œuvre, ayant deux châssis mobiles, recouverts de volets également mobiles qui permettent l'entrée et la sortie des cadres. Ces cadres, de 35 centimètres de haut sur 385 millimètres de large et 3 centimètres d'épaisseur, circulent sur deux tasseaux de 1 centimètre d'épaisseur, attachés à 4 centimètres du fond inférieur de la ruche; leur distance est conservée au moyen de pointes fixées dans les côtés des montants. Le chapiteau a deux volets, mais il n'a qu'un seul châssis mobile pour l'entrée du cadre que l'on veut particulièrement observer. Une issue est ménagée au corps de ruche pour les abeilles qui se rendent dans le chapiteau. La largeur du chapiteau est la même que celle du corps de ruche; sa hauteur dans œuvre est celle du cadre; plus 2 ou 3 millimètres pour la circulation facile de celui-ci; son épaisseur est de 43 millimètres de vitre à vitre.

Les planchettes inférieures et supérieures des cadres doivent être taillées à angles saillants intérieurement. Malgré ces saillies, il est bon de coller à la planchette du haut un petit fragment de rayon qui déterminera les abeilles à travailler parallèlement aux vitres.

Il faut se servir de bois épais pour les montants et le dessus de cette ruche, et, pour les volets, il faut en choisir qui se déjette le moins possible. Le tablier est une planche entaillée. La ruche doit être placée de manière que l'observateur puisse aisément en approcher.

On ne saurait trop recommander de tenir bien couverte en hiver toute ruche qui a des vitres, car il se fait contre ces vitres une condensation de vapeur qui produit de la glace lorsque le froid est vif, et de l'humidité lorsqu'il est plus tempéré.

Une ruche d'observation est indispensable dans tout grand rucher et à tout apiculteur qui désire s'instruire; elle lui permet de se procurer facilement du couvain d'ouvrières, lorsqu'il s'agit de donner artificiellement une mère à une ruche qui a perdu la sienne et qui ne possède pas d'éléments pour la remplacer; elle lui sert de baromètre au moment des travaux et lui procure des distractions et des sujets d'étude pendant toute l'année.

Xe LEÇON

CONFECTION DES RUCHES

Confection des ruches en paille. — Description du métier Œttl à confectionner des hausses en paille. — Métier Lelogeais. — Métier Durant. — Construction des ruches en bois. — Peinture des ruches en bois. — Boiseries des ruches. — Entrées. — Fermeture des entrées. — Manches et poignées.

287. **Confection des ruches en paille.**—La confection des ruches en paille est assez simple et peut se pratiquer par la plupart de ceux qui s'occupent des abeilles. On fabrique des ruches en paille de plusieurs manières; celle la plus généralement suivie consiste à prendre une certaine quantité de paille, à en former un cordon, que l'on coud à mesure qu'on l'enroule sur lui-même (*fig*. 64). Pour conserver la grosseur uniforme de ce cordon, l'on emploie un anneau ou bague, B, dans laquelle passe

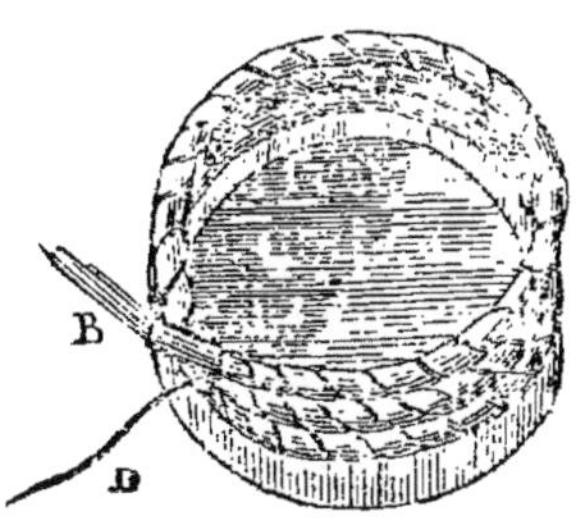

(*Fig*. 64.)
Enroulement des cordons.

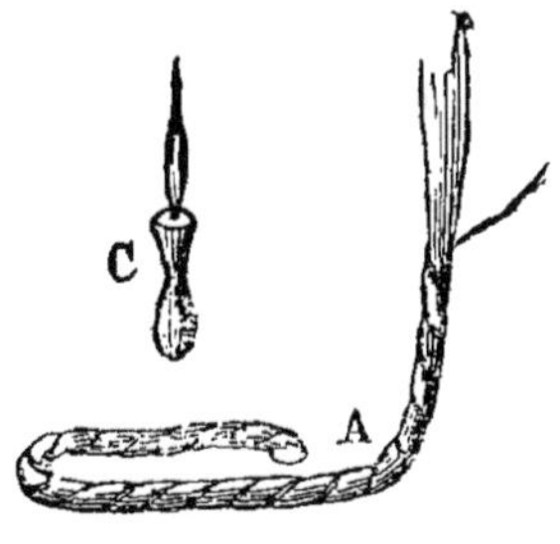

(*Fig*. 65.)
Formation d'un cordon.

la paille. Les brins de paille qu'on ajoute successivement le sont en les plantant au milieu du cordon et au-dessus de la bague, qui doit être constamment entretenue pleine. Les points de couture sont passés du dedans en dehors, bien qu'on puisse les passer du dehors en dedans; ils prennent à peu près le tiers du cordon inférieur et forment l'X avec les points correspondants. Une alène de bourrelier, C, ou un simple poinçon ordinaire (un morceau de bois dur aiguisé peut en faire l'office), sert à percer le cordon déjà attaché à l'endroit où doit passer le fil, D.

On peut aussi disposer un cordon de paille A (*fig.* 65), pour la formation duquel on prend une certaine quantité de paille que l'on enroule d'une manière quelconque, et que l'on coud ensuite. Cette méthode est plus longue.

Le fil dont on se sert pour coudre les cordons de paille est de la ficelle, de la ronce, de l'osier, du jonc aminci, de la tille, du coton de coudrier, etc.

288. Pour la calotte ou partie en corbeille (*fig.* 66), on commence le travail par le sommet du cône, et l'œil guide la direction à donner au cordon pour obtenir la forme désirée. En obliquant en dehors ou en dedans l'alène, lorsqu'elle perce le cordon inférieur, on éloigne ou on rapproche du moule le cordon supérieur.

(*Fig.* 66.)
Calotte commencée.

(*Fig.* 67.)
Moule Lombard.

289. Pour les corps de ruches uniformes et pour les hausses, l'on commence un cordon, A (*fig.* 65). On en réunit les deux bouts et on coud alors successivement sur le premier cordon. On peut aussi commencer le premier cordon sur le moule Lombard, qui se compose d'une planche circulaire (*fig.* 67) d'environ 5 centimètres d'épaisseur, et du diamètre que l'on veut donner à ses ruches. Cette planche a un rebord de 2 centimètres sur lequel sont ménagées, à distances égales, de petites échancrures servant à indiquer l'endroit des points de couture, et à passer le fil lorsqu'il s'agit de coudre le premier cordon. Entre les échancrures, et à la base du rebord, sont pratiqués des trous de vrille

qui donnent passage à la ficelle qu'on emploie pour coudre provisoirement le premier cordon. On conçoit que, étant toutes commencées sur ce moule, les hausses ou parties de ruches auront toutes le même diamètre. Pour conserver exactement ce diamètre lorsqu'il s'agit de hausses élevées, on peut se servir d'un billot ou d'un cercle de tamis sur lequel est placé le travail commencé. A mesure que ce travail avance, il est enfoncé sur le moule-guide et on obtient ainsi une forme régulière. Mais, quand on s'est exercé un peu, on obtient des formes régulières sans le secours de moule.

La paille dont on doit faire usage est celle de seigle ; elle doit être fine, débarrassée des épis et des herbes qui l'accompagnent souvent. Il faut avoir soin de la battre pour l'écraser, et de la tenir humide lorsqu'on l'emploie : elle se travaille alors beaucoup mieux.

290. **Description du métier Œttl à confectionner les hausses en paille.** — Œttl a inventé, pour fabriquer les corps de ruches et les hausses, une machine que nous allons faire connaître.

Cette machine se compose d'un plancher circulaire formé de planches épaisses en bois dur, consolidées au moyen de traverses en dessous. Le diamètre de ce plancher varie selon la grandeur des ruches que l'on veut fabriquer : il est de 40 à 50 centimètres dans les proportions ordinaires.

Sur l'étendue du plancher se trouvent deux circonférences de cercle, distantes l'une de l'autre de l'épaisseur à donner aux parois des ruches ; cette épaisseur est d'environ 45 millimètres et peut varier en plus ou en moins. Les ruches épaisses sont lourdes, il est vrai, mais elles sont plus solides que les ruches légères et abritent mieux les abeilles. L'espace compris entre les lignes des deux circonférences est la ruelle qui reçoit la paille. Cette ruelle circulaire est formée par deux haies de piquets plantés à distance. Les piquets ou colonnes sont uniformes sur la haie intérieure, et de deux sortes sur la haie extérieure qui en compte douze demi-circulaires, et douze plus petits et circulaires (on peut faire ceux-ci triangulaires). Ces piquets sont à égale distance et fixés solidement sur le plancher, dans lequel on a pratiqué des mortaises carrées pour les recevoir. Ils sont percés, dans leur étendue et du côté par où ils se regardent, de quatre trous de vilebrequin pour recevoir des fiches de fer : les trois premiers sont à égale distance, 4 centimètres, et le quatrième à 45 millimètres du troisième. Il résulte de cette disposition que le quatrième est à 165 milimètres d'élévation. Si on voulait obtenir des hausses plus grandes, il faudrait des piquets plus élevés auxquels on percerait de nouveaux trous.

Les piquets ou colonnes doivent être établies en bois dur et avoir une épaisseur assez forte pour que la pression exercée sur la paille qu'elles maintiendront ne les fasse pas dévier en dehors, car alors les parois de la hausse seraient plus épaisses dans un point que dans l'autre. Elles doivent être verticales sur le plancher, par conséquent parallèles entre elles. Mieux vaut qu'elles se rapprochent un peu plus par le haut que par le bas, car la pression finit par les écarter un peu à leur partie supérieure. Entre chaque colonne de la haie extérieure est pratiqué un petit creux ou entaille, qui traverse la ruelle, et dont le but est de permettre au fil de passer facilement lorsqu'on coud la paille.

Au milieu du plancher est pratiqué un trou qui reçoit un montant en fer, plus large qu'épais, dont la base forme une vis qui reçoit, en dessous du plancher, une patte, au moyen de laquelle on le fixe. Ce montant est percé de quatre trous, à des distances à peu près semblables à celles des trous des piquets; la distance du dernier est un peu plus grande. Ces trous sont destinés à recevoir une cheville en fer qui sert à donner un point d'appui au levier. L'usage de ce levier, comme on doit le comprendre, est de presser la paille lorsqu'elle a été introduite dans la ruelle ménagée entre les deux lignes de piquets. Vers son milieu est pratiquée une échancrure, qui sert, lorsqu'il fonctionne ou presse la paille, à donner passage aux piquets. C'est en appuyant sur l'extrémité du levier que la paille placée entre les piquets se presse.

La paille s'arrange par lits, qu'on presse les uns après les autres. Lorsque la ruelle en contient une certaine quantité, qu'on arrange de manière que les épis soient en dedans et que la couche soit uniforme, on presse fortement et on obtient le premier lit, qu'on fixe provisoirement au moyen de chevilles de fer. On regarnit la ruelle d'une nouvelle portion de paille, qu'on presse de nouveau pour avoir un second lit, lequel est assujetti sur le premier en enlevant les chevilles qui retiennent celui-ci, et en les mettant au-dessus du second au moment où la presse le serre fortement. On continue ainsi jusqu'à ce que la ruelle soit garnie jusqu'au haut des colonnes. Alors on a quatre ou cinq sections de cercles, en fer ou en bois, qu'on place sur la paille pressée et qu'on maintient au moyen des chevilles de fer.

Lorsque les sections sont posées et que la paille pressée est ainsi maintenue, on peut enlever le montant ou pivot, en desserrant la patte ; on enlève en même temps le levier, mais on peut se contenter d'enlever seulement ce dernier en ôtant la cheville ; c'est ce que l'on fait le plus souvent. On pend alors la machine au moyen d'un crochet qu'on aperçoit, et on procède à la couture de la paille.

Le point de couture se fait en ligne droite, et de bas en haut ou de haut en bas entre chaque colonne. On fait un point en arrière, c'est-à-dire qu'on le croise, de manière que la couture présente en dehors une ligne de points qui se touchent, et en dedans une ligne de points qui se croisent dans leur milieu. On se sert d'une aiguille ronde et longue de 20 centimètres, sans compter le manche. Lorsqu'on a percé l'endroit où doit passer le fil, on place celui-ci dans le trou de l'aiguille, qu'on retire et qui entraîne ce fil. On le retire de la main gauche en frappant, avec le manche de l'aiguille, le côté opposé de la paille, ce qui aide à serrer les points. On passe ensuite le fil du dehors en dedans, et on continue ainsi pour chaque couture.

L'aiguille que l'on emploie est tantôt une sorte d'alène longue et forte, percée d'un trou ovale à son extrémité, lequel trou reçoit la lanière ou fil, et tantôt une aiguille spéciale, ayant quelque analogie avec celle dont se servent les matelassiers.

Au lieu d'une machine circulaire, on peut en employer une carrée, qui donnera des hausses carrées. Pour cette forme, les colonnes formant les haies doivent être uniformes et en nombre égal sur les lignes parallèles.

Qu'elle soit ronde ou carrée, la machine à faire les ruches se fixe sur un banc au moyen d'une main de fer et d'une vis de pression, et le banc est tenu par un bout à un poteau, afin qu'il ne s'enlève pas lorsqu'on appuie sur le levier.

Le métier Œttl a été modifié. Parmi les modifications importantes, nous devons mentionner celle de M. Lelogeais, apiculteur de Seine-et-Marne.

291. **Métier Lelogeais.**—Le métier Lelogeais à façonner les ruches en paille se compose de deux parties principales : l'une, X (*fig.* 68), qui sert à fabriquer des hausses et des corps de ruches droits, et l'autre, C, qui sert à fabriquer des chapiteaux en dôme. Ces deux parties constituent deux métiers distincts que l'on établit sur une table ou sur un banc.

La partie X est une sorte de lanterne composée de deux haies parallèles et circulaires de montants en bois, AA, terminés par des dents entre lesquelles se place la paille qui doit former les cordons. Les montants de la haie extérieure sont fixés à leur base sur une rondelle circulaire épaisse de 3 centimètres environ, et vers le haut ils sont tenus par un cercle en fer auquel ils sont attachés. Les montants de la haie intérieure sont fixés à une rondelle mobile, épaisse de 2 centim. environ, qui s'enlève avec le corps de la ruche pour faciliter la sortie du métier. Cette double haie n'est pas maintenue par le haut. La partie intérieure est maintenue à la hauteur des montants sur une rondelle fixe de même diamètre soutenue par trois montants plantés dans la rondelle du bas, épaisse de 3 centim. La rondelle mobile reçoit un pivot, P, qui sert de point d'appui au levier pressant la paille, plus deux vis, une de chaque côté du pivot, qui tiennent cette rondelle fixée lorsqu'il s'agit d'opérer. Une autre rondelle mobile reçoit un cercle en fer au-dessous pour la maintenir. Cette rondelle se lève et s'abaisse à volonté au moyen de deux mains de fer que l'on aperçoit des deux côtés du métier. Les trois montants intérieurs dont nous avons déjà parlé, étant parallèles aux montants circulaires du dehors AA, forment une ruelle pour recevoir le premier cordon ou plutôt la première couche de paille qui doit former un corps de ruche. Le levier, comme sa position l'indique, presse cette paille que l'on retient ainsi pressée à l'aide de pitons en fer qu'on passe dans des trous pratiqués dans les montants parallèles, lesquels trous s'aperçoivent dans le montant de face placé entre AA. Au fur et à mesure qu'une nouvelle couche de paille est ajoutée, la rondelle mobile est abaissée d'autant et est fixée à l'aide de pitons. Toutefois, une nouvelle couche

(*Fig.* 68.) Métier Lelogeais.

X, Lanterne ou métier à façonner les hausses. — A A, Barre de la lanterne. — D, Dents entre lesquelles se place la paille. — P, Point qui sert de point d'appui au levier pressant la paille. — C, Partie servant à façonner les cônes.

de paille n'est ajoutée que quand la précédente est cousue. On opère donc autrement qu'avec le métier Œttl, où toute la paille devant former une hausse est pressée avant que d'être cousue. Ici la couture a lieu comme dans les ruches faites à la main, en allant de gauche à droite, comme l'indique la coupe des montants. Chaque couche forme un cordon horizontal, et chaque dent des montants donne un point. Le fil passant d'une dent à la voisine produit un point de couture oblique. On coud avec la ronce, l'osier ou autre lanière, et on se sert d'une aiguille qui ressemble à un lardoir. Lorsqu'il s'agit d'enlever du métier la hausse ou le corps de ruche terminé, on dévisse deux vis qui retiennent la partie intérieure, et, en montant la rondelle circulaire à l'aide des mains, le travail sort facilement de la forme.

La partie destinée à façonner les chapiteaux en dôme se compose d'une double haie de pièces de fer courbes et parallèles, C, entre lesquelles se place la paille des cordons. La première poignée est, comme dans le métier précédent, attachée avec un fil à un trou ménagé dans la rondelle du fond. Les cordons de chaque couche sont serrés à l'aide d'un levier et retenus au moyen de pitons passés dans les branches parallèles. On coud les cordons de la même manière que ceux du corps de ruche. Les deux haies de fer sont mobiles, ce qui permet l'enlèvement facile des chapiteaux terminés. Une pièce de rechange plus petite remplace la haie intérieure pour exécuter les quatre premiers cordons. Cette pièce facilite l'entrée de la paille et la couture. Pendant l'exécution de ces quatre cordons, le métier occupe la position horizontale qu'on lui voit dans la figure. Pour le reste, il se place obliquement en introduisant le pivot qui retient les haies dans un trou oblique ménagé dans la table de support.

La paille doit être préparée à l'avance ; elle doit être émondée de toute herbe et des épis, si l'on tient à obtenir un travail très-propre. On la mouillera légèrement et on l'écrasera, afin qu'elle se serre mieux ; mais on ne l'emploiera que lorsqu'elle sera sèche. Celle de seigle, notamment quand elle est fine, est la plus convenable. Le métier Lelogeais, ainsi que le métier Durant dont nous allons parler, est expéditif et donne un travail régulier qu'on n'obtient pas toujours à la main.

292. **Métier Durant.** — Le métier Durant tient du métier Œttl et du métier Josselin (Voir l'*Apiculteur*, 3e année). Ce dernier est une modification du moule de Lombard. Il se compose de deux parties distinctes. La première, V (*fig.* 69), est une rondelle circulaire armée de dents, sur laquelle se font les

hausses et les corps de ruches réguliers ; cette rondelle est fixée sur un montant, S, qui, à son tour, s'établit sur une table *a* suffisamment indiquée dans la figure ci-contre. La seconde, SCT, est une sorte de triangle formé d'un côté courbe, C, et de deux côtés droits, S et T. Le montant S s'emmanche sur la table V de la même manière que le montant S de la première partie.

Les pièces importantes de la première partie sont, outre celles dont il vient d'être parlé : 1° un cylindreur, *d*, adapté en *d*, au montant S. L'extrémité de ce cylindreur ou chariot mobile est armée de deux galets mobiles, KH, dont l'usage est de régulariser, aidés de la rondelle R, le cordon de paille, et d'établir la forme des hausses. Ce cylindreur est terminé par une poignée, P, qui sert à lui imprimer un va-et-vient lorsqu'il s'agit de presser la paille, 2° un calibre en fer-blanc redoublé, C, en forme de cône tronqué, garni d'une bague en cuivre et formant bourrelet sur sa gauche. Cette bague a la même destination que celle qu'on emploie dans la fabrication des ruches à la main ; elle reçoit la paille du cordon et en détermine la quantité. Ici elle est conduite par une branche en fer, *f*, qui en maintient l'écartement.

Lorsqu'on veut commencer une hausse, on place de la paille sur l'extrémité de la pièce circulaire, ainsi qu'on le fait sur le moule de Lombard ; on attache provisoirement cette paille au métier. Je dis provisoirement, car, lorsque le second cordon est formé, c'est-à-dire lorsqu'il arrive sur le premier, celui-ci est réuni au second, et les points provisoires sont coupés. Le premier cordon établi, il est fixé au métier (à la pièce circulaire) par des mains de fer, E*h*, qui, d'un côté, entrent dans le bois de la pièce circulaire, et de l'autre dans la paille du cordon. Au fur et à mesure que les cordons montent, le cylindreur monte également et il ne s'arrête qu'au point J, ou piton mobile qui règle la hauteur des hausses. Le cordon s'achève en le diminuant jusqu'à ce qu'il se perde dans le cordon inférieur. Il se commence dans les mêmes conditions. La rondelle R l'aplatit et fait que la hausse est terminée horizontalement, ainsi qu'elle a été commencée. La couture ne peut manquer d'être régulière ; les premiers points sont indiqués par les dentelures de la pièce circulaire. On coud de dedans en dehors, et, en se servant d'une aiguille recourbée, ainsi que l'a améliorée M. Durant, on obtient un travail plus prompt et meilleur qu'en faisant usage du carrelet ou de l'alène ordinaire. Pour abréger la besogne, on a soin de préparer à l'avance un certain nombre d'aiguillées, c'est-à-dire de bouts de fil (osier, ronce, etc.) armés d'une aiguille.

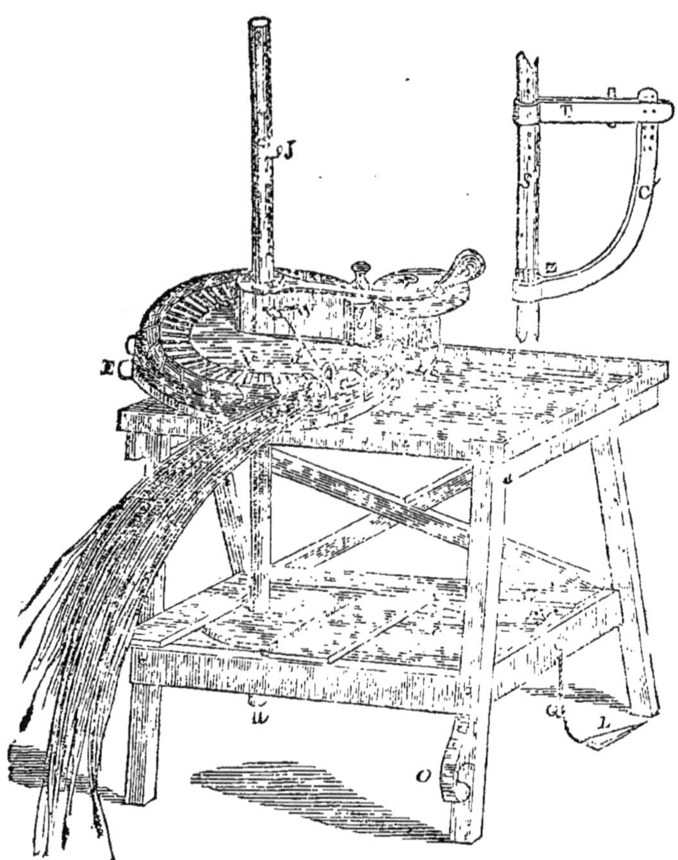

(*Fig.* 69.) Métier Durant.

S, Arbre vertical faisant corps avec V et I, le premier servant à coudre la paille régulièrement, le second à arrêter en temps utile.
J, Point d'arrêt mobile pour régler la hauteur des hausses.
P, Poignée de cylindreur.
K, Galet à double effet cylindrant horizontalement et verticalement.
b, Galet simple opérant avec K.

R, Rondelle mobile opérant avec les galets.
d, Corps du chariot cylindreur.
W, Ouverture extérieure correspondant avec celle inaperçue intérieure, pour pouvoir loger autour de l'arbre le guide du calibre *c*.
V, Pièces circulaires en bois, dites plateaux superposés, avec retraite circulaire pour loger le premier cordon des hausses.
f, Guide du calibre qui enveloppe l'arbre qui s'accroche au point *g*, au calibre.
c, Calibre en fer-blanc redoublé en forme de cône tronqué, garni d'une bague en cuivre formant bourrelet sur sa gauche.
E, Main de fer retirée du travail et la pointe tournée en dessous du plateau pour ne pas gêner, et pour la trouver à sa place au premier besoin.
h, Main de fer aussi, maintenant le cordon dans son encastrement, que l'on a soulevé avant de l'y introduire et pressé la paille à sa hauteur.
x, Continuation du cordon de paille.
a, Charpente de table qui est, lorsqu'on a enlevé l'arbre vertical S, une petite table fort commode pour les besoins domestiques.
I, Rondelle circulaire emprisonnée par des recouvrements à l'orifice de son cercle, destiné à tourner de gauche à droite et à ne pouvoir faire le contraire.
u, Tourillon central.
e, Table inférieure pour recevoir un poids de 30 kilos.
O, Brise-osier.
Q, Ficelle tenant le coin L.
L, Coin propre à empêcher la table de boiter.
Z, Vis à bander le ressort *r*, *y*, formant arrêt.

La seconde partie, CST, celle qui sert à fabriquer des chapiteaux coniques et les ruches en cloche d'une seule pièce, est beaucoup plus simple que la première. Elle n'est pas précisément un métier, c'est plutôt un régulateur, une sorte de moule par lequel on obtient une courbure régulière. Le travail commence en Z ; la paille se fixe à cet endroit au moyen d'un étui qu'on ne peut indiquer ici. Pour le reste on opère comme dans la fabrication des ruches à la main, en ayant soin d'appuyer constamment le cordon contre la courbe C. Ce point d'appui régularise la forme et facilite le cousage, opération qui se fait pour les deux modèles comme lorsqu'il s'agit de coudre à la main. Mais elle est plus rapide et plus facile à cause du point d'appui.

Pour opérer rapidement avec ce métier, il faut, comme en toutes choses, faire un apprentissage de quelques jours, au bout desquels on gagne la moitié de temps sur le mode ordinaire, et le travail est supérieur. La légende jointe à la figure indique l'usage de chaque pièce.

M. E. Beuve, apiculteur et fabricant de ruches à hausses à Creney, près Troyes (Aube), a apporté des modifications heureuses au métier Durant.

293. **Construction des ruches en bois, etc.** — Nous n'entrerons pas dans les détails de la construction des ruches en bois, tout le monde sachant faire une boîte quelconque. Nous dirons seulement qu'il faut choisir du bois peu lourd et travaillant le moins possible, et prendre des planches épaisses d'au moins 3 centimètres, à moins que les ruches ne soient destinées à être enveloppées d'un paillasson bien fourni, ou renfermées dans un rucher bien clos et bien abrité. Quant aux ruches en petits bois : osier, troëne, etc., c'est l'affaire des vanniers, à qui on ne saurait trop recommander une forme en dôme, et non allongée et pointue comme la plupart l'adoptent, croyant bien faire.

294. **Peinture des ruches en bois.**— C'est d'une bonne économie de peindre extérieurement les ruches en bois ; mais il faut employer une couleur qui n'absorbe pas les rayons du soleil, telle que le blanc ou le gris cendré. Cette peinture sera à l'huile. On pourra aussi employer la composition suivante, qui est plus économique : prenez une partie de terre glaise (grasse ou argileuse), deux parties de bouse de vache fraîche ; délayez-les et les triturez séparément avec de l'eau dans laquelle on aura fait bouillir de la morue ; mêlez ensuite le tout ensemble en y ajoutant de l'eau de morue et quelques décagrammes de savon commun, jusqu'à ce que le tout ait la consistance d'une épaisse bouillie. Avec un balai fin, on barbouille fortement les planches brutes des ruches ; la première couche étant sèche, on en applique une seconde plus légèrement. Cette peinture ne laisse aucune odeur et adhère fortement au bois (*).

295. **Boiserie des ruches.** — On nomme ainsi les petits bâtons qu'on place dans l'intérieur des ruches pour soutenir les

(*) Cette composition est due à M. Bonsch (de l'Algérie). L'eau de morue peut se remplacer par de l'eau de son, ou de l'eau ordinaire dans laquelle on a jeté un peu de farine.

rayons des abeilles. Ces boiseries sont indispensables dans les ruches vulgaires, notamment dans celles que l'on transporte. Elles doivent être placées en X ou en croix de Saint-André, de manière à ce que l'une ou l'autre traverse les rayons. Deux bâtons ronds, sans nœuds ni coudes, d'environ un centimètre d'épaisseur (le jeune noisetier convient pour cet usage), suffisent pour une ruche sédentaire dont la hauteur n'excède pas 40 à 45 centimètres. Le premier est placé à 10 ou 12 centimètres du bord inférieur de la ruche, ec l'autre à 10 ou 12 centimètres plus haut que le premier. Ils doivent sortir extérieurement d'un 1/2 centimètre environ pour pouvoir être enlevés facilement lors de la récolte des rayons. Des apiculteurs placent ces boiseries obliquement. On en placera trois ou quatre dans les ruches qui doivent être transportées. On se contentera d'en placer une seule dans les hausses qui ont des planchers à claire-voie, et également une dans les chapiteaux de moyenne dimension. On pourra se dispenser d'en placer dans les petits chapitaux, surtout dans ceux qui doivent contenir du miel destiné à être vendu en rayons.

296. **Entrée des ruches.**— Les ruches destinées à reposer sur des tabliers minces et non entaillés doivent avoir une ou plusieurs entrées pratiquées vers la partie inférieure. On n'en pratiquera qu'une de 2 ou 3 centimètres de haut sur 5 ou 6 de large pour les ruches en paille. Les grandes entrées ont plusieurs inconvénients : elles déforment les ruches et laissent trop de prise aux ennemis des abeilles. La ruche en menuiserie pourra avoir plusieurs entrées à dents de scie, ou une entrée carrée, et à côté plusieurs autres circulaires que l'on bouche à volonté. Lorsque les tabliers sont entaillés, il est inutile de pratiquer des entrées aux ruches.

Nous plaçons ici les réflexions que le *Guide* de M. Collin consigne sur l'entrée des ruches. — « C'est par la porte d'entrée que les abeilles respirent et que l'air se renouvelle ; si donc les gâteaux de la ruche se trouvent en travers et barrent en quelque sorte le passage de l'air, les abeilles en souffriront : en hiver la mortalité sera plus grande, et en été le couvain prospèrera moins bien. Il est à remarquer que le couvain et le gros des abeilles se trouvent plutôt en avant que par derrière ou de côté. Vous vous étonnez quelquefois que certaines de vos ruches, quoique bien peuplées, n'essaiment jamais ou bien rarement : cela tient souvent à la direction des gâteaux relativement à la porte d'entrée. Comparez ces gâteaux avec ceux de vos ruches qui essaiment souvent, et vous verrez que dans ces dernières les gâteaux, au lieu d'être placés en travers de la porte, vont au contraire de devant en arrière. Avec cette disposition, l'air rencontre moins d'obstacles pour pénétrer dans l'intérieur, puisque chaque galerie vient aboutir sur le devant. Si la porte est entaillée dans le plateau, il sera facile de placer la ruche de manière que les gâteaux aient la position indiquée ; pour cela il suffira de faire faire un quart de tour à la ruche. Mais si l'entrée est pratiquée dans la ruche, il faut en faire une autre dans la direction des gâteaux et boucher l'ancienne. »

297. **Fermeture des entrées.** — On emploie différents objets de fermeture pour les entrées régulières. Les plus simples consistent en planchettes minces, en ardoises, ou seulement en cartes ou carton gommé que l'on attache à la ruche au moyen d'un clou d'épingle. On se sert aussi de tôle perforée et de toile métallique. Aux ruches en planches, il est facile d'adapter une sorte de peigne ou râteau qui rétrécit à volonté l'entrée et la bouche entièrement au besoin.

Voici les plus ingénieuses qu'on ait imaginées :

Palteau employait, pour ses ruches en bois et à entrée entaillée circulairement dans le tablier, un cadran mobile en tôle, dont on comprend le jeu et le bon usage par la simple vue de la *fig.* 70. Pour les ruches en bois et à entrées entaillées en dents de scie, on a inventé une sorte de peigne ou râteau, le plus souvent en bois (*fig.* 71), lequel, étant fixé par l'une de ses extrémités à la

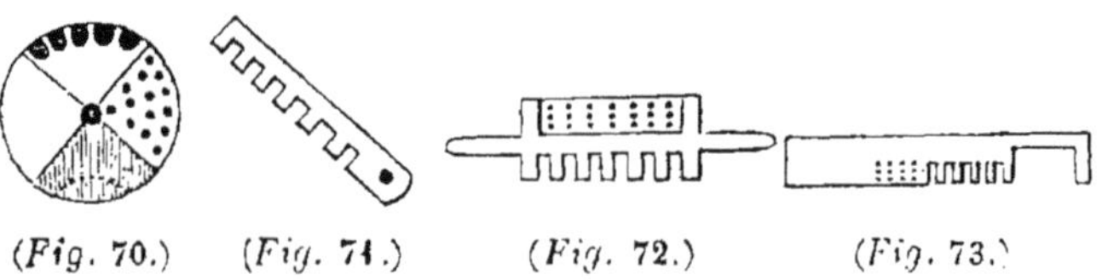

(*Fig.* 70.) (*Fig.* 71.) (*Fig.* 72.) (*Fig.* 73.)

ruche, décrit un demi-cercle et ferme à volonté les entrées, les dents coïncidant aux entailles. M. Annier a modifié ce peigne et en a fait une porte mobile (*fig.* 72) qui s'adapte aux entrées carrées des ruches en bois. Un côté de cette porte rétrécit l'entrée et l'autre la bouche, tout en laissant passer l'air. Un apiculteur de la Meuse (*) a imaginé une porte longue, en tôle étamée (*fig.* 73), qui avance et recule par le moyen d'un ressort en fil de fer qu'il adapte au tablier, lequel est creusé circulairement et arrangé pour recevoir des ruches en cône. La partie dentelée peut empêcher les mâles de sortir ou de rentrer. Un apiculteur des Ardennes a imaginé une porte simple qui s'adapte aux entrées de toutes les ruches; elle consiste en une partie, A (*fig.* 74), qui se fixe sur la ruche au moyen de quatre petits clous et d'une partie, B, qui entre dans deux coulisses ménagées dans la partie A, où elle circule à volonté. On peut se contenter de cette dernière partie seulement, que l'on fixe à la ruche au moyen de petits clous d'épingle. Les deux parties sont en tôle mince.

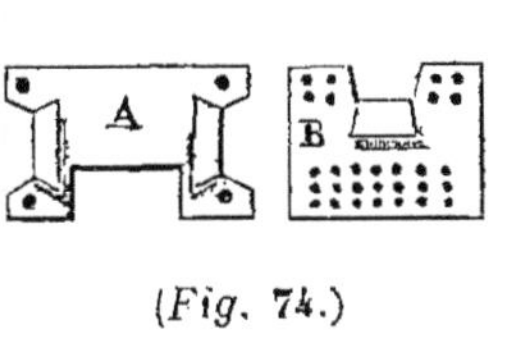

(*Fig.* 74.)

Quelle que soit la porte dont on fait usage, il faut se garder de boucher hermétiquement les ruches, même en hiver, et notamment les ruches en menuiserie, car on pourrait asphyxier les abeilles.

298. **Manches et poignées.** — On peut se dispenser de mettre aux ruches des manches, qui, la plupart du temps, sont plus incommodes qu'utiles. On mettra des poignées légères à celles destinées à recevoir les essaims, et à quelques ruches d'amateur; mais on se gardera bien de ces longs manches d'un quart de mètre et plus, qui font l'orgueil des ruchomanes de la campagne et le désespoir de l'apiculteur qui transporte ses colonies.

Nous avons déjà dit un mot du *pourget*, sorte de mortier ou

(*) M. Durant, dont nous avons déjà parlé, a modifié la porte figurée ici; il a fait une porte en fer-blanc qui s'adapte à toutes les entrées. D'autres apiculteurs ont aussi modifié cette porte.

mastic composé le plus communément de bouse de vache, de cendre et de terre glaise, avec lequel on recouvre extérieurement les ruches en petit bois, et on bouche les issues inutiles des autres.

A la prochaine leçon, en parlant du rucher, nous vous entretiendrons des supports, des surtouts et des plateaux des ruches.

Nid de guèpe mellifère.

XIe LEÇON

DU RUCHER

Rucher. — Emplacement convenable. — Effets de l'humidité, des rayons ardents du soleil, du froid et du vent sur les abeilles. — Orientation du rucher. — Lieux où l'on ne doit pas placer de ruches. — Rucher en plein air. — Distance des ruches. — Avantages du rucher en plein air. — Rucher couvert. — Avantages des ruchers couverts. — Plantations autour du rucher. — Tablier ou plateau des ruches. — Supports. — Surtouts, paillassons ou capuchons.

299. **Rucher.** — On donne le nom de rucher, apier, ou abeiller au lieu, couvert ou non, où l'on réunit des ruches. Il y a donc des ruchers en plein air et des ruchers couverts. L'un et l'autre de ces ruchers présentent des avantages et des inconvénients, selon l'emplacement, la quantité des ruches et d'autres circonstances. Quel que soit celui qu'on adopte, il faut se garder de l'établir dans un terrain humide ; et, lorsqu'il est établi, il faut, autant que possible, le tenir propre, détruire les plantes qui pourraient servir de pâture ou offrir une retraite aux animaux ennemis des abeilles et aux insectes qui viendraient s'y abriter, tels que guêpes, araignées, fourmis, limaçons, lézards, etc. Nous verrons plus loin les avantages particuliers de ces ruchers.

300. **Effets de l'humidité et du vent sur les abeilles.** — L'humidité est très-nuisible aux abeilles, en ce qu'elle produit la moisissure des rayons, vicie l'air de la ruche et occasionne la dyssenterie ; par conséquent, il ne faut pas établir de ruchers dans les endroits bas et humides. Il ne faut pas non

plus, dans les climats pluvieux, tourner les entrées des ruches du côté d'où viennent les grandes pluies. Les vents, surtout les vents froids, ne sont pas moins nuisibles aux abeilles : si le temps est froid et que le devant des ruches soit tourné du côté du vent, les abeilles qui sortent et essaient de rentrer sont balayées par les rafales et jetées à terre, où, étant prises de froid, elles meurent souvent. A l'époque de l'essaimage, les vents qui frappent l'entrée des ruches s'opposent à la sortie des essaims ; la différence d'exposition est telle, sous ce rapport, que les ruches qui sont garanties du vent auront toutes essaimé lorsque celles qui ne jouissent pas de cet avantage n'auront pas encore fourni un seul essaim et n'essaimeront peut-être pas.

Les rayons trop ardents du soleil ne nuisent pas directement aux abeilles, mais, en tombant en plein sur les ruches non couvertes d'un épais surtout en paille, ils en font fondre les gâteaux et couler le miel : on voit les abeilles déserter des ruches exposées aux rayons trop chauds du soleil.

301. **Choix de l'exposition.** — On peut juger, par ces conséquences, combien il importe de choisir une exposition convenable : le sort du rucher et les bénéfices qu'il peut donner en dépendent souvent. Il faut d'abord examiner le sol sur lequel on veut établir le rucher ; il faut ensuite tenir compte des circonstances d'étendue, de voisinage, de distance, de plantations, de pâturage, etc.

302. **Orientation.** — On croit généralement que les ruches réussissent mieux exposées au midi que dans une autre orientation : c'est souvent une erreur ; l'exposition du sud ne vaut communément rien pour les pays méridionaux, surtout lorsque les ruches sont adossées à un mur, ou se trouvent au pied d'un rocher, ou dans un rucher découvert par devant, parce que, en été, les rayons brûlants du soleil de midi tombent en plein sur les ruches, en font fondre la cire, en liquéfient le miel et asphyxient même les abeilles ; aussi voit-on nos travailleuses rester presque constamment oisives, abritées derrière la ruche, lorsque l'excès de chaleur les force à en sortir. Les effets de la chaleur sont moins redoutables dans le nord ; cependant il n'est

jamais prudent d'y établir des ruches en plein midi sans les couvrir d'un bon surtout de paille, si elles sont en plein midi, et de laisser circuler l'air du côté du nord, si elles sont dans un rucher couvert, construit en planches, ou couvert en ardoises.

En hiver, les rayons trompeurs du soleil ne sont pas moins dangereux pour les abeilles ; ils viennent les stimuler et leur faire croire que la température permet la reprise des travaux ; un certain nombre de butineuses s'aventurent hors de la ruche, où elles sont prises par le froid et périssent, pour peu que le soleil soit caché par un nuage ou qu'un coup de vent les balaye au loin. En outre, la colonie consomme davantage, parce que la chaleur du milieu de la journée l'engage à s'adonner à l'éducation du couvain.

L'exposition du levant est préférée par beaucoup d'apiculteurs, qui pensent que la présence du soleil matinal engage les abeilles à sortir plus tôt. Lorsque la saison est douce et que le miel donne, les abeilles des ruches placées à l'ouest et même au nord sont tout aussi matinales que celles des ruches exposées à l'est et butinent autant. Il est vrai que celles placées au midi et à l'est essaiment souvent plus vite, mais leurs essaims sont souvent plus petits : si elles essaiment plus tôt, ce n'est pas parce qu'elles sont plus peuplées, mais parce que la grande chaleur qu'elles éprouvent à l'heure ordinaire de cette opération la détermine; celles qui deviennent plus peuplées, à condition égale d'abeille mère vigoureuse, sont celles qui sont abritées dans les vallées ou par des bois, et que le vent n'empêche pas de butiner lorsque les premières fleurs arrivent.

Quelle que soit la latitude, il faut donc avant tout que les ruchers soient le plus possible abrités des vents dominants, qui amènent souvent la pluie. Si ces vents viennent de l'ouest et du nord, il faut établir les ruches de manière qu'elles soient abritées de ces côtés, et que leur sortie se trouve à l'est ou au sud. Si, au contraire, les vents viennent de l'est ou du sud, il faut les abriter de ces côtés et tourner les entrées du côté de l'ouest et du nord. Pour cela consultez la nature, et vous trouverez que les abeilles s'abritent dans les forêts, où les vents et les rayons trop ardents du soleil se font à peine sentir.

Il faut aussi et surtout prendre en considération la distance des pâturages, et en éloigner le moins possible les ruchers. Il n'y aura pas non plus devant les ruches des arbres, des haies vives ou des bâtiments qui contrarient la sortie des abeilles.

303. **Lieux où l'on ne doit pas placer de ruches.** — On ne doit pas établir de ruchers près des voies et passages publics fréquentés, près des rivières et des étangs un peu étendus, des cheminées toujours fumantes des usines, des fours à chaux et à plâtre, des fabriques de sirops, des brasseries, des tanneries, etc. On en établira le moins possible dans les basses-cours, au milieu de la volaille et des autres animaux domestiques, qui, s'ils ne détruisent les mouches, les gênent beaucoup dans leurs travaux. En outre, les abeilles peuvent se jeter sur ces animaux et occasionner des accidents.

On peut placer des ruches près des habitations, où l'on est à la portée de leur prodiguer des soins ; mais on évitera que ce soit sur le passage des gens et des bêtes, car les abeilles n'aiment pas à être dérangées par qui que ce soit pendant la bonne saison.

304. **Rucher en plein air.** — Le rucher en plein air doit être établi autant que possible le long d'une haie (*fig.* 75), ou au bord d'un massif d'arbres. Si l'on n'a que quelques ruches et que

(*Fig.* 75.) Rucher en plein air.

le sol soit un peu humide, ou qu'il soit engazonné, ou encore qu'il renferme des fourmilières et d'autres repaires d'animaux ennemis des abeilles, il faut établir les ruches sur des piquets plus ou moins élevés (*fig.* 76). On les élèvera peu (de 20 à 35 centimètres) lorsque l'endroit sera sec et éventé ; ailleurs on les élèvera davantage : on les tiendra tantôt à 40 centimètres et tantôt à 50 centimètres d'élévation.

(*Fig.* 76.) Ruches en plein air, dispositions en quinconce

Si, au lieu d'une haie, on ne dispose que d'un mur, il ne faut pas établir les ruches immédiatement contre ce mur, où la concentration des rayons du soleil leur nuirait : il faut les placer à 1 mètre au moins en devant ; mais, si l'on dispose du terrain des deux côtés de ce mur, il vaut souvent mieux percer des entrées de 2 centimètres environ et établir les ruches derrière, de manière qu'elles soient abritées des rayons du soleil. On fait souvent le contraire.

Lorsqu'on possède un grand nombre de colonies et que le sol est sec, on ne prend pas la peine d'établir les ruches sur des piquets ; on se contente d'exhausser de 2 ou 3 centimètres des bandes de terrain et de les poser, non pas immédiatement dessus, mais sur trois cailloux ou trois morceaux de pierre gros comme le poing, sur lesquels on place le tablier de support. Lorsque le terrain est exigu, on établit plusieurs bandes de terre, espacées de 2 mètres au moins, et l'on a soin de donner moins d'élévation au premier qu'au second gradin. On place les ruches sur ces gradins, de manière qu'elles se trouvent en quinconce ou en échiquier. Elles doivent être établies de manière aussi que leur tablier incline légèrement en avant. On comprend l'avantage que cette inclinaison donne aux abeilles pour porter dehors les débris de cire et les cadavres qui tombent sur la plancher. Cette inclinaison facilite aussi l'écoulement des vapeurs condensées. Toute-

11

fois, s'il régnait des vents forts dans le sens opposé aux entrées, c'est-à-dire des vents qui vinssent frapper le derrière des ruches, il ne faudrait pas donner cette inclinaison.

305. **Distance des ruches.** — La distance que l'on observe entre les ruches en plein air est souvent subordonnée à l'étendue du terrain et au nombre des colonies ; tantôt elle est de 40 ou 50 centimètres, tantôt de 60 et même de 80 centimètres. Lorsqu'on ne peut pas circuler derrière les ruches, la distance entre elles doit être plus grande, assez grande pour pouvoir les manœuvrer sans être gêné.

306. **Avantages du rucher en plein air.**— Le rucher en plein air est économique ; il permet en outre de manœuvrer à volonté les ruches et de pratiquer dessus toutes les opérations apiculturales qu'il convient de faire, notamment les essaims artificiels. Ces considérations le font adopter par les grands producteurs, quoique les ruches y exigent plus de soins et d'attention que lorsqu'elles sont placées dans un rucher couvert.

307. **Rucher couvert.**— Le rucher couvert est le plus souvent un bâtiment étroit et long. La longueur est déterminée par

(*Fig.* 77.) Rucher couvert.

le nombre de ruches qu'on veut y loger, la largeur par la dimension des ruches et par l'espace nécessaire pour pouvoir les manœuvrer. Une largeur de 1 mètre 50 centimètres est suffisante pour des ruches ordinaires en paille, et une longueur de 6 mètres permet de loger douze ruches de 35 à 45 centimètres de diamètre.

Le rucher couvert peut être à un seul étage et en avoir jusqu'à trois, mais ordinairement on ne lui en donne que deux. Le premier est à 20 centimètres au-dessus du sol si ce sol est sec, et plus haut s'il se mouille facilement; le second étage est à 95 centimètres au-dessus du premier et à égale distance de la toiture. Le mur du devant sera en pisé, en torchis ou en autres matières non impressionnables aux rayons du soleil. S'il est peu épais, on se contentera d'y pratiquer des ouvertures de 20 centimètres carrés pour le passage des abeilles; on placera alors extérieurement des planchettes de 8 à 10 centimètres, qui serviront à reposer les abeilles à leur entrée et à leur sortie de la ruche. Si le mur est épais, on y ménagera des niches à l'intérieur qui permettront aux ruches d'avancer davantage, surtout si elles sont coniques. Le devant pourra aussi être formé par un treillage en bois ou en fil de fer, sur lequel on laissera courir le lierre grimplant.

Les autres côtés du rucher peuvent être en planches, en maçonnerie ou en roseau. Mais la toiture doit être, autant que possible, en paille ou en roseau; elle doit déborder de 75 à 90 centimètres, de manière que l'eau ne vienne pas tomber sur l'entrée des ruches. On évitera l'ardoise, qui s'échauffe considérablement lorsque les rayons du soleil sont ardents. La porte d'entrée sera ménagée dans l'un des côtés latéraux, ou derrière, si l'emplacement le commande. On pratiquera une petite fenêtre dans l'autre côté latéral pour établir un courant d'air lors des fortes chaleurs.

Si l'on craint que les rats, souris, etc., pénètrent dans le rucher, on ménage, à 30 ou 40 centimètres du bas de la porte, un trou pour le passage des chats.

La disposition intérieure se composera, à chaque étage et dans le sens de la longueur du rucher, de deux poutrelles de 10 centimètres d'équarrissage parallèles et distantes l'une de l'autre de 30 centimètres. Ces poutrelles, devant servir de chantiers

pour supporter les tabliers et les ruches, seront soutenues par des montants placés toutes les trois ou quatre ruches, c'est-à-dire à une distance de 1 mètre 50 centimètres ou 2 mètres. La poutrelle qui se trouve près du mur pourra être remplacée par une tringle épaisse de 4 ou 5 centimètres, qui sera fixée contre ce mur.

On peut laisser courir une vigne sur la devanture du rucher et placer sous la toiture une glycine, dont les fleurs en grappes font un effet charmant au printemps. Si l'on adoptait la tuile pour couverture, on pourrait laisser courir un lierre dessus.

Lorsque le rucher doit être placé dans un jardin paysagesque et d'agrément, il convient de lui donner une forme rustique On emploiera alors des branches d'arbres arquées et fourchues pour la carcasse du bâtiment ; les entrées des abeilles seront ménagées en cintres ou en ogives (*fig.* 77). Le rucher du Jardin zoologique d'acclimatation au bois de Boulogne (*pl.* 6, p. 192 *bis*) peut servir de modèle. Nous ne conseillerons pas d'imiter celui du jardin du Luxembourg (*pl.* 7), construit principalement pour réunir les modèles de ruches et d'autres instruments apicoles nécessaires aux démonstrations du cours que nous y professons. C'est un monument en harmonie avec le reste du jardin.

On peut varier les formes du rucher couvert selon la situation du terrain et selon les caprices de l'amateur ; mais le simple habitant des campagnes ne doit s'arrêter qu'aux formes simples, et par conséquent économiques. Voici une disposition qui atteint ce but :

308. On enfonce dans la terre, à 1 mètre 75 centimètres ou 2 mètres d'un mur, deux poteaux de chêne ou d'autre bois résistant. Quelques perches de traverse lient ces deux poteaux entre eux et avec le mur ; on établit sur ces traverses un toit en chaume. A droite et à gauche on fixe quelques perches entre les poteaux et le mur ; on les lie par un grossier clayonnage, qu'on enduit d'un torchis d'argile ou qu'on revêt de mousse. On fait la même opération sur le devant. Des traverses reçoivent les tabliers et les ruches.

On peut encore établir un rucher couvert très-économiquement en se servant de piquets pour la carcasse et de paillassons peur la garniture des côtés et pour la toiture. Les roseaux et la paille de sorgho à balai peuvent rendre de bons services dans cette circonstance.

Il est des personnes qui suspendent leurs ruches sous la toiture des bâtiments ou les placent dans des greniers. Ces emplacements conviennent lorsque le vent ne vient pas balayer les abeilles qui sortent et qui rentrent et les jeter à terre. En général, les ruches peu élevées se trouvent mieux que celles qui le sont beaucoup, parce que les abeilles, revenant chargées et lourdes, rentrent plus facilement dans les premières que dans les secondes. Il est vrai que dans les forêts elles se logent à un endroit élevé ; mais le vent se faisant peu sentir au milieu des grands massifs d'arbres, elles peuvent rejoindre leur habitation sans encombre ; d'ailleurs, elles souffriraient davantage de l'humidité si elles se logeaient près du sol dans les forêts. Il n'en est pas de même dans les terrains semés de rochers, terrains secs qui peuvent les loger sans nuire à leurs édifices, et elles prospèrent aussi bien dans les rochers de la Provence que dans les forêts du Nord.

309. **Avantages des ruchers couverts.**—Les ruchers couverts sont plus en sûreté et exigent moins de soins et d'attention que ceux en plein air : on n'a pas avec eux la crainte que le vent ou des bestiaux renversent des ruches. Dans une localité basse et marécageuse, l'humidité se fait moins sentir dans les ruches abritées par un bâtiment que dans celles qui ne le sont pas. Certaines opérations sont plus faciles ; d'autres, il est vrai, sont plus difficiles, parce qu'on manque souvent d'espace entre les ruches. En outre, il arrive plus fréquemment dans les ruchers couverts, à entrées uniformes, que dans ceux en plein vent, que les jeunes mères qui sortent pour se faire féconder se trompent de ruche en rentrant ; elles sont sacrifiées et les colonies auxquelles elles appartiennent deviennent orphelines. Il importe, pour éviter le plus possible cet inconvénient, de varier chaque entrée des ruchers couverts.

Il faut tenir les ruchers propres, avons-nous dit, et veiller surtout aux toiles d'araignées. On n'y laissera pas séjourner de vieux rayons ni de débris de cire qui attirent la fausse-teigne. Le sol sera sarclé autant que possible autour du rucher, et si le terrain est en gazon on rasera souvent ce gazon près des ruches.

310. **Plantations autour du rucher.**— Si les ruchers ne sont pas établis dans les vergers, il est bon de planter des arbustes autour d'eux pour que les essaims s'y reposent. Les arbres que ceux-ci semblent affectionner sont les pruniers, les pommiers, les cerisiers bas, les abricotiers, les pêchers, etc.

Lorsqu'on dispose, près du rucher, de terrain pour plates-bandes, on peut garnir ces plates-bandes de fleurs que les abeilles aiment, telles que le thym, la lavande, la mélisse, la véronique, le pouillot, le réséda, etc., etc. Dans les gazons, il ne faut pas manquer de faire entrer le trèfle blanc, sur lequel les abeilles butinent depuis le mois de mai jusqu'au mois d'octobre. Si l'on dispose de carrés inoccupés, on les sèmera de mélilot jaune, de sainfoin, de bourrache, de vipérine, de navette, etc. La plupart de ces plantes sont très-rustiques.

Lorsqu'il ne se rencontre pas de petit courant d'eau près du rucher, il est bon d'y entretenir un abreuvoir. Pour cela, on prend une auge en pierre que l'on enfonce à rase terre; on l'emplit d'eau, dans laquelle on jette une poignée de cresson de fontaine et un peu de mousse. On a soin d'entretenir l'eau de cet abreuvoir, surtout au printemps et dans une grande partie de l'été. Le cresson est coupé à mesure qu'il devient trop grand.

311. **Tablier, plateau, siége ou tablette.**—Ces quatre dénominations signifient la même chose; elles désignent une table en bois ou en pierre sur laquelle repose la ruche. Le tablier ou siége est la plupart du temps en bois; mais on en fait en pierre, en plâtre et même en ardoise, dans les lieux voisins des carrières. Les meilleurs sont ceux en bois : ils sont ronds ou carrés, suivant la forme des ruches, et leur diamètre doit avoir 5 ou 6 centimètres de plus que celui des ruches. Quant à leur épaisseur, elle doit varier selon leur usage. Les tabliers des ruches qui ne voyagent pas doivent être assez épais (4 centimètres environ) pour pouvoir y pratiquer une entaille servant de sortie aux abeilles (*fig.* 51). Ceux des ruches que l'on transporte, devant être transportés eux-mêmes, sont souvent minces; dans

ce cas, ils ne peuvent être entaillés. Mais comme l'un et l'autre ont besoin d'être solides, les deux planches qui les composent (il s'agit des tabliers en bois) sont réunies au moyen de deux bons tasseaux placés en dessous, B, C (*fig.* 78), et cloués avec des pointes de Paris. Ces planches sont ou ne sont pas rainées ; elles sont polies du côté où elles reçoivent la ruche.

Quelques personnes ajoutent une sorte de menton un peu incliné du côté de l'entrée des ruches ; d'autres n'inclinent pas ce menton, qui fait partie du tablier, A. La *fig.* 78 représente le tablier à menton dont font usage des apiculteurs du Calvados qui transportent les colonies.

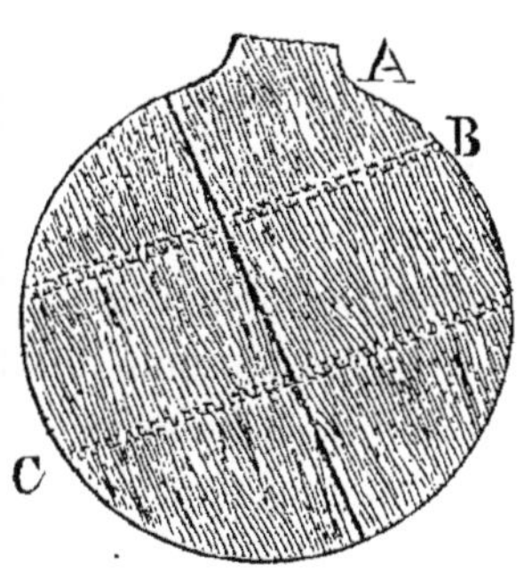

(*Fig.* 78.) Tablier circulaire.

Les plateaux entaillés présentent un avantage sur ceux qui ne le sont pas ; ils dispensent de faire une coupure dans la ruche, et, en raison de la pente de l'entaille, ils facilitent les abeilles lorsqu'elles jettent leurs ordures hors de la ruche. Ils sont en quelque sorte indispensables pour les ruches à hausses, sans quoi on est obligé de faire une coupure à chaque hausse.

Il est bon, mais cela n'est pas indispensable, de ménager une ouverture circulaire au milieu du plateau, qui sert à donner de l'air aux abeilles au moment des fortes chaleurs et à leur présenter de la nourriture à une autre époque : un bouchon de liége ou de bois ferme ordinairement ce trou.

Le plateau en pierre consiste en une pierre plate dont la grandeur est proportionnée à la ruche qu'il doit porter ; il en est de même de ceux en ardoises. Ces deux espèces de plateaux étant froids, beaucoup d'abeilles sont exposées à périr quand, à la fin de l'automne et dans les beaux jours d'hiver, elles s'y reposent.

Ceux en plâtre, peu dispendieux dans les cantons où le plâtre est commun, sont les meilleurs après ceux en bois, mais ils ne les valent pas. Il est bon d'apprendre la manière de les confectionner aux habitants des lieux où cette matière est à bas prix et où le bois est rare et cher.

312. On a un moule composé d'un morceau de planche carré ou rond, suivant la forme de la ruche ; on cloue autour une latte qui fait un rebord d'environ 4 centimètres de haut. Quand on veut faire un plateau, on répand dessus une poignée de plâtre bien fin et bien sec ; ensuite on délaye du plâtre grossier, mais nouveau et bon, et quand il est pris, on le verse dans le moule. On y enfonce aussitôt trois baguettes de 12 à 15 millimètres d'épaisseur, et de 15 à 20 centimètres de long si les plateaux sont ronds, et de 11 centimètres s'ils sont carrés ; on les place de manière qu'elles se trouvent sur les supports. On unit la partie supérieure avec une truelle, et on y laisse le tout une demi-heure en cet état. Le plâtre est alors assez consolidé pour retirer le plateau et en faire un second (*).

Si l'on désire pratiquer le passage des abeilles dans le plateau, voici comment l'on s'y prend : ou taille un morceau de bois de 20 à 22 centimètres de long et de 3 à 4 centimètres de large ; ce morceau de bois a 2 centimètres d'épaisseur à une extrémité, et se réduit insensiblement à 1 millimètre ; on le saupoudre de plâtre fin et, après avoir versé le plâtre dans le moule, on pose horizontalement cette petite pièce, la partie la plus épaisse sur le bord du plateau, et la plus mince dirigée vers le centre. On l'enfonce dans le plâtre pour la mettre de niveau avec le rebord du moule, et on égalise le plâtre avec la truelle. Il est bon de donner une couche de peinture à l'huile à ces plateaux quand ils sont secs.

Au moyen de tabliers qui ont une entaille, on peut se dispenser de portes aux ruches, en faisant ces tabliers plus longs que larges. L'entaille étant plus profonde sur le bord et se réduisant à rien dans l'intérieur de la ruche, il est évident qu'en reculant ou en avançant la ruche on réduit ou on augmente la hauteur de l'ouverture.

313. **Supports des ruches.** — Les supports sont le plus souvent des piquets enfoncés en terre, de 40 à 50 centimètres,

(*) On peut se contenter d'un cadre si l'on a une pierre plate et unie pour le poser. Un des côtés du cadre doit être mobile pour le séparer plus facilement du plateau.

sur lesquels on établit les tabliers qui reçoivent les ruches placées en plein air. On en emploie ordinairement trois, qu'on place en triangle si le tablier est rond, et quatre s'il est carré. Les tabliers doivent déborder les supports de quelques centimètres pour empêcher autant qu'il est possible les rats, les souris, etc., de monter dessus.

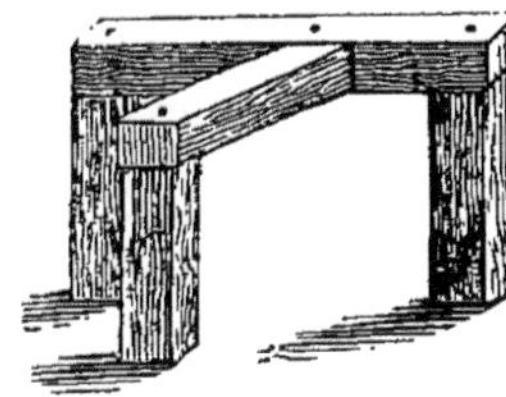

(*Fig.* 79.) Trépied-support.

Ces supports peuvent être de toutes sortes de bois ; mais on fera bien de n'employer que ceux qui se pourrissent le moins, tels que le chêne, l'acacia, etc. Pour qu'ils durent plus longtemps, il faut les carboniser ou les goudronner à la partie qu'on enfonce en terre, et peindre celle qui reste à l'air. On peut faire usage d'un trépied mobile (*fig.* 79), qui offre l'avantage de pouvoir se transporter à volonté et qui rend des services lors de l'essaimage artificiel.

Au lieu de trois piquets pour supports, on peut se servir d'un billot proprement scié, d'un dé de pierre ou d'un cône tronqué en terre cuite (*fig.* 80). Au milieu de sa hauteur en A, est ménagé un bassin que l'on emplit d'eau pour couper le passage aux fourmis et aux mulots. Mais quelquefois les abeilles s'y noient. On peut aussi établir les supports en maçonnerie Nous avons vu que des apiculteurs se contentent de trois briques ou trois cailloux plus ou moins gros; il en est même qui posent le tablier immédiatement sur le sol, et d'autres enfin qui n'emploient pas de tablier et qui établissent les ruches sur le sol (*). Nous n'a-

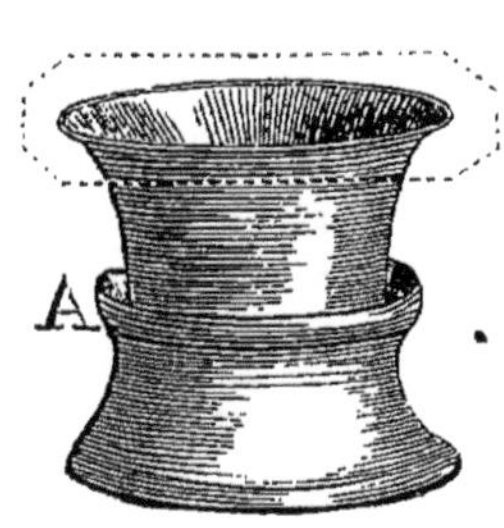

(*Fig.* 80.)
Supports en poterie.

(*) Des apiculteurs de la Sologne et de la Corrèze pratiquent un trou dans le sol, d'un diamètre un peu moins grand que celui de la ruche, et posent celle-ci dessus. Ce trou sert de hausse : les abeilles y prolongent leurs rayons lorsque les fleurs donnent beaucoup, et elles y emmagasinent du miel. Cette manière d'opérer est primitive et vicieuse.

vons pas besoin de faire remarquer combien ce dernier mode est défectueux : outre que le sol pourrit les ruches, il communique une humidité toujours préjudiciable aux abeilles, qu'on laisse, d'un autre côté, exposées à leurs nombreux ennemis.

314. **Surtouts, capuchons, paillons ou enveloppe des ruches.** — Les ruches placées en plein air doivent être rocouvertes, avons-nous déjà dit, d'un bon surtout ou enveloppe de paille dont le but est de les garantir des intempéries du temps, de conserver la chaleur des abeilles en hiver, ainsi que de les abriter des rayons du soleil en été. Ces surtouts doivent être autant que possible en paille de seigle, qui se détériore moins vite que toute autre paille ; ils doivent être assez épais pour abriter suffisamment les ruches. Souvent ils ne se composent que d'une simple botte de paille liée sans art du côté des épis ; mais il convient d'apporter des soins dans leur confection, car de ces soins dépendent leur durée et la commodité avec laquelle on peut les manœuvrer. Voici la manière ordinaire de les faire :

315. On prend une demi-botte de paille de seigle bien épluchée, qu'on lie vers les deux tiers de sa hauteur à l'aide d'une forte ficelle passée à double tour et arrêtée par un nœud coulant. On serre le plus possible en s'aidant du pied. On rabat la partie supérieure, le côté des épis, et on lie de nouveau de manière à former une tête propre à recevoir un pot à fleurs ou autre. Pour serrer plus fortement cette tête, on emploie du fil de fer recuit après avoir lié avec une ficelle. Bien serrée, la tête ne donne pas prise à l'eau et, par là, contribue à la durée du surtout.

On étend en parapluie ce surtout, qu'on place sur une ruche ; on le rogne à la partie inférieure au moyen de forts ciseaux ou d'une faucille ; si on le laisse descendre au-dessous du tablier, on a soin de rogner la paille à l'endroit de l'entrée de la ruche, de manière à laisser un passage suffisant aux abeilles (*fig.* 76) ; on le tient sur la ruche au moyen d'un cercle ou d'un fort fil de fer qu'on met par-dessus, et, pour pouvoir l'enlever à volonté, on met dessous un second fil de fer qu'on attache de distance en distance avec celui de dessus au moyen de fil de fer mince :

on a alors un surtout qui s'enlève comme une forme de pain de sucre. Lorsque la ruche est haute et que, par conséquent, le surtout est élevé, on place un double cercle de fil de fer qui le consolide davantage, *fig.* 81.

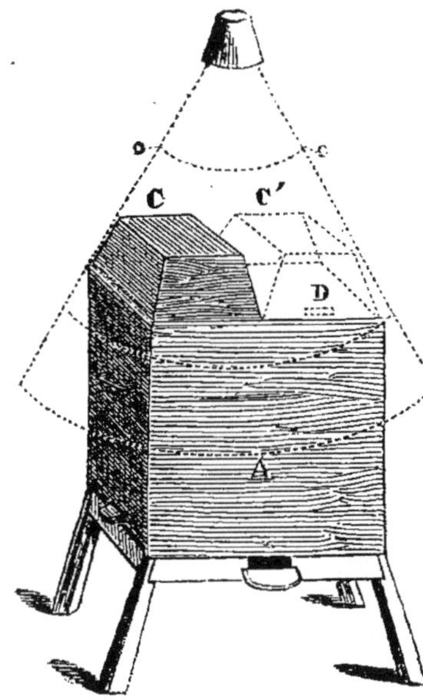

(*Fig.* 81.) Carcasse de capuchon.

Si c'est pour une ruche carrée, après avoir lié la paille à la hauteur nécessaire, on lui donne la forme carrée au moyen des doubles fils de fer placés en dessus et en dessous.

Au lieu de la forme carrée, on peut donner la forme ronde en plantant en terre trois piquets qui se réunissent au-dessus de la ruche, en les fixant en cet endroit, et en leur ajoutant deux cerceaux qui maintiendront le surtout, ainsi que cela se voit pour la ruche en bois de la *fig.* 82.

316. On peut faire des surtouts en zinc ou en bois pour les ruches carrées à dessus plat. Ces surtouts sont le plus souvent

(*Fig.* 82.) Ruches garnies de leur surtout.

des sortes de chapiteaux ou toiture qui abritent plus ou moins les ruches de la pluie, mais les garantissent généralement mal de la chaleur et du froid : mieux vaut donc adopter la paille ; on peut d'ailleurs marier la paille avec le bois. Pour les ruches carrées, on peut, par exemple, se servir de paillassons de paille pour l'enveloppe générale, et de chapiteaux en bois pour abriter le tout. Il est vrai que cette double enveloppe est plus dispendieuse ; mais, lorsqu'il s'agit d'assurer la conservation des abeilles, il ne faut pas lésiner. — On prolonge la durée de la paille en la trempant dans une solution de sulfate de cuivre ou de zinc.

(Fig. 83.) Ruche Langstroth établie en plein air.

XIIe LEÇON

TRAVAUX A EXÉCUTER PENDANT LE COURS DE L'ANNÉE (*)

Affection qu'on doit avoir pour les abeilles et moyens de se familiariser avec elles. — Causes qui les irritent. — Annonce de l'attaque et moyen de l'éviter. — Masque ou camail. — Piqûre. — Composition de l'aiguillon. — Remèdes pour atténuer les effets de l'aiguillon. — Moyen de rendre les abeilles paisibles par l'état de bruissement. — Enfumoir. — Visite générale. — Achat des colonies. — Caractères d'une bonne ruchée. — Vieille ruchée. — Ruchée dont la population a souffert de l'hiver. — Ruchée orpheline. — Ruchée dépourvue de provisions. — Ruchée dont les abeilles sont mourantes. — Ruche abandonnée. — Peuplade morte de froid. — Taille des rayons ou récolte de la cire. — Taille des ruches grasses. — Donner de la nourriture aux colonies qui en manquent pour atteindre la saison des fleurs. — Estimer le miel d'une ruche après l'hiver. — Placer de l'eau à proximité des ruches.

317 **Affection qu'on doit avoir pour les abeilles, et moyens de se familiariser avec elles.** — On peut compter, dirons-nous avec Lombard, qu'on réussira à soigner convenablement les abeilles si on y met de l'affection ; et comment ne pas s'attacher à ces insectes dont l'activité est si grande, les travaux si admirables, l'harmonie qui préside à leur organisation sociale si bien réglée, les bénéfices qu'ils procurent si

---

(*) Ces travaux doivent se modifier et varier d'époque selon le climat et la flore locale. Dans les localités, par exemple, où l'essaimage n'a lieu qu'en juillet ou en août, on ne peut surveiller la sortie des essaims naturels ni faire d'essaims artificiels en mai ou en juin.

rémunérateurs? Cependant la crainte qu'inspire leur aiguillon empêche un grand nombre de personnes de les cultiver. Il faut surmonter cette puérilité : que ceux qui ont cette crainte se couvrent bien la figure et les mains les premières fois qu'ils approcheront des abeilles; en y mettant de la douceur et du calme, ils se convaincront bientôt qu'il y a peu de circonstances où l'accoutrement soit nécessaire; plus ils approcheront de ces travailleuses vigilantes, plus ils s'y attacheront, et l'admiration dans laquelle ils seront leur procurera souvent un plaisir qui assurément est un des plus agréables de la vie champêtre.

318. Lorsqu'on approche des abeilles, il faut le faire avec calme et sans gesticuler : les mouvemements brusques et le bruit les irritent. Il ne faut pas non plus souffler dessus, car l'air que nous expirons a une odeur qui les irrite également. Si elles se posent sur nous, même sur notre figure, il faut les laisser tranquilles et attendre qu'elles s'envolent, ou bien il faut les y engager en les poussant doucement avec un objet quelconque. Si on veut les déplacer d'un groupe, on peut le faire avec la main en agissant doucement, ou avec un corps doux, tel que les barbes d'une plume. Les couleurs sombres, telles que le noir, le brun et le bleu, leur plaisent moins que les couleurs pâles : aussi, dans leur colère, elles s'attachent aux chapeaux noirs, s'enfoncent dans les cheveux, se jettent aux sourcils et sur tout ce qui est noir comme sur tout ce qui remue.

Le moyen le plus efficace de les calmer, ou plutôt de les dompter, c'est l'usage de la fumée de chiffon, de bouse de vache sèche, de foin ou d'autre corps qui en produit beaucoup. Non-seulement cette fumée les gêne, mais elle leur donne la *crainte* que leur mère pourra en être incommodée. « Je ne doute point, dit Radouan, que les abeilles ne soient susceptibles de crainte. Les coups réitérés qu'on donne sur une ruche pleine pour faire passer les abeilles dans une ruche vide le prouvent. » C'est assurément la *crainte* qui leur fait quitter celle sur laquelle on frappe pour monter dans l'autre. « En prenant la précaution de s'entourer d'une petite atmosphère de fumée, ajoute Lacène, et en agissant tranquillement et avec douceur, on se garantit des piqûres. » D'ailleurs les abeilles se familiarisent avec ce qui remue et s'accoutument avec les personnes qui les fréquentent.

« Lorsqu'on sera bien convaincu de ces vérités, dit Huber, on ne les craindra plus, et on les soignera avec plaisir; on parviendra même à les manier sans les irriter, en le faisant avec douceur. » Toutefois, les personnes timorées font bien de battre en retraite lorsque les abeilles sont trop irritées. Mais les personnes aguerries savent que les abeilles qui les poursuivent les ont plus vite quittées près des ruches qu'à une certaine distance.

319. **Causes qui irritent les abeilles.** — Nous venons de voir que les abeilles n'aiment pas les mouvements brusques devant leurs ruches. L'état de l'atmosphère et les émanations qui sortent du corps de ceux qui les approchent contribuent à les mettre en fureur et augmentent leur acharnement. Elles sont très-irritables lorsque l'air est chargé d'électricité et que le temps est chaud et à l'orage. Il fait bon aussi de ne pas les tourmenter au moment de la grande ponte, c'est-à-dire lorsqu'il y a beaucoup de couvain dans la ruche. Il est des personnes dont l'odeur déplaît singulièrement aux abeilles. Ces personnes, ainsi que celles qui sont sensibles aux piqûres, doivent se couvrir la tête d'un masque chaque fois qu'elles ont à visiter et à opérer des ruches.

320. **Annonce de l'attaque des abeilles.**— Sauf dans les cas que nous venons de voir, les abeilles n'attaquent que pour repousser une agression. Jamais elles ne pensent à le faire lorsqu'elles sont dans les champs occupées à butiner; si on les tourmente alors, elles s'éloignent. Mais il n'en est pas de même aux abords de leur ruche. On comprend qu'une abeille est irritée par le bourdonnement clair et bruyant qu'elle fait entendre en volant et en tournant autour de la personne qu'elle poursuit : ses mouvements sont rapides et vifs. Il fait bon alors de se retirer à l'ombre et de s'abriter derrière un buisson, surtout si l'attaque paraît violente; mais si elle ne le paraît pas, il suffit de baisser la tête et de rester immobile pendant une minute ou deux; l'abeille cesse souvent ses démonstrations, qui semblent n'avoir eu pour but que de vous intimider, et elle s'éloigne; mais quelquefois c'est pour revenir à la charge. Si l'irritation se com-

munique à plusieurs abeilles, il est prudent, à moins qu'on ne soit couvert d'un masque, d'abandonner le terrain et de remettre à un autre moment l'opération qu'on se proposait de faire.

321. **Masque ou camail.** — Le masque à abeilles (*fig.* 84) est une sorte de cage en toile métallique dont on se couvre la tête; une garniture en toile serrée ou en lustrine gommée y est jointe, qui, en entrant dans l'habit, enveloppe le cou, partie du corps qu'il importe le plus de garantir. Des auteurs conseillent, pour approcher des abeilles, tout un affublement complet, une sorte de fourreau qui vous enveloppe des pieds à la tête, vous donne la tournure de Carême-Prenant, et, ce qui est moins amusant, gêne vos mouvements et vous procure une chaleur insupportable. Le camail simple, comme nous venons de le décrire, et le plus léger possible suffit. Si l'on craint pour les mains, on peut user de gants en toile forte; on peut aussi enfermer le bas du pantalon dans des guêtres, si l'on craint que les abeilles se faufilent par là; on peut également passer une ceinture sur l'habit ou sur la blouse, afin de fermer toute issue; mais, la plupart du temps, ces dernières précautions sont inutiles. Il est des praticiens qui ne savent même pas ce que c'est que le masque. Je dois ajouter que certaines personnes sont peu attaquées par les abeilles, et que d'ailleurs elles sont presque insensibles aux piqûres. Il en est qui ne sont sensibles qu'à une partie du corps; ailleurs la piqûre n'a pas d'effet appréciable. Il en est enfin qui *s'accoutument* aux effets de l'aiguillon

(*Fig.* 84.) Masque ou camail.

322. **Piqûre de l'abeille.** — Avant de parler de la piqûre, il est bon de faire connaître l'appareil qui la procure. L'aiguillon (*fig.* 85) se compose de trois filets extrêmement grêles, qu'enferme une sorte de gaîne arrondie en dessus, cannelée et ouverte en dessous: deux pièces écailleuses très-déliées, garnies

chacune à leur extrémité de dix à seize dentelures invisibles à l'œil nu, complètent cet appareil, vers la base duquel existe une ampoule vénifère (13). Quand l'insecte veut employer son aiguillon, les pièces du fourreau s'écartent, après avoir servi de point d'appui aux efforts qu'il a faits pour l'enfoncer, et les dentelures que l'on aperçoit au bout de cet aiguillon s'opposent souvent à ce qu'il puisse en être retiré. Aussi l'abeille le laisse-t-elle la plupart du temps avec les organes qui l'accompagnent, ce qui lui procure la mort au bout de peu de temps.

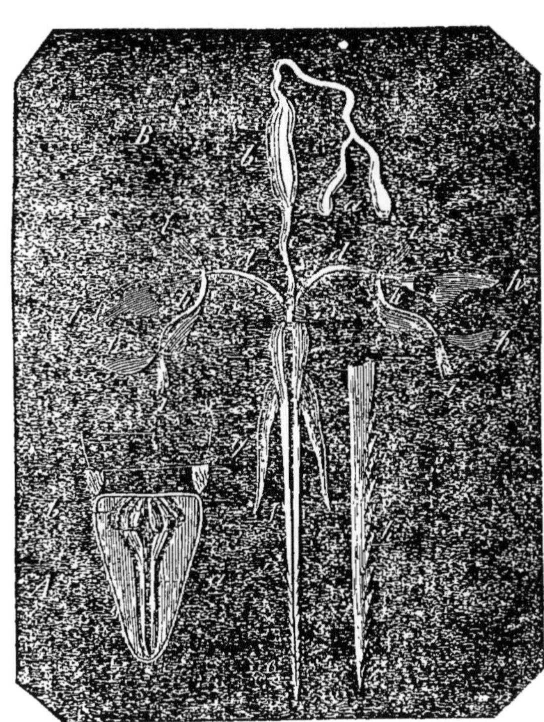

(*Fig.* 85.) Aiguillon (*).

323. Quoique séparé du corps de l'abeille, l'aiguillon conserve

(*) A, extrémité de l'abdomen avec l'aiguillon rétracté : *a*, aiguillon dans son fourreau ; *b*, sa base composée de cartilages et de muscles. — B, appareil développé : *a*, glandes venimeuses ; *b*, réservoir du venin ; *c*, son canal excréteur : *d*, *d*, racines des dards composant l'aiguillon ; *e*, les deux dards appliqués l'un contre l'autre ; *f*, gaine de l'aiguillon, ouverte en-dessus ; *g*, appendices écailleux formant ensemble une pièce fourchue ; *h*, *h*, huit pièces cartilagineuses qui soutiennent les racines des dards et les fixent à l'abdomen ; *i*, *i*, muscles protracteurs et rétracteurs de ces pièces ; *k*, extrémité d'un dard très-grossie, pour montrer sa pointe et les denticules inclinées de son bord extérieur.

pendant un temps assez long un mouvement qui paraît lui être propre et qui tend toujours à s'enfoncer plus avant dans les chairs; si on le pose sur une partie quelconque de la main, par exemple, il s'enfonce de lui-même et fait une blessure comme s'il tenait encore à l'abeille, et cette blessure est d'autant plus forte qu'il reste plus longtemps dans la plaie. Aussi doit-on l'arracher promptement, en ayant soin de ne pas presser la vessie qui renferme le venin, ce que l'on parvient à faire en grattant lestement la place piquée avec l'ongle.

324. **Remède pour atténuer les effets de la piqûre.** — Aussitôt que l'aiguillon est sorti de la plaie, il faut la sucer si cela est possible, ou la frotter fortement avec une plante aromatique, telle que l'absinthe, le persil, la menthe, etc., la bassiner d'eau fraîche ou mieux d'alcool ou d'alcali volatil (ammoniaque), ou encore de laudanum. A défaut de ces liquides, il faut prendre le premier venu. Il est des personnes qui se trouvent bien de l'huile, du miel, de la chaux éteinte, etc.; mais il faut avouer que souvent ces remèdes ne font que calmer un peu la douleur, et s'ils paraissent efficaces pour quelques personnes ils ne le sont pas pour d'autres. Lombard conseille, lorsqu'on a reçu un grand nombre de piqûres, de recourir à l'eau froide, d'en tenir couverte la partie piquée : « l'eau froide, dit-il, atténue les douleurs et l'enflure. » L'alcool nous paraît préférable; nous avons eu occasion de l'employer pour un grand nombre de piqûres reçues à la tête, et l'accident n'a pas été ce qu'il aurait pu être sans le secours de ce remède.

L'acide phénique est donné comme remède très-efficace pour enlever la douleur et pour empêcher l'enflure. On n'a qu'à poser une gouttelette de cet acide sur la plaie, qui est à l'instant cautérisée. Il faut en employer peu, car il y aurait brûlure cuisante. (L'acide phénique Arnaud se vend 3 francs le petit flacon, et se trouve dans toutes les bonnes pharmacies.)

Lorsque des animaux domestiques ont été piqués, il faut les bouchonner fortement avec une poignée de paille pour arracher les aiguillons; frictionner les parties piquées avec de l'alcali ou de l'alcool, et, à défaut, avec de l'eau froide; on peut les couvrir d'une couverture mouillée et les inonder d'eau froide pendant un moment et à plusieurs reprises. On a vu des bestiaux se débarrasser des abeilles en se jetant à la nage : si l'on est à portée de quelque pièce d'eau, on doit promptement y faire plonger les animaux qui sont poursuivis par des abeilles.

325. **Moyen de rendre les abeilles paisibles par l'état de bruissement.** — Nous avons vu (318) que les abeilles sont susceptibles de crainte, moins pour elles que pour leur mère, qu'elles couvrent de leur corps et ne quittent que lorsque le danger est passé. Si donc on leur projette de la fumée, elles en sont fortement incommodées et cherchent à l'éviter en s'éloignant. Si on prolonge cette fumée, on les entend bientôt battre des ailes d'une manière toute particulière : elles sont en *état de bruissement*. Après avoir couru sur les rayons, elles se sont groupées autour de la mère, et toutes celles qui sont restées sur le groupe et sur les rayons se sont élevées sur leurs pattes de derrière, ont redressé leur abdomen et ont fait entendre ce battement d'ailes général qui annonce l'état de bruissement. A ce moment, c'est-à-dire dans cet état, on peut faire des abeilles à peu près ce que l'on veut : tailler les rayons, extraire du couvain ou du miel sans qu'une seule abeille s'échappe. Si quelques-unes gênent l'opérateur, celui-ci peut les pousser plus loin avec une barbe de plume ou avec les doigts On a soin d'entretenir un peu de fumée pour maintenir les abeilles dans le même état, qu'il ne faut cependant pas prolonger trop, vu qu'il finit par les fatiguer ; il les asphyxierait même si l'on continuait de leur projeter abondamment de la fumée, surtout pour peu que cette fumée fût âcre (379). Mais lorsqu'on se propose seulement de les apaiser et de prévenir leur colère, on se contente de les mettre, pendant une demi-minute environ, en contact avec la fumée, et de réitérer cette opération si, après un moment de calme, elles s'émeuvent et menacent de se fâcher. On se sert de différents appareils pour projeter de la fumée aux abeilles ; souvent on fait usage d'un enfumoir spécial : on en façonne de plusieurs sortes.

326. **Fumigateurs. Enfumoir à soufflet.** — L'enfumoir à soufflet se compose d'un cylindre en tôle (*fig.* 86, 86 *bis*),

ayant une porte à coulisse et deux douilles à ses extrémités. On le fait plus ou moins grand, selon le nombre de ruches qu'on a à manœuvrer. Pour compléter l'enfumoir, on y adapte un soufflet de cuisine, le premier venu, et l'on a l'appareil complet, qui est commode lorsqu'on n'a à enfumer que quelques ruches, ou

(*Fig.* 86.) Enfumoir à soufflet.

(*Fig.* 86 *bis.*)

bien lorsqu'on est deux pour opérer. Mais il n'est pas commode lorsqu'on est seul et que l'on a, par exemple, une ruche sur les bras, dont il faut enfumer les abeilles. Dans ce cas, cet enfumoir ne saurait convenir; on fait alors usage d'une sorte de cassolette à manche (*fig.* 89) dans laquelle on jette des charbons ardents et, dessus, de la bouse de vache sèche; ou bien encore on se sert tout simplement d'un tapon de vieux linge arrangé en andouille ou en poupée (*fig.* 87), qu'on porte avec soi et qu'on pose à terre lorsqu'on a à manœuvrer une ruche.

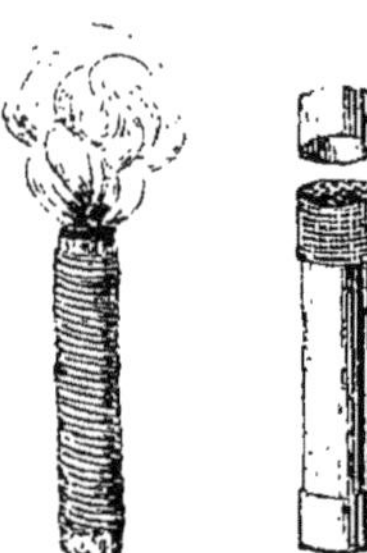

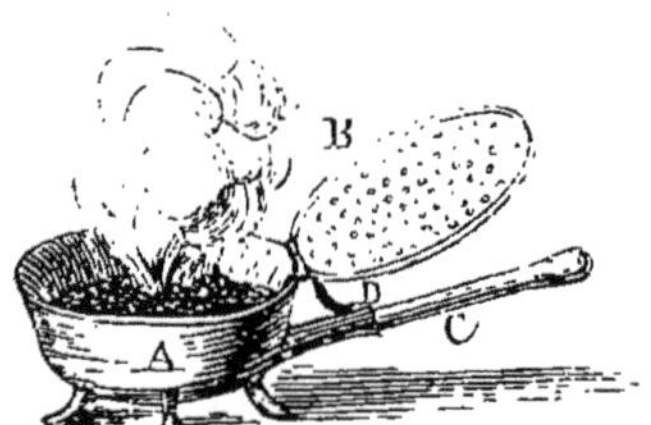

(*Fig.* 87.) (*Fig.* 88.) (*Fig.* 89.) (*Fig.* 90.)
Fumigateurs divers.

Des apiculteurs logent cette poupée dans un tube en fer-blanc ayant un fond fixe et un mobile, sur lequel sont ménagés de petits trous (*fig.* 88). La *fig.* 90 représente un fumigateur d'un bon usage pour les asphyxies momentanées. Cet appareil se compose d'une lanterne A, dont le couvercle mobile et à charnière, C, a un menton, D, qui en permet l'ouverture et la fermeture sans qu'on se brûle. La partie inférieure a un fourneau grillagé qui reçoit la matière fumante.

327. **Servante.** — Les apiculteurs qui taillent les ruches au rucher et qui pratiquent d'autres opérations sans chasser préalablement les abeilles font usage d'une sorte de tréteau, propre à recevoir les ruches renversées, qu'ils appellent *servante*. Cette servante tient la ruche à leur portée et leur donne toute facilité pour projeter de la fumée aux abeilles et pour les opérer.

328. **Visite générale.** — Nous passons aux soins pratiques à donner dans le cours de l'année apicole, que nous ferons commencer à la fin de l'hiver. A cette époque, nous avons à faire une visite générale de nos colonies, et à en acheter si nous n'en possédons pas encore. Dans la visite générale, que nous faisons par une belle matinée, nous pesons les ruches à la main ou à la romaine ; nous nettoyons les tabliers, nous en enlevons toutes les ordures ; nous réparons les surtouts s'il en est besoin, et repourgetons le bas des ruches. On doit souvent visiter les ruches, mais il ne faut pas trop y toucher, surtout dans la saison froide ; on ne doit le faire que dans les cas indispensables et agir avec précaution. On a remarqué que les ruchées souvent dérangées et tourmentées prospèrent moins que celles qu'on laisse tranquilles, c'est-à-dire qu'on ne tourmente pas inutilement. Aussi nous n'aimons pas ces officieux qui, à propos de botte et pour nous montrer leur science, viennent retourner nos ruches, frapper dessus ou souffler dedans pour s'enquérir de la vigueur de nos abeilles.

329, **Achat des colonies.** — On achète et, par conséquent, on vend des colonies à trois époques principales : au sortir de l'hiver, au moment de l'essaimage et en arrière-saison. Après l'hiver on paye un peu plus cher, mais on est plus certain de ce qu'on achète : on n'a plus à redouter le temps froid, pendant lequel des mères abeilles peuvent mourir. Au moment de l'essaimage on court le plus de chances, car on achète des colonies qui n'ont rien, des *essaims à la branche* que l'on paye peu cher, mais qui peuvent être bons si la saison est favorable, et mauvais si elle ne l'est pas. En arrière-saison on est assuré du poids.

N'achetez jamais d'essaims au moment de l'essaimage, dit le *Guide* de M. Collin : c'est un marché aléatoire où l'acheteur est plus souvent dupe que le vendeur. Mais il est des possesseurs d'abeilles qui ne veulent vendre que des essaims à la branche : c'est à prendre ou à laisser. D'ailleurs, les prix en sont très-doux ; la plupart du temps les primaires ne coûtent que de 6 à 10 fr. Il recommande aussi à l'acheteur de se réserver la faculté de choisir dans le rucher du vendeur. Mais celui-ci n'accède presque jamais à cette condition, et il faut prendre ou refuser ce qu'il offre : c'est la loi commune du commerce. Si l'acheteur est au courant de son affaire, il connaît la valeur de ce qu'on veut lui vendre ; s'il est novice, il doit s'en rapporter à un vendeur de confiance. Ajoutons que le prix des essaims, comme celui des colonies mères, varie beaucoup selon les localités. Les bonnes colonies à garder (*) se payent, depuis quelques années, 18 fr. pièce par les apiculteurs du Gâtinais. En 1861, ce prix a presque doublé. Aux environs de Paris, dans une partie de la Picardie et de la Normandie, le cours moyen est de 14 à 15 fr. En Champagne et en Bourgogne de 15 à 16 fr. Dans le Berri et le Centre de 12 à 14 fr. En Bretagne de 10 à 12 fr. Dans quelques cantons du Midi de 8 à 10 fr., le tout en bonnes colonies prises en nombre à l'arrière-saison ou au sortir de l'hiver. En petit nombre, de bonnes ruchées se payent parfois 4 ou 6 fr. de plus.

330. **Caractères d'une bonne ruchée** (**). — Dans la seconde moitié du mois de mars (un mois plus tôt dans le Midi), profitez du premier beau jour pour faire l'inventaire de votre

---

(*) Poids moyen avant l'hiver de 20 à 22 kil., ruche de petit bois pesant 5 kil. environ ; en février ou mars, de 14 à 16 kil.

(**) Les sept paragraphes qu'on va lire sont empruntés à l'excellent *Guide du propriétaire d'abeilles* de M. Collin. Nous n'aurions rien su dicter de plus clair et de plus pratique.

rucher. Soufflez légèrement de la fumée dans la première ruche que vous voulez examiner; puis, avec un couteau à miel (369) ou un couteau ordinaire, mais solide, vous la décollez. La ruche enlevée est placée à terre ou sur la *servante*, sens dessus dessous; on commence par râcler et brosser fortement le plateau, que l'on remet aussitôt à sa place : cela fait, on s'occupe de la ruche. Après avoir écarté les abeilles avec la fumée, on coupe tous les gâteaux moisis. D'un seul coup d'œil le praticien se rend compte des provisions et de la population : deux choses essentielles pour la prospérité future de la ruche. Il ne s'en tient pas là : cette ruche, quoique bien peuplée, bien approvisionnée, pourrait encore tromper ses espérances si l'abeille mère était morte pendant l'hiver. Pour s'assurer que ce malheur, qui est rare, n'existe pas, il écarte avec la fumée les abeilles groupées dans le centre, il examine attentivement les gâteaux; s'il y voit du couvain, la ruche est dans un état très-satisfaisant, elle a une mère, une forte population, des gâteaux jaunes plutôt que noirs, et des provisions grandement assurées jusqu'au 1er mai. Content de cette visite domiciliaire, il replace la ruche sur son plateau et ne s'en inquiète plus jusqu'à la saison des essaims. Seulement, le soir du même jour ou le lendemain, il fera bien de calfeutrer le joint entre le plateau et la ruche.

331. **Vieille ruchée.**— Après cette revue, qui n'exige que cinq minutes, on passe à une seconde ruche. Celle-ci, comme la première, a une forte population, ses provisions sont suffisantes, elle a du couvain; mais les gâteaux sont noirs; les alvéoles, berceau du couvain, se trouvent durcis et en même temps rétrécis par une couche de pellicules stratifiées, que les abeilles, en prenant naissance, y ont déposées. Cette ruchée pourra vivre encore quelques années, mais elle ne prospérera plus : ces alvéoles à parois épaisses nuisent au développement du couvain; les mouches, pendant l'hiver, sont mal à l'aise entre ces gâteaux, qu'elles ont peine à échauffer et qui s'imprégnent d'humidité. Que faire dans ce cas? Si la ruche est à hausses, il faut sans hésiter supprimer la hausse du bas, dans le cas cependant où il y en aurait plus de deux. Nous verrons comment il faudra conduire cette ruche en mai.

Si, au contraire, il s'agit d'une ruche commune, vous aurez deux partis à prendre : ou la laisser telle qu'elle est, ne toucher qu'aux rayons moisis, sauf au mois de juillet à tout enlever, miel et cire, et à réunir la population à une autre population ; ou la rajeunir, et, à cette fin, couper tous les rayons horizontalement à une profondeur de 10 à 12 centimètres, même plus, si toutefois le couvain ne s'y oppose pas. Le travail terminé, et avant de passer à une autre ruche, rassemblez tous les gâteaux que vous venez d'extraire et transportez-les à la maison, de crainte que l'odeur du miel et de la cire n'excite les abeilles à s'inquiéter entre elles et à se piller. Vous vous trouverez bien de cette précaution.

Observation. — Par vieille ruchée il faut entendre celle dont les gâteaux existent depuis cinq ou six ans au moins ; un essaim de l'année précédente aura une cire d'un jaune clair dans la partie occupée par les abeilles, et d'un blanc sale dans les autres parties ; à deux ans, la cire sera d'un jaune plus foncé ; à trois ans, elle brunira et deviendra presque noire ; enfin, à six ans, les rayons du centre seront entièrement noirs. On aura de la peine à les froisser entre les doigts, on les déchirera plutôt qu'on ne les coupera, car les pellicules qui en tapissent les alvéoles s'opposent à l'action du couteau. En outre, ils sont beaucoup plus lourds que ceux d'une date plus récente ; avec un peu d'habitude et d'expérience, on peut, sans peine, faire cette distinction (*).

332. **Ruchée dont la population a souffert de l'hiver.** — Passons à une troisième ruche. Celle-ci nous présente un triste spectacle : les parois intérieures sont humides ; les rayons eux-mêmes le sont également ; une population affaiblie occupe à peine quelques gâteaux ; peut-être même les rayons latéraux sont remplis d'abeilles mortes ; du reste, elle a suffisamment de vivres. La seule chose à faire pour le moment, c'est d'enlever les rayons vides, de ne laisser que ceux habités par

(*) Les gâteaux des ruches exposées au soleil noircissent et vieillissent plus vite que ceux des ruches qui en sont abritées et dont les parois sont épaisses.

les abeilles ou contenant du miel. La citadelle, ainsi restreinte, deviendra plus facile à défendre contre l'invasion de la fausse teigne. Mais, comme la fausse teigne n'est à craindre qu'à partir du mois de mai, on peut, à la rigueur, attendre cette époque pour supprimer le superflu des appartements. Quoi qu'il en soit, replacez et n'oubliez pas le soir de calfeutrer.

Si cette ruche est un essaim de l'année précédente, elle peut encore, toute faible qu'elle est, donner un bon panier; mais, autrement, c'est une ruchée perdue dont on ne peut tirer parti qu'en la réunissant à une autre. Oublions-la pour le moment; nous y reviendrons plus tard, nous lui ferons une seconde visite. En attendant, elle est signalée comme une non-valeur.

333. **Ruchée orpheline.** — La quatrième ruchée que nous avons à explorer est passablement fournie de miel et d'abeilles; mais nous cherchons en vain à découvrir quelques traces de couvain. Écartons bien les mouches pour pénétrer au fond des gâteaux et découvrir quelque chose qui nous rassure, car le couvain est un indice certain de la présence de l'abeille mère : rien ne vient accuser cette présence. Malgré les justes inquiétudes que doit nous inspirer l'état de cette ruchée, ne la condamnons pas sans de nouveaux renseignements; marquons-la comme la précédente du signe des suspectes : elle est fortement soupçonnée d'être orpheline, c'est-à-dire de manquer de mère. C'est ce dont nous nous assurerons sous peu.

On peut estimer de trois à quatre pour cent le nombre des paniers qui perdent leur mère en hiver.

334. **Ruchée dépouvue de provisions.** — Nous arrivons à la cinquième ruche : elle est bien légère, point ou presque pas de miel; enfin il faut la nourrir si on ne veut pas la perdre. Elle est passablement peuplée; c'est une colonie laborieuse qui vous demande à lui faire des avances; elle vous les rendra plus tard avec de gros intérêts; vos prêts vous enrichiront. Elle ne vous demande que son pain quotitien : donnez-lui quelque chose de mieux, prévenez ses besoins; donnez-lui en abondance, elle n'abusera pas de vos dons; il ne lui manque pour prospérer qu'un peu de miel : hâtez-vous de le lui donner.

Notez cette ruche et toutes celles qui sont dans le même cas : replacez-la sur le plateau sans la calfeutrer.

335. **Ruchée dont les abeilles sont mourantes.** — Une sixième ruche se présente à notre examen : au dedans, au dehors, il n'y a ni bruit ni mouvement; aucune abeille n'en sort, aucune n'y rentre ; soulevez cette ruche, les habitants sont morts ou paraissent l'être. Les unes sont tombées sur le plateau; les autres aussi sans mouvement, sont retenues entre les rayons; quelques-unes peut-être donnent encore signe de vie : hâtez-vous de leur venir en aide. Si leurs formes extérieures ne vous paraissent pas altérées, si la trompe se trouve repliée sous les mandibules, si l'abdomen n'est pas raccourci et comme replié sur lui-même, les abeilles ne sont qu'engourdies par le froid et la faim. Le principe de la vie existe encore : il ne faut que les ranimer par l'action simultanée de la chaleur et de la nourriture. Il ne vous restera aucun doute si, réunissant dans le creux de la main et réchauffant au souffle de votre haleine une vingtaine de vos abeilles, vous les voyez quelques minutes après remuer faiblement leurs pattes ou leurs antennes. Jetez aussitôt dans la ruche les abeilles tombées sur le plateau; enveloppez-la d'une serviette pour les retenir prisonnières et portez-la dans une chambre bien chaude, auprès d'un feu modéré. Quand les abeilles commencent à se réveiller, la ruche étant placée sens dessus dessous, on répand sur la serviette qui l'enveloppe deux ou trois cuillerées de miel liquide. Les abeilles viennent sucer à travers le tissu; bientôt des milliers de trompes s'empressent de recueillir la manne du désert. On peut leur distribuer ainsi, et par intervalle, de 100 à 200 grammes de miel. Le soir du même jour, le panier sera porté au rucher, sur son plateau et dans sa position ordinaire; mais toujours enveloppé de la serviette; une petite cale le tiendra soulevé au-dessus du plateau pour la circulation de l'air. Le froid de la nuit fera remonter les abeilles dans les gâteaux, et le matin, après avoir enfumé à travers la serviette, on enlèvera celle-ci sans difficulté. J'ai sauvé de la sorte nombre de paniers. N'espérez pas toutefois rappeler à la vie toute la population; soyez heureux si vous en sauvez la moitié ou les deux tiers. Lorsque l'engourdissement ne date

que d'un jour, le chiffre des morts se réduit à peu de chose. Plusieurs ruches ainsi ravivées ont donné des essaims la même année, ou des produits qui ont payé les avances faites.

336. **Ruche abandonnée.** — Voici une autre ruche qui va vous intriguer : il y a du miel, mais la maison est déserte; on trouve seulement quelques centaines d'abeilles étendues sans vie sur le plateau. Pourquoi cette solitude? A quelle cause l'attribuer? C'est tout simplement une ruche qui s'est trouvée orpheline à l'automne; alors les abeilles ou l'ont abandonnée, ou, se trouvant en trop petit nombre pour maintenir une température convenable, sont mortes pendant les froids de l'hiver. On peut donner le miel qu'elle renferme à d'autres ruches nécessiteuses; et, si aucune n'est dans le besoin et que le miel en vaille la peine, après avoir retranché toutes les portions de gâteaux altérés, on porte cette ruche à la cave, afin de la conserver à l'abri de la fausse teigne jusqu'à ce qu'on ait un essaim à y loger.

337. **Peuplade morte de froid.** — Les sept paniers que nous venons de passer en revue représentent tous les cas, toutes les circonstances que l'on peut rencontrer dans un rucher au printemps; il sera facile à chacun de comparer et de juger. Aux sept tableaux que je viens d'exposer on pourrait en ajouter un huitième. L'hiver de 1829 à 1830 a été très-long et très-rigoureux; beaucoup de ruches, même très-lourdes, ont été dépeuplées par le froid et la faim. Voici comment : les abeilles, après avoir consommé tout le miel contenu dans les rayons qu'elles occupaient, se sont trouvées dans l'impossibilité, à cause de la violence et de la durée du froid, d'aller occuper ceux qui étaient remplis de miel. Ainsi, au centre de la ruche, pas une goutte de miel; les abeilles y étaient mortes dans les alvéoles et entre les gâteaux vides, tandis que pas une seule mouche ne se trouvait dans ceux de côté, qui étaient remplis de miel. Pour la ruche dont il s'agit au paragraphe 332, on devra attribuer la perte d'une bonne partie de sa population, tantôt à la cause que je viens d'indiquer, tantôt à la vétusté des rayons.

338. **Taille des rayons ou récolte de la cire au sortir de l'hiver.** — A la fin de février pour le Midi, en

mars et même en avril pour le Nord, il faut tailler la partie inférieure des ruches vulgaires dont les rayons ont vieilli, ont été attaqués de moisissure ou rongés par la teigne, les souris, etc. On se sert pour cela d'un couteau à lame recourbée, B (*fig.* 101). Après avoir projeté un peu de fumée aux abeilles, on renverse sens dessus dessous la ruche, que l'on place sur une servante ou sur un simple tabouret dépaillé; on projette de nouveau de la fumée aux abeilles afin de les éloigner des parties de rayons que l'on veut retrancher, puis on opère (V. *pl.* 8). Après l'opération, on replace la ruche sur son tablier et on la pourgette si elle laisse prise au vent.

Pour les ruches à hausses, il faut retrancher la hausse inférieure de celles qui sont composées de trois parties au moins, si la cire de cette hausse demande à être renouvelée. On ne replacera une hausse vide que vers la fin d'avril ou le commencement de mai, et on la mettra sur la ruche si les parties sont uniformes, et si l'on tient à récolter un peu plus tard une hausse de miel de choix. Les ruches à calotte se taillent comme les ruches en une pièce.

Il est des apiculteurs qui font une récolte de cire sur toutes les ruches mères, sur lesquelles ils enlèvent près du tiers des rayons. Cette pratique n'est pas toujours rationnelle, tant s'en faut : elle est plus préjudiciable qu'avantageuse aux ruches dont la cire est propre et en bon état; elle met à découvert les abeilles lorsque surviennent les froids d'avril, et retarde souvent l'essaimage.

Il ne faut pas oublier que c'est avec le miel qu'est produite la cire, et que les abeilles ont besoin d'absorber une quantité notable de ce suc pour reconstruire les édifices qu'on leur a enlevés (88). Or, toutes celles qui s'occupent de transformer ce miel et de rebâtir les rayons ne peuvent pas s'occuper de l'éducation du couvain ni de la récolte des produits; en outre, le miel absorbé est autant d'enlevé aux approvisionnements, qui ne sont plus bien forts à cette époque.

339. **Taille des ruches grasses et enlèvement des calottes qui n'ont pas été récoltées avant l'hiver.** — On doit, au sortir de l'hiver, tailler les ruches grasses qui ne

l'ont pas été auparavant : il s'agit de colonies logées dans des ruches en une pièce. Faite avec circonspection, cette taille donne de bons résultats : elle procure aux abeilles de l'espace pour bâtir des berceaux au couvain et renouvelle la cire. Il faut enlever les rayons de côté des ruches qui permettent de le faire, procéder par la partie supérieure des ruches hautes, et par la partie postérieure des ruches longues. Cette opération se fait comme la précédente, c'est-à-dire au moyen de la fumée (368). Il faut également récolter les calottes pleines des ruches dont la partie inférieure contient des approvisionnements suffisants pour attendre la saison des fleurs. Ces calottes ne seront remplacées qu'au moment de la production du miel, immédiatement après la sortie du premier essaim, ou une quinzaine de jours avant l'essaimage si l'on tient moins aux essaims qu'au miel. On procédera de même à l'égard des ruches à hausses.

340. **Scier et couper les ruches vulgaires.** — C'est aussi au commencement du printemps, au moment où l'on fait la taille des rayons défectueux, qu'il convient de scier les ruches vulgaires pour en faire des ruches à divisions (240 *bis*), ou pour en placer la partie supérieure, celle qui renferme les abeilles et les approvisionnements, sur une ruche modifiée qu'on veut adopter. On commence par mettre les abeilles en état de bruissement; l'opération est ensuite beaucoup plus facile qu'elle ne le paraît (*).

341. **Donner de la nourriture aux colonies qui en manquent.** — C'est d'une sage économie de ne pas épargner la nourriture en mars et en avril aux ruches légères, c'est-à-dire aux colonies qui en manquent. Moyennant 1 ou 2 kilogr. de miel, on sauve des colonies qui, la plupart du temps, produisent, deux ou trois mois plus tard, 10 ou 15 fr. de bénéfice à leur propriétaire. Il faut à cette époque présenter une nourriture substantielle, telle que du bon miel en rayons ou fondu, du sirop de sucre ou de cassonade contenant peu d'eau. Ce der-

(*) Voir *Guide* Collin, p. 221 et 222. Voir aussi les figures de la p. 183 de l'*Apiculteur*, 3e année.

nier surtout échauffe et stimule les abeilles d'une manière remarquable. Ne mettez dans ces sirops aucune liqueur alcoolique, qui ne convient aucunement aux abeilles, quoiqu'on ait dit le contraire. Si le temps n'est pas froid, c'est le soir qu'il faut placer la nourriture sous la ruche, soit dans un vase plat, soit dans un rayon vide. Mais s'il est froid, il faut rentrer les ruches à nourrir dans une pièce saine et dont la température soit au moins modérée; autrement les abeilles ne descendraient pas pour prendre cette nourriture, et si l'endroit n'était pas sain elles attraperaient la dyssentrie. Lorsqu'on rentre les ruches, on peut leur présenter la nourriture pendant le jour; mais, dans ce cas, il faut avoir soin de boucher les issues, afin que les abeilles ne puissent sortir. Après leur avoir administré un demi-kilogr. ou un kilogr. de miel, en une fois si la colonie est forte, et en deux ou trois fois si elle est faible, on les replacera au rucher, quitte à recommercer sept ou huit jours après la même opération. Lorsque les rayons n'arrivent pas jusqu'à la partie inférieure des ruches il faut, au moyen de cales, exhausser le vase qui contient la nourriture, de manière qu'il arrive près des rayons et permette aux abeilles l'enlèvement de cette nourriture sans grand déplacement. Ce déplacement est la cause d'une déperdition assez sensible. C'est ainsi qu'un kilogr. de miel donné aux abeilles dans une saison froide ne leur vaut pas 8 hectogr. emmagasinés dans leurs rayons. Cela se comprend d'ailleurs : le déplacement des abeilles fait perdre une certaine quantité de chaleur à l'endroit qu'elles occupent, chaleur qui ne sera retrouvée qu'aux dépens du miel absorbé pour la produire.

Avec les ruches qui ont une issue par le haut on peut, en toute saison, donner de la nourriture aux abeilles en évitant les inconvénients que présentent les autres modes. On prend un pot d'un kilogramme environ qu'on emplit de miel liquide ou d'autre matière sucrée à consistance de sirop; on le recouvre d'une toile ni trop claire ni trop serrée (la toile à faire des torchons convient, ainsi que le vieux linge des chemises en toile, drap, etc.), qu'on attache à l'aide d'une ficelle. On place ce pot renversé au haut de la ruche à alimenter, ainsi que cela est indiqué dans la figure 91. L'orifice de la ruche doit être moins grand, bien entendu, que le diamètre du pot. Mais plus l'orifice de la ruche est grand, plus les abeilles se trouvent à leur aise pour mordre au râtelier. Il faut avoir soin, pendant les froids vifs, d'envelopper le pot d'un linge, de mousse ou de foin, afin que la nourriture conserve une température douce et ne granule pas. On couvre la ruche de son surtout et l'on ne s'en occupe plus autrement que pour enlever ou pour changer le pot quand il est vide. On peut pratiquer une issue aux ruches coniques qui n'en ont pas en sciant la partie supérieure si elles sont en petit bois, et en s'aidant de la lame d'un couteau si elles sont en paille (340).

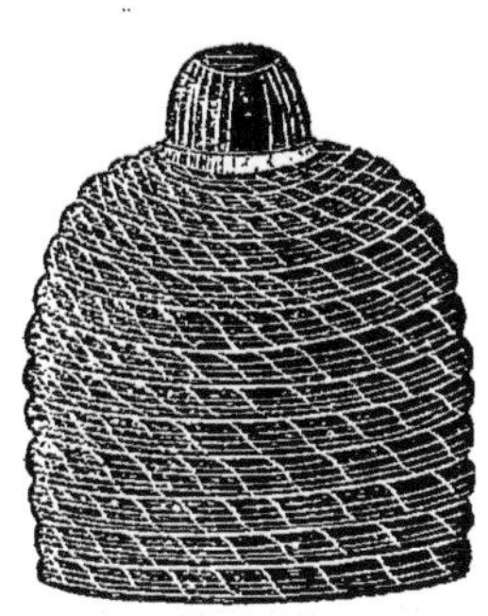

(*Fig.* 91.)
Ruche nourrie par le haut.

342. **Estimer le miel d'une ruche en mars ou avril.** — Connaissant le poids du panier vide, cette estimation peut se faire très-approximativement, en ajoutant à cette époque un kilogramme pour les abeilles, un ou deux pour la cire, suivant que la ruche est plus ou moins grande, ou la cire plus ou moins vieille. Si l'éducation du couvain est commencée, on devra noter un poids quelconque pour ce couvain et le pollen, tant nouveau que vieux, que peut contenir la ruche.

Voici deux estimations à consulter. Ce sont deux ruchées, l'une jeune et l'autre vieille, pesées en mars, c'est-à-dire à l'époque où l'éducation du couvain de l'année commence à peine.

Essaim de l'année précédente.

Poids brut........			8 k.	300 gr.
Ruche vide........	3 k.	» gr.		
Abeilles...........	1	»	5	»
Gâteaux et pollen...	»	700		
Couvain, environ...	»	300		
Reste, miel....................			3	300

Ruche à vieux gâteaux.

Poids brut.....................			8 k. 300 gr.
Ruche vide........	3 k.	» gr.	
Abeilles...........	1	»	5 800
Gâteaux et pollen...	1	500	
Couvain, environ...	»	300	
Reste, miel....................			2 500

Les paniers dont il est ici question jaugent 18 litres environ ; mais s'ils sont plus grands, fait remarquer l'auteur de ces appréciations (M. Collin), on doit augmenter proportionnellement le poids des gâteaux. En réalité, il n'y a pas plus de cire dans la vieille ruche que dans l'essaim, quoique le poids en soit bien différent. Les cellules qui ont servi longtemps de berceau aux abeilles sont tapissées d'une couche épaisse de pellicules que chaque nymphe y a déposées; ces vieilles cellules peuvent encore renfermer du pollen durci par les années : c'est ce qui rend les vieux gâteaux plus lourds que les nouveaux. Aussi, pour les vieilles ruches, recommanderons-nous d'élever le poids des déchets et de s'exposer à donner plutôt un kilogramme de nourriture en plus qu'un kilogramme en moins.

Il est bon de faire remarquer que le poids d'un kilogramme d'abeilles, au commencement du printemps, suppose une bonne population. Il en existe de plus fortes; mais on en voit aussi bon nombre d'inférieures, qui seront souvent doublées et triplées six semaines plus tard, si le miel ne manque pas dans l'intérieur et si les abeilles peuvent aller recueillir le pollen abondant des premières fleurs.

343. **Placer de l'eau à proximité des ruches.** — L'eau est indispensable aux abeilles, qui en ont besoin pour préparer la bouillie alimentaire de leur couvain. Il convient donc d'en placer à proximité du rucher lorsqu'il ne s'en trouve pas dans le voisinage, et lorsque celle qui s'y trouve est dans des mares publiques ou dans des étangs éventés, où bon nombre d'abeilles se noient. Pour cela on établit à la surface du sol un ou plusieurs bacs en pierre que l'on entretient pleins d'eau, et,

pour que les abeilles ne s'y noient pas, on jette dessus des brins de paille ou des morceaux de liége, ou mieux une poignée de cresson de fontaine, qui prend racine et forme un tapis sur lequel les quêteuses d'eau viennent se poser. Le moment de la grande ponte est celui où la consommation de l'eau est la plus forte. Pendant l'hiver, elles remplacent l'eau par la buée qui humecte les parois de la ruche En été, outre celle qu'elles vont quêter aux mares, rivières, etc., les abeilles en ramassent des particules avec le suc mielleux des fleurs, lorsque le temps est humide, et après une rosée abondante.

Le moyen d'attirer les abeilles à l'abreuvoir qu'on a disposé pour elles près du rucher, consiste à les allécher par un peu de miel liquide ou d'eau miellée.

344. Au moment de la grande, ponte les abeilles paraissent rechercher les eaux ammoniacales des fumiers : il est présumable que ces eaux leur rendent des services dans la préparation de la bouillie du couvain. On en voit aussi, pendant la belle saison, fréquenter les lieux où l'on dépose des urines, probablement pour recueillir le sucre que contiennent ces urines. On sait que celles des diabètes en contiennent beaucoup. Nous avons vu ailleurs que les abeilles savent transformer en miel tous les sucs déliquescents (66).

XIIIe LEÇON

SUITE DES TRAVAUX APICOLES DU PRINTEMPS

Deuxième visite du printemps. — Ruche de 1er, de 2e et de 3e ordre. — Ruchée sans valeur. — Ruchée orpheline qu'il faut réunir. — Réunion en avril des ruchées sans valeur. — Détruire les insectes et surtout la fausse teigne. — Transport des colonies aux pâturages. — Transport en voiture. — Toiles à transporter les ruches. — Travaux de mai. — Saison des essaims. — Moyens de se procurer des abeilles mères. — Donner une abeille mère à une colonie qui a perdu la sienne. — Moyen d'équilibrer les populations et de rendre fortes les faibles. — Veiller aux ennemis des abeilles. — Destruction des abeilles dans certaines colonies. — Abeilles noires et abeilles grises.

345. **Deuxième visite du printemps** (*). — La deuxième visite du printemps n'a d'autre but que d'examiner de près les quelques ruches douteuses que nous avons signalées. Cette visite se fera du 15 au 30 avril (trois semaines ou un mois plus tôt dans le Midi). Il faut, avant de la faire, que ce mois ait fourni au moins huit jours de beau temps et de travail pour les abeilles, sinon on attendra au mois de mai. Pourquoi cette condition de huit jours de beau temps ? C'est qu'alors les abeilles en auront profité pour multiplier le couvain et le proportionner à la population, et que tous les paniers ayant une mère auront aussi du couvain. Pour cette visite, choisissez une belle journée, un beau soleil, depuis dix heures du matin jusqu'à trois heures du soir. C'est le moment de la plus grande activité.

(*) Nous avons encore recours, pour les cinq paragraphes qui vont suivre, aux indications données par le *Guide du propriétaire d'abeilles*.

346. **Ruchées de 1er, de 2e et de 3e ordre.** — Pour faire mieux comprendre l'état des ruches malheureuses que nous allons visiter, nous jetterons préalablement un coup d'œil rapide sur le rucher; nous étudierons en quelque sorte la physionomie de chaque ruche. Examinez attentivement l'entrée de la première : le passage suffit à peine, tant est grand le nombre des ouvrières qui reviennent des champs et qui y retournent. Dans une minute on peut compter jusqu'à une trentaine d'abeilles chargées de pollen qui se hâtent de rentrer dans la ruche. Au milieu de ce mouvement d'entrée et de sortie, on remarque de quinze à vingt abeilles placées tantôt à la file, tantôt de front, comme des tambours à la tête d'un bataillon. On les voit cramponnées au plateau, la tête baissée, l'abdomen en l'air, agitant vivement les ailes : ces abeilles sont en bruissement, elles font l'office de ventilateur, elles renouvellent l'air de la ruche. Tous ces signes indiquent une ruchée de premier ordre : inutile d'y toucher.

La seconde est moins animée; les abeilles qui sont en bruissement, celles qui reviennent chargées de pollen sont moins nombreuses. De ces dernières on ne compte qu'une vingtaine à la minute; mais c'est un mouvement régulier et continu d'entrée et de sortie. Ne touchez pas encore à cette ruche : elle essaimera si l'année est favorable.

En voici une troisième, encore moins animée que la précédente : à l'entrée, trois ou quatre abeilles sont en bruissement, huit ou dix seulement rentrent chargées dans l'espace d'une minute; si c'est un essaim de l'année précédente, cette ruchée prospérera d'une manière remarquable; elle ne fournira pas d'essaims, mais à l'automne on la comptera très-probablement au nombre des meilleurs paniers. Si, au contraire, les gâteaux sont anciens, on ne pourra pas beaucoup espérer de son avenir. Du reste, qu'on soit sans inquiétude sur la présence de la mère. Je suis encore d'avis de ne pas toucher à cette troisième ruche.

347. **Ruchée sans valeur.** — Vient ensuite une quatrième : quelques rares abeilles montant la garde, deux ou trois en bruissement, quatre ou cinq à la minute rentrent avec du pollen, voilà le triste spectacle qu'elle nous présente. Selon

toute apparence elle a une mère; mais que peut faire un général sans soldats ? Examinez l'intérieur de cette ruche : si vous y trouvez du couvain et s'il vous plaît de vouloir la conserver, coupez tous les rayons qui ne sont ni occupés par les abeilles ni remplis de miel; la garde sera plus facile et la ruche sera moins exposée aux attaques de la fausse teigne. Mais, si vous en croyez les conseils de l'expérience, je vous dirai tout simplement que cette ruchée doit être réunie à une voisine, et cela le jour même.

348. **Ruchée orpheline qu'il faut réunir.** -- Enfin nous arrivons à une dernière ruche : elle a passablement d'abeilles à l'entrée, cependant tout à l'extérieur paraît triste et désœuvré. De loin en loin une ouvrière sort, une autre chargée de pollen rentre; l'une et l'autre semblent hésiter pour sortir ou pour rentrer; une ou deux abeilles essayent de faire le bruissement; c'est un bruissement qui paraît les fatiguer et les ennuyer, car il est souvent interrompu : voilà la physionomie d'une ruchée orpheline. Visitez l'intérieur, regardez jusqu'au fond de la ruche, coupez quelques gâteaux du centre à une profondeur de 15 centimètres, examinez-les de près, regardez dans le fond des cellules : si vous n'y découvrez pas des œufs ou des vers d'abeilles ouvrières, vous pouvez avoir la certitude que la ruchée manque de mère. Il peut arriver que cette colonie n'ait pas de couvain d'ouvrières, mais qu'elle en ait de faux-bourdons : le mal est également irréparable, car ce sont des ouvrières fécondes ou des mères fécondées anormalement qui produisent ce couvain, elles n'en produisent jamais d'autre (*).

349. Une ruchée qui n'a point de couvain d'ouvrières en avril doit être réunie à une autre. N'essayez pas de lui procurer une mère, ce serait souvent peine perdue; et si par hasard vous y réussissez, il serait encore très-douteux que cette ruche pût se repeupler pour la saison du miel : mais alors une moissonneuse après la moisson est-elle bien utile ?

(*) Le couvain produit par des ouvrières pondeuses se trouve ordinairement dans les alvéoles de faux-bourdons, tandis que celui qui vient d'une mère défectueuse est logé au centre de la ruche, dans des cellules d'ouvrières.

350. **Réunion en avril des ruchées sans valeur.**— On ne doit supprimer au printemps que des ruchées qui, quoique ayant une mère, ne forment qu'une très-faible population, et les ruchées orphelines, lesquelles ordinairement sont peu peuplées. L'opération est très-simple : on choisira un beau temps et un moment de la journée où les ouvrières vont à la campagne ; après avoir enfumé modérément la ruche à supprimer, on la secoue légèrement contre la terre, quelques abeilles tombent; on secoue de nouveau, d'autres abeilles tombent encore ; enfin, on secoue successivement et plus fortement jusqu'à ce qu'il n'en reste plus. Si, malgré ces secousses répétées, il reste encore quelques abeilles, on enlève les gâteaux qui les retiennent. Les abeilles se relèvent, retournent à leur place, et, ne trouvant pas leur ruche, elles entrent sans beaucoup de cérémonie dans les ruches voisines, où elles sont reçues sans difficulté. Quand la ruchée est un essaim d'un an, et quand surtout elle a du miel, on fera bien de la conserver à la cave pour y loger un premier essaim. On prendra alors plus de précaution dans la chasse aux abeilles, afin de ne pas détacher les gâteaux. On peut secouer la ruche avec ses bras sans donner contre terre. Lorsque la ruche orpheline est à hausses, si la population est encore passable, au lieu d'en chasser les abeilles comme nous venons de le voir, j'aimerais mieux la réunir à une autre ruchée faible ; dans ce cas, la réunion se fait le soir après la rentrée des abeilles, on enfume les deux ruches jusqu'à bruissement (325), on porte ensuite l'orpheline sur la ruche faible dont on a débouché le trou du couvercle ; on calfeutre soigneusement afin que les abeilles du haut ne puissent sortir qu'en traversant la ruche inférieure. La réunion se fera d'autant mieux que les deux familles se mettront plus tôt en communication ; il faut donc qu'elles soient rapprochées le plus possible, et pour cela, s'il en est besoin, on placera sur le couvercle de la ruche inférieure un petit gâteau qui devra toucher ceux de la ruche supérieure, et qui servira d'échelle pour communiquer de l'une à l'autre.

Les choses resteront dans cet état jusqu'au moment de la récolte du miel ; cependant si les abeilles, trop peu nombreuses pour occuper les deux ruches, en abandonnaient une, il faudrait enlever celle-ci, parce qu'elle finirait par devenir la proie de la fausse teigne.

351. **Détruire les insectes, et surtout la fausse teigne.** — Après l'inspection que nous venons de voir, le plus grand travail jusqu'à l'essaimage consiste à détruire les insectes qui peuvent nuire aux abeilles et à écarter les oiseaux qui s'en nourrissent. Dans les cantons où la fausse teigne est à craindre, il faut veiller sur les ruchées faibles. A cette époque la destruction de quelques larves ou phalènes prévient la multiplication de plusieurs milliers d'insectes qui porteraient la désolation dans le rucher. Nous avons vu qu'il est facile de s'apercevoir de la présence de la fausse teigne dans une ruche : les abeilles se découragent, ne travaillent plus avec activité. Si l'on se doute de l'existence de ces ennemis dangereux, on soulève doucement les surtouts, où les phalènes se placent assez communément, et aussi contre les parois extérieures de la ruche ; on tue tous les papillons ou phalènes qu'on y trouve. Ces visites se font après le soleil levé. La visite des surtouts terminée, on soulève les ruches, et si l'on voit sur le plateau des débris de cire, des grains jaunâtres ou rouges qui ne sont que des parties de pollen, et des grains noirs, excrément de la larve de la fausse teigne, on est certain que cette larve existe dans la ruche. On peut même être assuré qu'il y en a si l'on voit la petite fourmi s'introduire dans la ruche, parce que cet insecte ne commence jamais les dégâts dans les ruches pas plus que dans les arbres : il en profite. On doit s'occuper sur-le-champ de leur destruction.

352. **Transport des colonies aux pâturages.** — Dans plusieurs cantons on profite de diverses fleurs mellifères que ne donne pas la localité où l'on se trouve en transportant les colonies où sont ces fleurs : c'est ce qu'on appelle apiculture nomade ou pastorale. Aux mois de mars et d'avril, on les transporte, par exemple, près des champs de colza, qui se trouvent quelquefois éloignés de plus de 40 kilomètres de l'habitation de l'apiculteur.

Le transport des abeilles demande des précautions sérieuses, surtout en été, et souvent il est cause de la perte d'un certain nombre de colonies; il importe donc de le faire avec entendement. Il s'effectue la plupart du temps soit à cheval, au moyen d'échelettes, soit en voiture. Le transport à dos d'animal ne doit avoir lieu que quand l'accès au moyen de la voiture est difficile. Lorsque la distance n'est pas éloignée et que le nombre des colonies n'est pas grand, on les transporte quelquefois à dos d'homme. La ruche enveloppée est alors placée droite ou sens dessus dessous sur une hotte ou sur un cochet à porteur.

353. **Transport en voiture.** — La voiture doit être longue et légère, garnie de chaque côté de deux grandes ridelles, hautes de 1 mètre environ et très-solidement fixées au moyen de clous à vis, de manière à ne pouvoir vaciller (*). Le fond de la voiture, lorsque celle-ci n'est pas à ressort, est garni de paillassons sur lesquels on place un encadrement qui doit supporter les ruches, lequel encadrement repose sur des torches de paille qui jouent le rôle de ressort. Les bois de sapin et de frêne sont les plus convenable pour la confection de cet encadrement, garni de tringles et de traverses. A défaut de voiture spéciale, on se sert avec avantage de tapissière ou de toute autre voiture suspendue. Après avoir placé dessus un premier étage de ruches, on peut en mettre un deuxième si cela est nécessaire, en recouvrant le premier de paillassons sur lesquels on place un nouvel encadrement (**).

(*) Il est des apiculteurs qui préfèrent des ridelles vacillantes, qu'ils serrent au moyen de cordes lorsque la voiture est chargée. Ainsi serrées, ces ridelles empêchent les ruches de bouger.

(**) Nous usons communément de tapissière pour conduire nos abeilles au chemin de fer et de voiture sans ressorts pour les prendre aux gares d'arrivée. Dans le waggon comme dans la voiture, nous posons les ruches sur leur tablier renversé. Les deux barres de chaque tablier permettent un courant d'air. Arrivée sur place, chaque ruche est laissée sur son tablier renversé, et, lorsque toutes les ruches sont alignées, nous nous occupons de délier les toiles. Une heure ou deux après, ces toiles sont enlevées, les tabliers sont placés dans leur sens et les ruches sont coiffées de leur capuchon.

Le jour de l'entoilage, nous plaçons aussi à l'avance les toiles sous les ruches ; quelquefois nous faisons cette opération la veille. Le soir, le liage des toiles est facile et on ne perd aucune abeille, quand on a ainsi placé les toiles à l'avance et sur le plancher renversé.

Il faut, en plaçant les ruches dans la voiture, avoir soin de les rapprocher le plus possible et de les garnir de paille du côté des ridelles pour empêcher l'effet des cahots. Si l'on place deux rangs l'un sur l'autre, il est bon de conserver pour l'étage supérieur les ruches les plus légères et celles qui contiennent les essaims de l'année, et placer ces dernières l'orifice en haut; autrement leurs rayons pourraient se rompre, surtout s'ils ne se trouvaient pas dans le sens de l'essieu.

Quand les transports s'effectuent durant les chaleurs, ils doivent nécessairement avoir lieu la nuit; ce serait plus que de la témérité de s'exposer à le faire pendant le jour. En préparant les ruches pour le transport, il faut aussi avoir soin de n'en fermer l'orifice que très-tard, c'est-à-dire à l'heure où les abeilles sont rentrées. Si les transports ont lieu au mois de juillet, il arrive souvent qu'à cette époque les ruches ont une population nombreuse, particulièrement celles qui n'ont pas essaimé. Alors elles ont besoin de beaucoup d'air durant la route, et dans ce cas il faut les poser sur une *hausse à cul*, hausse à fond d'un diamètre au moins aussi grand que celui de la ruche. Trois ou quatre petites chevilles, passées dans les cordons de la ruche, suffisent pour les y maintenir. Il s'agit ici de ruches en paille comme on les emploie en Normandie. Celles en petits bois sont placées dans la voiture, la première rangée debout, et la seconde l'ouverture en l'air. On met des surtouts entre les ruches de la première rangée pour recevoir celles de la seconde. Daus tous les cas, il importe beaucoup de placer les ruches de manière à pouvoir, durant le voyage, serrer et desserrer la toile à volonté, rafraîchir les abeilles si elles s'échauffent, etc. On les rafraîchit par un courant d'air et en jetant de l'eau à travers le canevas ou la toile métallique qui les tient prisonnières.

Un seul conducteur pour la voiture ne suffit pas si la distance à parcourir est longue; car il faut souvent s'enquérir des colonies et s'assurer si quelques-unes ne courent pas risque d'être étouffées. Quand on redoute cet accident pour quelques-unes, on s'en assure en appliquant sur les ruches la paume de la main; si la chaleur est plus qu'ordinaire, on se hâte de leur donner de l'air en pratiquant au besoin une ouverture dans la toile pour laisser sortir les abeilles gênées. Dans ce cas, il arrive qu'on en perd un certain nombre; il est vrai, mais il vaut mieux cela que de perdre la ruche entièrement, car dans ces circonstances tout est perdu, mouches et miel. Quand une ruchée périt de cette manière, le calorique s'y dégage si violemment que les parois des alvéoles se dilatent tout à coup, le miel qu'ils contiennent s'en échappe et se répand dans la voiture. S'il arrive que durant le jour on ait besoin de délier une ruche pour y renouveler l'air, on ne doit pas oublier de dételer les chevaux et de les conduire à une distance assez éloignée pour les garantir de l'attaque des abeilles. Aussitôt que la ruche est déliée, les mouches les plus mutines s'en échappent et vont se perdre à travers les champs; d'autres s'attachent aux parois extérieures de la ruche qu'elles viennent de quitter, aux ruches voisines, ou même quelquefois à la voiture et aux paillassons qui la garnissent. Durant la marche, les abeilles, étourdies, sont assez paisibles ; mais, quand par hasard on vient à s'arrêter, elles reprennent leurs sens et se portent en masse sur les enveloppes pour chercher à sortir. Cela arrive surtout quand il fait chaud, et particulièrement aux heures du jour où la chaleur se fait le plus sentir. Dans ce cas, quand la marche devient nécessaire à ces heures, on tâche de ne faire aucune halte, et de nourrir les chevaux en conséquence dès le matin même, pour faire, s'il se peut, le trajet sans s'arrêter.

Dès l'arrivée à destination, on commence d'abord par placer les ruches qui ont été déliées pendant la route si l'on a été obligé de le faire; on examine attentivement celles dont les abeilles sont sorties et on essaie d'y faire rentrer celles qui se seraient attachées aux parois extérieures des autres ruches ou aux paillassons. On place ensuite les ruches que l'on croit le plus en souffrance; il ne faut jamais les placer directement sur leur siége. Dès leur arrivée, le bord de l'orifice doit poser sur une pierre ou sur un appui quelconque qui permette à l'air de pénétrer largement à l'intérieur, sans quoi la plupart des mouches périraient étouffées. Après avoir fait la visite des ruches, si l'on a remarqué qu'aucune d'elles n'est en souffrance, on peut, avant de les délier, les coiffer de leur surtout, afin que les abeilles qui se trouvent dépaysées les reconnaissent plus facilement; car si, venant à quitter une ruche découverte pour aller à la campagne, elles les retrouvent coiffées à leur retour, il arrive que souvent elles se trompent et s'adressent à une ruche où elles se font tuer en voulant y pénétrer. Avant d'envelopper les ruches pour le transport, comme avant de les développer après l'arrivée, il faut projeter de la fumée aux abeilles La prudence exige aussi que dans ces opérations, surtout dans la dernière, on se couvre la figure du masque.

Les essaims achetés à la branche doivent être transportés ce jour-là; et ils ne peuvent accomplir un long trajet si le temps est chaud et si les abeilles se sont fortement gorgées de miel. Il est imprudent aussi de faire voyager les essaims de quelques jours; leurs rayons se détachent et tombent.

354. **Toiles à transporter les ruches.** — La toile dont on se sert pour clore les ruches qui doivent être transportées est le plus souvent carrée; elle est claire et en fil fort; c'est une sorte de canevas fait exprès (*fig.* 92), ou une toile à sac ou autre dont le milieu est garni d'une pièce métallique pour laisser passer librement l'air. D'autres fois elle est circulaire (*fig.* 93); le centre est en toile métallique galvanisée, et une

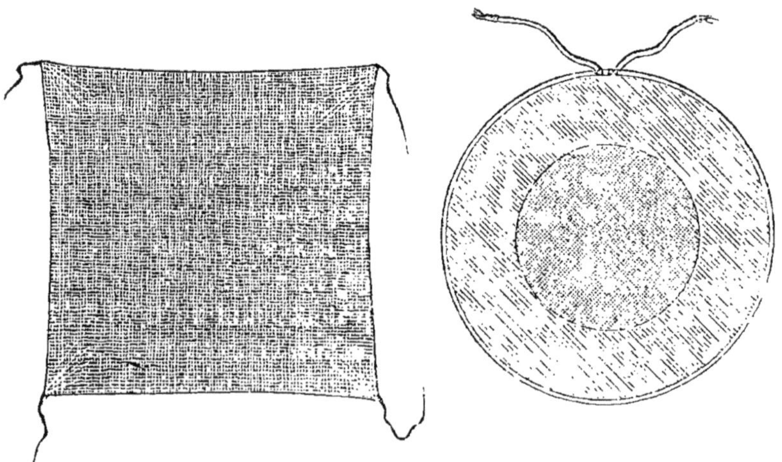

(*Fig.* 92.) Toiles à transporter les ruches. (*Fig.* 93.)

coulisse ménagée à la circonférence reçoit une ficelle qui la fronce autour de la ruche à clore; cette disposition paraît la plus avantageuse. Néanmoins, la toile carrée, sans cordons fixés après, permet d'opérer plus vitement, et cela est à considérer lorsqu'on a un grand nombre de ruches à entoiler et à détoiler. Le canevas convient pour les ruches en paille, et la toile ordinaire avec pièce métallique pour les ruches en petit bois. Quant aux ruches carrées en planches ou autres matières, elles sont la plupart assez difficiles à entoiler et demandent des toiles plus grandes que les ruches cylindriques. Nous verrons, plus bas, que pour le transport de celle à hausses en planches on a inventé un tablier mobile qui supprime l'entoilage. Il y a des personnes qui ne se servent que d'un lien de paille pour fixer la toile. Elles renversent précipitamment la ruche, la couvrent aussitôt de la toile, qu'elles attachent au moyen d'un lien passé autour de la ruche. Cette opération doit avoir lieu le soir, ou le matin avant le lever du soleil en été. En hiver on peut envelopper ot transporter les ruches à toute heure de la journée.

354 *bis*. **Tablier de transport.** — Le tablier de transport (*fig.* 94) se compose d'un cadre en bois garni de toile métallique. Ce cadre ferme le dessous de la dernière hausse de la ruche à transporter. Il a, sur trois côtés, un tasseau saillant, A, qui empêche tout vacillement. Il a aussi en-dessous un boudin, en fil de fer, qui ne va pas tout à fait d'une barre à l'autre; ce boudin élastique peut s'allonger : deux ficelles bouclées sont attachées à chaque bout, et les boucles, comme on

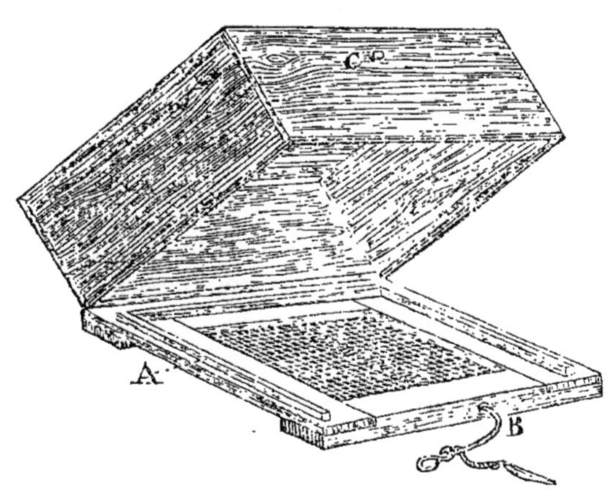

(*Fig.* 94.) Tablier de transport.

le voit en B, sont reçues par deux clous à vis et à tête saillante, établis dans la paroi C de devant et de derrière de la ruche. On peut ouvrir la ruche fermée par ce tablier, c'est-à-dire laisser sortir les abeilles, si le besoin s'en fait sentir, sans être obligé de déboucler les ficelles; on passe un coin ou une cale entre le tablier et la hausse (on n'a pas mis de tasseau saillant en devant dans ce but). L'élasticité du boudin en fil de fer permet l'allongement de la ligature.

355. **Travaux de mai.** — Mai ne manque pas de fleurs qui procurent d'amples moissons aux abeilles lorsque le temps est beau; malheureusement il ne l'est pas toujours, et il arrive quelquefois que la température est assez mauvaise pour qu'on soit obligé de nourrir encore les ruchées peu approvisionnées. Il ne faut pas oublier de le faire après plusieurs jours de pluie et de froid, pendant lesquels les abeilles ne peuvent sortir pour butiner.

Comme le départ des essaims commence dans ce mois (latitude de Paris), il faut apprêter des paniers vides pour les loger. Bien qu'en moyenne il n'y ait que les trois quarts des colonies qui essaiment, il faut se munir d'environ une fois et demie autant de ruches vides qu'on possède de ruches garnies, car un certain nombre pourront essaimer plusieurs fois, et puis, il vaut mieux en avoir de reste que d'en manquer. C'est le moment d'essayer les modèles nouveaux.

356. **Saison des essaims.** — Par suite d'une grande éclosion de couvain, provoquée par un temps favorable et des fleurs abondantes, les colonies sont devenues très-populeuses; quelques-unes font la barbe, et l'on commence à apercevoir des faux-bourdons qui sortent au milieu du jour. Il faut surveiller ces colonies, car le moment de l'essaimage approche. On peut commencer les essaims artificiels, et il faut se hâter d'agrandir, par une calotte ou par une hausse, les ruches des colonies dont on ne désire pas d'obtenir d'essaim et dont on veut, au contraire, obtenir une belle récolte de produits. On sait que plus les ruches sont populeuses plus elles amassent de provisions, et souvent une colonie qui n'essaime pas en amasse plus qu'elle en eût

amassé, elle et son essaim, si elle eût essaimé. Il ne faut donc tenir aux essaims que lorsqu'on désire augmenter le nombre de ses colonies, et que la vente des abeilles est plus lucrative que celle des produits.

Dans les contrées très-mellifères, on doit toujours opérer dans le but d'avoir peu d'essaims; il en vient toujours assez pour entretenir le rucher; en ne procédant pas toutefois comme le font des apiculteurs du Gâtinais, qui épuisent les abeilles par une récolte générale et une chasse répétée.

357. **Nourrir l'essaim.** — Inspiré par une prévoyance admirable, un essaim, au départ, emporte toujours avec lui des provisions pour plusieurs jours. Déjà, la nuit suivante, des cellules sont ébauchées, et la mère y dépose quelques œufs. Si les trois jours qui ont succédé à l'établissement dans la ruche sont favorables au travail, c'en est assez pour donner aux abeilles le temps d'amasser des provisions qui les mettront en état de supporter huit ou dix jours de mauvais temps. Mais si, pendant les deux premiers jours de son installation, l'essaim ne peut aller chercher sa nourriture à la campagne, il faut lui venir en aide et lui donner du miel qui le fasse vivre jusqu'au retour du beau temps : 60 grammes par jour me paraissent suffisants. On croit communément qu'un essaim emporte des provisions pour trois jours : j'aimerais mieux le nourrir le troisième jour que d'attendre au quatrième. (*Collin.*)

358. **Moyen de se procurer des abeilles mères et de les conserver.** — C'est au moment de l'essaimage qu'il est le plus facile de se procurer des abeilles mères; les colonies qui essaiment en ont toujours un certain nombre au berceau lors du départ de l'essaim, les unes à l'état de larves et les autres à l'état de de chrysalides (100). On peut facilement s'emparer de ces dernières, qui sont plus ou moins apparentes; elles se trouvent en grande partie vers le tiers de la ruche. Les calottes spacieuses en ont quelquefois à la partie inférieure de leurs gâteaux.

Les essaims secondaires sont presque toujours accompagnés de plusieurs femelles. On peut, au moment de la réception de ces essaims, s'emparer des mères que l'on rencontre en plaçant un verre dessus. On conserve ces femelles une dizaine de jours en les mettant dans un étui en toile métallique contenant un fragment de rayon avec du miel, dans lequel étui on introduit aussi quelques abeilles ouvrières de la même colonie. On place cet étui dans une ruche garnie. On peut se dispenser d'introduire un fragment de rayon et des ouvrières dans l'étui; l'abeille mère s'y conservera seule, et les abeilles de la colonie dans laquelle on placera l'étui lui donneront à manger comme à une femelle retenue prisonnière au berceau. Les mères non fécondées ne sauraient être retenues longtemps ainsi recluses (29).

A l'époque des mâles on peut s'emparer de la mère de toute colonie à laquelle on aperçoit des faux-bourdons sans nuire sensiblement à l'économie de cette ruchée. Pour les ruches vulgaires on le fait le plus communément en transvasant les abeilles dans une ruche vide, en les mettant en état de bruissement ou en les secouant sur un linge. Les ruches à feuillets, à cadre ou à rayons mobiles dispensent de cette opération.

359. **Donner une abeille mère à une colonie.** — C'est une bonne méthode de remplacer les mères âgées; on ne devrait jamais les laisser vivre plus de trois ans, car elles pondent peu passé cet âge. C'est principalement dans la bonne saison qu'il convient de substituer une jeune mère, régulièrement fécondée, à une vieille mère ou à une autre anormalement fécondée. Pour cela il y a des précautions à prendre, car les abeilles ne reçoivent pas de suite la mère qu'on leur présente, lors même que la leur serait très-malade et atrophiée. Si, dans l'état naturel des ruches, il se présente à l'entrée une mère étrangère, les abeilles de la garde la saisissent à l'instant; pour l'empêcher d'entrer elles accrochent avec leurs dents ses pattes ou ses ailes, et la pressent tellement qu'elle ne peut se mouvoir. Leur colère est alors si grande que si elles ne parviennent à l'étouffer, elles la tuent à coups d'aiguillons. On ne peut leur faire lâcher prise qu'au moyen de fumée.

Mais les abeilles d'une ruche orpheline, d'une ruche dont on a enlevé la mère, ne se conduisent pas de même. Si cet enlèvement a eu lieu depuis moins de douze heures, la mère étrangère est souvent sacrifiée; mais s'il a eu lieu depuis plus de dix-huit heures, elle y est traitée d'abord durement; mais les abeilles qui l'avaient enveloppée finissent par se disperser, et cette mère peut vivre paisiblement si elle n'a pas reçu de mauvais coups en entrant. Si l'on attend vingt-quatre ou trente heures après l'enlèvement de la vieille mère pour en donner une nouvelle, celle-ci sera toujours bien reçue : c'est donc après ce temps qu'il faut remplacer les mères.

Il s'agit de ruchées qui n'ont pas de jeune couvain d'ouvrières (œufs ou larves non entièrement développés). Car, si elles en ont, la mère étrangère est, la plupart du temps, sacrifiée. Les abeilles remplacent leur mère en transformant du jeune couvain d'ouvrière en couvain de mère. Pour que la mère étrangère soit acceptée, il faut la placer dans un étui en toile métallique et introduire cet étui dans la ruche, par le haut; on ne donne la liberté à cette mère que le onzième jour, après avoir détruit toutes les cellules maternelles que les abeilles ont pu élever en transformant du couvain d'ouvrière (*).

Ce serait inutilement que l'on tenterait de donner une mère à une colonie qui a perdu la sienne depuis longtemps et qui a des ouvrières pondeuses (140); mais si elle ne possède pas de ces ouvrières, cette mère sera bien reçue.

On peut faire accepter une mère à une colonie dont on vient d'enlever la sienne en asphyxiant momentanément les abeilles de cette colonie. On introduit la mère étrangère au moment où les abeilles retrouvent leurs sens. Cette mère est même préférée à

(*) De ce que l'œuf d'ouvrière éclot au bout de trois jours (128) et que la larve qui en sort ne met que cinq jours à acquérir son entier développement (130), on serait porté à croire qu'après huit jours il ne se trouve plus, dans la ruche privée de mère, de larves pouvant être transformées. Mais il arrive quelquefois que des œufs n'éclosent que le quatrième ou le cinquième jour; on en voit même, — le cas est rare, — conserver leurs facultés d'éclore huit ou dix jours. La plupart du temps, au moins dix-neuf fois sur vingt, il ne reste plus d'élément pour la transformation après dix jours. On peut donc, le onzième jour, donner la liberté à la mère étrangère qui est alors bien accueillie. — Pendant sa captivité, quelques ouvrières lui portent des vivres, tandis que d'autres cherchent à l'aiguillonner.

la mère de la colonie lorsque celle-ci (la mère de la colonie) a été soumise à l'asphyxie (*).

Au lieu de substituer une jeune mère, qu'on n'a pas toujours à sa disposition, à une mère âgée et défectueuse, on se contente d'enlever celle-ci par la chasse ou autrement, et les abeilles se chargent d'en créer une jeune en transformant du couvain d'ouvrière. Cette opération ne peut se faire que dans la saison des mâles ; autrement les jeunes mères, ainsi obtenues, ne seraient fécondées que tardivement, et la fécondation pourrait être anormale (29).

360. **Moyen d'équilibrer les populations et de rendre fortes les faibles.** — Aux mois de mai et de juin, et même plus tard, lors de la grande production du miel, on peut équilibrer les populations des ruches, c'ést-à-dire renforcer les faibles par un moyen bien simple, celui de mettre les ruches faibles à la place des ruches fortes, et *vice versa*. Cette opération doit se faire par une belle journée de travail, au moment où les abeilles se trouvent en grand nombre en campagne. On fait permuter les ruches, mais non leurs tabliers, qui doivent rester à la même place. Voici ce qui arrive dans cette circonstance : les abeilles qui reviennent des champs, chargées de butin, rentrent sans défiance dans la ruche qu'elles croient être la leur ; celles de la ruche forte, très-nombreuses, rentrent dans la faible qu'elles repeuplent d'autant ; quelques-unes, reconnaissant leur méprise, ressortent presque aussitôt ; mais l'odeur du tablier finit par les faire rentrer après un moment d'hésitation. Quant au plus grand nombre, elles sont si préoccupées de la cueillette du miel, laquelle semble les enivrer, qu'elles vont déposer de confiance leur butin dans la nouvelle habitation, et qu'elles repartent aussitôt aux champs pour de nouvelles provisions. Quelques heures après cette transposition, les colonies sont souvent aussi calmes que si elle n'avait point eu lieu, et pas une seule abeille n'a péri.

Pour éviter tout combat, des apiculteurs enfument au préa-

(*) Ce procédé, dû à l'Allemand Hübler, ne nous a pas toujours réussi. Il faut que l'asphyxie soit complète.

lable les deux ruches à transposer, notamment la forte, et mettent les abeilles en état de bruissement; mais il n'y a pas de combat lorsque les fleurs donnent beaucoup de miel (*).

Il faut s'assurer, avant de repeupler par ce moyen une ruche faible, si elle est organisée et si sa mère pond. Si l'on n'y rencontrait pas de couvain, il n'y aurait rien de mieux à faire que de lui donner un petit essaim, après avoir enlevé toutefois la mère défectueuse et après avoir attendu le temps nécessaire pour qu'il n'y ait pas de combat.

On peut par ce procédé repeupler des ruches mères desquelles on aurait extrait un essaim artificiel et dont on aurait enlevé trop d'abeilles (**).

361. **Superposition de ruches.** — Au moment où les abeilles commencent à emplir leur ruche et que les fleurs donnent du miel en certaine quantité, on peut, sinon les contraindre, du moins les engager à s'établir dans une ruche nouvelle qu'on place sous la leur. Elles édifient des rayons dans la ruche inférieure, qui joue le rôle de hausse, et un peu plus tard la ruche supérieure est enlevée et récoltée comme un chapiteau. Lorsque la ruche vide qu'on veut placer sous la ruche pleine est

---

(*) C'est à tort que quelques auteurs ont nié, d'après Gélieu, que cette pratique ne peut avoir lieu sans combat. Il est présumable que, quand Gélieu a voulu l'essayer, il a opéré par un jour où le miel manquait : dans ce cas, il y a combat.

(**) *Rendre fort un essaim faible.*— Aussitôt que l'essaim est recueilli et prêt à être porté sur le rucher, enlevez la ruche mère, et sur le plateau de celle-ci mettez l'essaim. Les abeilles restées sur le plateau et celles qui vont revenir des champs en augmenteront bientôt le volume. Le lendemain, de nouvelles ouvrières venant encore s'y réunir, votre essaim se trouvera être très-fort. N'ayez aucune inquiétude sur la souche, si toutefois elle est lourde. Elle aura réparé le déficit de sa population avant un mois. Il est bien entendu que la souche doit rester à sa nouvelle place. Pour faire cette mutation en toute sécurité, il faut avoir la certitude que l'essaim est sorti de telle ruche et non de telle autre; sinon, en mettant à la place d'une ruche un essaim qui n'en serait pas sorti, les abeilles monteraient difficilement dans l'essaim à cause du vide de la ruche. Il y aurait alors désordre et confusion. La permutation de l'essaim avec la souche, quand celle-ci est lourde, présente deux avantages : l'essaim où se trouve réunie presque toute la population aura bientôt fait ses vivres; la souche, de son côté, est trop affaiblie pour donner un essaim secondaire. (*Guide Collin.*)

pointue, elle a besoin d'être sciée vers le haut (*fig.* 97) ; on la recouvre d'une planchette circulaire percée de trous (*fig.* 96), qui

(*Fig.* 95.)

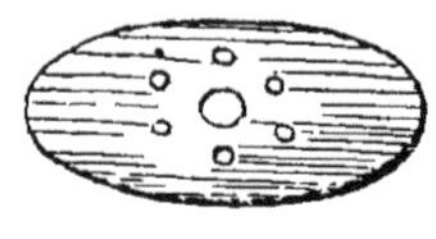

(*Fig.* 96.)

(*Fig.* 97.)

sert de tablier à la ruche supérieure. On peut aussi pratiquer une cavité dans la ruche garnie en taillant ses rayons ; dans ce cas on en coiffe la ruche inférieure (*fig.* 98). Cette manière d'opérer a ses avantages : elle permet de déloger les abeilles des vieilles bâtisses pour les établir dans des ruches nouvelles.

(*Fig.* 98.)

362. **Veiller à quelques ennemis des abeilles.** — Dans les localités où les moineaux sont abondants on en voit constamment près des ruches, à l'époque où les abeilles en sortent des nymphes blanches, dont ils alimentent leurs petits. Comme ils happent souvent les abeilles en se saisissant de ces nymphes, il faut les traiter en ennemis ; il faut en faire autant à l'égard des rossignols, des hirondelles et des lézards que l'on aperçoit près du rucher. Les fourmillières seront culbutées sans pitié ; la chasse sera également faite aux araignées et aux papillons de fausse teigne qui se montreront.

363. **Destruction d'abeilles dans certaines colonies. Abeilles noires et grises.** — Tous les apiculteurs qui ont observé les abeilles ont pu remarquer que dans quelques colonies il est mis à mort, pendant le cours de la bonne saison, un certain nombre d'abeilles ; la plupart ne paraissent pas conformées comme la grande majorité de leurs compagnes : elles

sont ou plus grises ou plus noires, et généralement plus petites, plus maigres. Quelques-unes paraissent jeunes, mais la plupart paraissent vieilles. Est-ce que les abeilles, ainsi que certaines tribus de sauvages de l'Afrique, tueraient leurs vieillards?... On peut attribuer à plusieurs causes la destruction de ces abeilles : d'abord à leur conformation vicieuse, qui peut provenir de l'état débile et maladif de la mère qui les a pondues, et aussi d'une mauvaise nourriture reçue au berceau, ou d'une température irrégulière au moment de l'incubation. On peut aussi l'attribuer à une affection morale qui les priverait en quelque sorte de la mémoire, affection commune à la jeunesse et à la vieillesse, et qui leur ferait oublier le mot d'ordre commun à tous les habitants d'une ruche (56). En effet, avant que d'être mises à mort, ces abeilles sont longtemps examinées et comme interrogées par leurs compagnes, et si on les enlève dans ce moment et qu'on les laisse s'envoler, elles entrent souvent dans une ruche voisine, où elles ne sont pas mieux reçues.

Cette destruction d'abeilles a lieu avant et après l'essaimage, et notamment au milieu de l'été. On la voit encore, mais plus rarement, en automne. On distingue facilement la ruche où elle a lieu : les abeilles paraissent inquiètes, le nombre des gardiennes à l'entrée est doublé; on les voit se grouper autour d'une abeille, qu'elles tiraillent par les pattes, par les ailes et par les antennes, et dont elles semblent mordre l'abdomen. Une d'entre elles monte sur la victime et cherche à plonger son aiguillon dans quelque partie accessible, ce à quoi elle parvient assez aisément, l'abeille attaquée ne se défendant pas. Si l'on n'y regardait de près, on pourrait croire au pillage et penser que les abeilles sacrifiées sont des étrangères.

XIVe LEÇON

TRAVAUX D'ÉTÉ

Récolte. — Enlèvement des calottes et des hausses supérieures. — Chasse par tapotement et à ciel ouvert. — Chasse ou trévas. — Taille d'été. — Couteaux à extraire les rayons. — Fin de la campagne des abeilles. — Moyens de donner des provisions aux essaims pauvres. — Soins généraux. — Mort des abeilles mères. — Réunion des colonies faibles. — Procédés pour réunir plusieurs colonies. — Asphyxie momentanée des abeilles par la vesse de loup, par le sel de nitre, etc. — Inconvénients. — Ennemis des abeilles en été. — Transport des colonies au blé noir, à la bruyère, à la montagne, etc.

364. **Récolte.** — La principale récolte pratiquée sur les ruches commence, dans quelques localités, vers la fin de mai ; ailleurs, en juin ou juillet Subordonnée à la flore locale et aux circonstances atmosphériques, elle a ordinairement lieu, tantôt vers la deuxième période du temps de l'essaimage, tantôt au moment de la défloraison de la principale fleur mellifère. Elle se fait par l'enlèvement des calottes pour les ruches à calotte ; des hausses supérieures pour les ruches à hausses ; du transvasement ou chasse et de la taille pour les ruches en une pièce. Nous avons parlé du décalottage et du déplacement des hausses ; nous n'y reviendrons pas, mais nous reviendrons sur la chasse, ne nous étant occupé que du transvasement partiel lors de la formation des essaims artificiels. Auparavant nous dirons un mot de la récolte des ruches vulgaires. Cette récolte doit-elle être entière ou partielle? Oui et non, selon les circonstances. Vous avez, par exemple, des ruches lourdes et populeuses lorsque la saison du miel n'est pas encore passée, ou bien aussi vous êtes à même de

conduire les chasses ou trévas à quelque pâturage automnal; dans ces cas, vous pouvez récolter entièrement vos ruches en en chassant les abeilles, si toutefois vous n'avez pas affaire à des boîtes ou à des troncs d'arbres qui se refusent à cette opération. Mais d'autres fois la saison du miel s'avance, l'arrière-saison n'offre aucune ressource à vos abeilles; dans cette circonstance vous devez vous borner à une récolte particlle, à une taille plus ou moins forte et proportionnée à la quantité de miel de la ruche. Dans tous les cas il est toujonrs prudent de ne récolter que les ruchées fortes, celles qui ont un excédant d'approvisionnement.

365. **Récolte partielle des ruches communes. Taille sur lês ruches en cloches.** — Après avoir introduit quelques bouffées de fumée par la porte de la ruche et après avoir décollé et soulevé cette ruche au moyen d'une petite cale, on l'enfume de nouveau pour mettre les abeilles en état de bruissement; on la transporte à la place désignée, près des ustensiles nécessaires, et on la renverse à ciel ouvert. Là, après avoir reconnu la partie occupée par le miel, on place une tuile creuse sur l'autre partie, celle où se trouve le couvain, et l'on continue de lancer de la fumée aux abeilles en cognant un peu la ruche. La fumée et les coups donnés avec le couteau à miel forcent les mouches, à se réfugier sous la tuile. Dès que les gâteaux deviennent libres, on les enlève et on chasse les quelques abeilles qui s'y trouvent; puis on secoue ou on balaye la tuile pour faire tomber toutes les mouches dans la ruche, qui à l'instant est reportée à sa place. L'emploi d'une tuile n'est pas indispensable (voir pl. 9, pour la disposition et les appareils). Cette méthode ne présente ni difficulté ni danger d'aucune nature quand la saison est encore bonne; mais, lorsque la campagne n'offre plus aucune ressource, il est bien difficile de maîtriser les abeilles; elles s'obstinent, malgré la fumée, à rester aux fond de leurs gâteaux. On peut, dans ce cas, avoir recours à l'asphyxie momentanée (379). Lorsque la saison le permet, on peut transvaser les abeilles avant de faire la taille; on opère alors à son aise.

366. **Taille d'été sur les ruches en planches.** — Lorsqu'on a affaire à des ruches hautes (*fig.* 28 et 29), on

décolle, puis on enlève le couvercle de ces ruches, et l'on projette de la fumée aux abeilles afin de les maîtriser et de les contraindre à s'éloigner des rayons ou parties de rayons qu'on veut enlever. A l'aide d'un couteau recourbé, A ou B (*fig.* 101), on extrait ces rayons, puis on remet les couvercles à la place qu'ils occupaient. Si des abeilles viennent à l'endroit où doivent poser les couvercles, on a soin de leur projeter de la fumée afin qu'elles redescendent dans leurs ruches et ne soient pas écrasées. De même, avant d'enlever entièrement le couvercle, on le soulève un peu de côté afin de pouvoir lancer de la fumée aux abeilles que la commotion donnée à la ruche a émues et qui sont prêtes à se jeter sur l'opérateur; cette fumée les éloigne. — Lorsqu'on a affaire à une ruche couchée (*fig.* 30), on taille derrière. On décolle la planche qui bouche ce côté, on enfume pour maîtriser et pour éloigner les abeilles; puis on enlève les rayons dont on désire s'emparer; après cette extraction on referme la ruche. Mais, comme la plupart du temps les abeilles ne peuvent, cette campagne-là, combler le vide qu'on a fait, il est bon d'employer une planche mobile qu'on établit près des rayons laissés et qu'on n'enlève qu'au printemps suivant. On opéra de même pour les ruches taillées par le haut, où un vide en hiver devient funeste aux abeilles. On pourra remplir d'herbe sèche l'intervalle laissé entre les deux planchers afin que la chaleur se concentre mieux dans cette partie.

La taille a des inconvénients, notamment lorsqu'elle est trop forte; mais elle vaut cent fois mieux que l'étouffage.

367. **Récolte entière des ruches communes.** — Voici une manière d'opérer les récoltes entières qui peut convenir à plusieurs apiculteurs, notamment à ceux qui veulent limiter le nombre de leurs colonies et conserver les abeilles des ruches à récolter. Lorsqu'on s'aperçoit que les faux-bourdons disparaissent et que la récolte du miel touche à sa fin, on prend note de toutes les ruches à supprimer; on choisit pour le faire une belle journée, entre midi et quatre heures. La première ruche à défaire est vieille, elle est voisine d'une autre que vous voulez conserver : soufflez d'abord dans la première quelques bouffées de fumée; ensuite, après l'avoir soulevée et maintenue

ainsi avec une petite cale, mettez les abeilles en état de bruissement. Faites exactement la même chose pour la ruche voisine, c'est-à-dire provoquez-y aussi le bourdonnement intérieur. Quand vous en êtes là avec cette dernière ruche, enlevez-la pour un moment ; mettez à sa place la première après l'avoir renversée à ciel ouvert, puis placez l'autre par-dessus Ainsi, la ruche que vous voulez conserver se trouve par-dessus celle que vous vous proposez de supprimer. Soufflez encore quelques bouffées de fumée ; calfeutrez ensuite les deux ruches en ne laissant qu'une étroite entrée pour le passage des abeilles ; pratiquez la même opération sur toutes les ruches à supprimer. — On peut faire la réunion de ruches éloignées ; mais il vaut toujours mieux de réunir les voisines, parce que les abeilles retrouvent plus facilement la famille.

Voyons maintenant ce qui se passe dans nos ruches réunies. Quand on enfume convenablement, il n'y a point de combat (192) : une des mères périt, l'autre établit presque toujours sa résidence dans la ruche supérieure ; c'est là qu'elle continue sa ponte, c'est là que la famille se concentre. Le couvain de la ruche renversée éclôt tous les jours, mais il n'est pas remplacé ; les dernières mouches naissent et sortent de leur cellule vingt ou vingt et un jours après la réunion. A partir de ce moment, et non auparavant, on peut enlever cette ruche inférieure, la porter dans une chambre ; là les abeilles l'abandonnent volontairement et sans fumée, et il est aisé de s'en approprier les provisions. Quelquefois les mouches n'abandonnent pas la ruche : c'est une preuve que la mère s'y trouve ; dans ce cas, qui est rare, il faut remettre la ruche comme elle était pour la reprendre plus tard. Nous avons dit que la mère établit presque toujours sa demeure dans la ruche du haut : le contraire peut avoir lieu ; la ponte alors continue dans la ruche inférieure et cesse dans l'autre. Lorsque ce fait arrive, il ne reste autre chose à faire que d'attendre à l'automne pour supprimer celle des deux ruches qui n'aura pas la mère. — Il est important de choisir une belle journée pour les opérations dont nous parlons. Les abeilles, quand elles travaillent, sont plus conciliantes, mieux disposées à fraterniser. Celles qui reviennent de la campagne et qui ne retrouvent plus leur ruche finissent, après quelques moments d'hésitation, par entrer en suppliantes chez leurs voisines, où elles ne sont pas trop mal accueillies ; il y a peu de victimes. (*Guide* de M. Collin.)

Les exploiteurs en grand opèrent plus rapidement la récolte entière des ruches communes (*fig.* 26 et 27) par la chasse des abeilles. Dans les localités où le miel est abondant et se produit vite, on chasse une vingtaine de jours après la fauchaison de la principale fleur mellifère (le sainfoin), et il y a toujours peu de couvain dans les ruches, parce que du moment où la cueillette du miel est très-abondante la mère ne trouve plus de cellules où déposer des œufs. Dans le Gâtinais, le mode de renverser les ruches et de les coiffer d'une bâtisse au moment de la miellée s'oppose également à la production du couvain (*).

368. **Chasse par tapotement et à ciel ouvert.** — La chasse par tapotement peut se faire à ciel ouvert, avons-nous dit, ou en enveloppant les ruches. Nous avons décrit ce dernier moyen (200), qui est préférable lorsqu'il s'agit d'essaims artificiels, vu qu'à cette époque les abeilles, ayant beaucoup de couvain, sont peu abordables. Mais lorsqu'il s'agit de chasser les abeilles des ruches grasses, on peut le faire à ciel découvert, c'est-à-dire sans envelopper les ruches, surtout si ces ruches ne sont pas grandes et si leur diamètre est uniforme. Les abeilles déguerpiront d'autant plus vite que le panier sera large et peu profond. Voici comment on opère : on commence par projeter de la fumée aux abeilles qui se trouvent à l'entrée de la ruche, et par frapper quelques petits coups à son sommet ; on la décolle, on fume fortement et on l'enlève pour l'établir sur un tabouret ou sur un baquet (*fig.* 99), lequel a une entrée au bas pour recevoir un fumigateur quelconque. On place d'abord, sur la ruche renversée, la ruche vide dans laquelle les abeilles doivent monter ; on commence à frapper vers la partie inférieure A, puis après trois ou quatre minutes, lorsque les abeilles

(*) Consulter l'*Apiculteur*, troisième année, pour la manière d'opérer dans le Gâtinais.

se sont mises en mouvement, on recule la ruche supérieure et on l'établit comme le montre la figure 99. Pendant qu'il tapote,

(*Fig.* 99.) Opérateur transvasant par tapotement.

l'opérateur souffle sur les abeilles pour les contraindre à déguerpir et pour les diriger du côté de la ruche B. Pour terminer l'opération, la ruche à transvaser est quelquefois placée de façon qu'elle touche en un point à celle qui a reçu les abeilles (*fig* 100). En soufflant de la fumée sur les quelques abeilles récalcitrantes enfoncées entre les rayons, on les contraint de déguerpir. Lorsqu'elles sont toutes passées dans la ruche supérieure, on va replacer celle-ci où était la première. La ruche transvasée est portée à l'ombre, et les quelques abeilles qui y sont restées ne tardent pas à s'envoler et aller rejoindre leur colonie. Mais lorsqu'il y a passablement de couvain, il reste toujours un certain nombre d'abeilles qu'il faut chasser avec une barbe de plume. Si l'on chasse une vingtaine de jours après la sortie de l'essaim, comme il n'y a presque pas de couvain, les abeilles sortent toutes sans trop de difficultés.

Quelques apiculteurs du Gâtinais percent un ou plusieurs trous au sommet de la ruche à transvaser, afin de pouvoir employer simultanément la fumée et le tapotement ; l'un gêne quelquefois l'autre. D'autres emploient la fumée seule : l'opération est plus longue.

(*Fig.* 100.) Opérateur achevant de chasser les abeilles.

Le grand reproche que l'on fait au transvasement, c'est de sacrifier plus ou moins de couvain. Lorsque les ruches sont bien grasses, il n'y a pas ou presque pas de couvain ; mais lorsqu'elles ne le sont pas suffisamment, il y en a toujours à l'époque où on les opère, généralement en été, depuis juin jusqu'à septembre selon la localité. On peut ne pas perdre entièrement ce couvain en plaçant les rayons qui en contiennent d'operculé sur le tablier de la ruche qui renferme la colonie, et en enlevant ces rayons quelques jours après, lorsque le couvain est éclos.

Des apiculteurs établissent des *bâtis* avec ces rayons et y logent leur colonie, ce qui sauve le couvain assurément; mais cela présente des inconvénients qui ne sont pas toujours compensés. Quand on opère sur un certain nombre de ruches et qu'on a beaucoup de rayons pleins de couvain, on réunit ces rayons sous une grande ruche logeant une chasse, laquelle chasse sert de couveuse et s'occupe de tout ce couvain. Les abeilles qui en naissent peuvent être utilisées pour peupler les colonies faibles, ou pour être ajoutées aux chasses à conserver.

369. **Chasse, chassé ou trévas.** — On donne ce nom aux colonies que l'on a chassées de leur logement. Les trévas doivent être doublés et quelquefois triplés, lorsqu'ils proviennent de ruches chassées après la principale production du miel, et qu'on se propose de les conduire au pâturage. Mais ils peuvent être laissés seuls, s'ils sont obtenus avant la fin de la production mellifère et s'ils sont populeux. Toutefois ils ne réussissent pas souvent, à moins qu'on ne leur fasse une avance qu'ils rendent à gros intérêts. Cette avance consiste à leur donner 2 ou 3 kilogrammes de miel commun, de sirop de sucre ou de glucose, qu'on leur administrera en deux fois les deux premières nuits de leur installation. Ces 2 ou 3 kilos de nourriture leur valent mieux que 6 kilos en arrière-saison ; c'est-à-dire que, moyennant une dépense de 2 à 3 fr., on est presque certain de leur réussite trois années sur quatre.

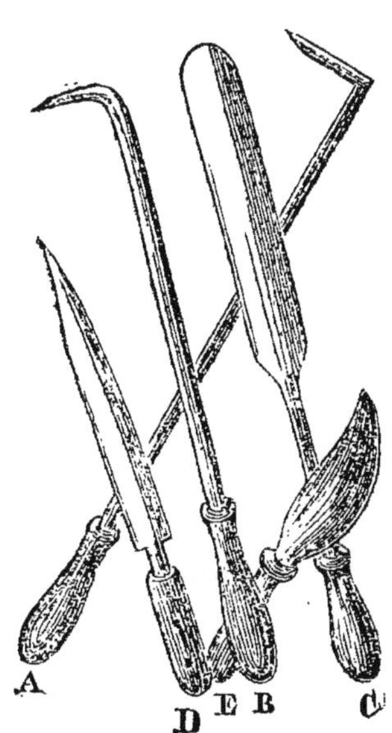

(*Fig.* 101.) Couteaux à extraire les rayons.

370. **Couteaux à extraire les rayons.** — Pour extraire les rayons ou parties de rayons des ruches, on fait usage : 1° d'un cératome, A (*fig.* 101), dont la longueur varie en raison de la profondeur

des ruches qu'on a à récolter. La branche longue est carrée ou circulaire et a 8 millimètres environ de diamètre ; la branche brisée a 4 ou 5 centimètres ; elle est en langue de chat et aiguisée principalement par le bout ; 2e d'un couteau à lame recourbée, B, qui peut remplacer le premier ; 3o d'un couteau à lame droite et demi-pliante, C, qui sert à entamer et à décoller les rayons attachés aux parois latérales ; 4o d'une spatule-couteau ou *brise-propolis*, D, qui sert à enlever les parties de rayons fortement attachées aux parois de la ruche. Cette spatule sert également à décoller les ruches de leur plateau, les calottes du corps des ruches, etc., et peut être utilisee comme truelle pour calfeutrer et pourgeter les ruches. Nous avons figuré en E le couteau à lame pointue et aiguë employé pour la décapitation des mâles, dont nous avons parlé ailleurs.

Maintenant que nous avons extrait les produits, nous devrions nous occuper de les manipuler, car le miel demande à être coulé aussitôt qu'il est enlevé des ruches ; mais, voulant en finir avec les travaux extérieurs qui nous restent à voir, nous remettrons à la dernière leçon d'en parler.

371. **Fin de la campagne des abeilles.** — A la fin de juin, dans beaucoup de localités, les abeilles ont achevé leur campagne, et c'est à peine si elles amasseront suffisamment jusqu'à la fin de l'été pour leur entretien journalier. Il n'en est pas de même dans les localités de cultures spéciales de blé noir et de bruyère, dans les cantons où la miellée des arbres donne, et dans quelques autres du littoral de la Manche.

Lorsque les fleurs mellifères sont passées, ou qu'elles ne donnent presque plus de miel, la saison des essaims est finie, et les faux-bourdons ne tardent pas à être mis à mort ; mais si l'on conduit les colonies à quelque pâturage avant cette extermination, les mâles sont conservés, et il arrive quelquefois qu'une saison d'essaimage recommence, c'est-à-dire que des colonies qui ont essaimé un mois ou six semaines avant donnent encore des essaims.

372. **Moyen de donner des provisions aux essaims pauvres.** — Nous avons vu comment on peut équilibrer les

populations lors de la grande production du miel; nous allons voir comment on peut pour ainsi dire équilibrer de même les provisions après la saison du butin : il s'agit ici de colonies logées dans des ruches à calotte, à hausses, à divisions verticales et à cadres mobiles. Pour cela il faut enlever la calotte ou hausse supérieure, etc., des ruches qui ont plus que leur approvisionnement, et, après en avoir chassé les abeilles, les donner aux ruches qui n'en ont pas suffisamment, notamment aux jeunes essaims. Les parties enlevées de ces ruches faibles sont aussi données, après évacuation des abeilles, aux ruches fortes. Nous insistons pour qu'on secoure ainsi les essaims pauvres, parce que souvent ils rendent au double les avances qu'on leur fait, pourvu qu'il soient populeux.

373. **Soins généraux.** — Lorsque les abeilles ne trouvent plus rien sur les fleurs devenues rares, et qu'elles ont peu d'approvisionnements, elles pensent à en aller prendre dans les ruches qui sont mieux fournies; elles attaquent notamment celles qui n'ont plus de mère et dont la population est faible, et aussi celles qui sont envahies par la fausse teigne. Il faut veiller au pillage (221). Les guêpes et les frêlons attaquent aussi, en été, les ruches peu peuplées, et celles qui tombent en décadence ou sont atteintes par la fausse teigne. On doit établir un courant d'air sous les ruches, en les élevant au moyen de cales si les chaleurs de l'été sont très-fortes, et couvrir les habitations d'un bon surtout de paille pour empêcher les rayons du soleil de fondre les édifices des abeilles.

374. **Mort des abeilles mères.** — Un certain nombre d'abeilles mères meurent de vieillesse ou d'accidents en été. Il faut, à cette époque, jeter de temps en temps les yeux sur les ruches et augurer mal de celles dont les abeilles sont en mouvement, lorsque celles des autres ruches sont tranquilles : c'est que leur mère est morte depuis peu; il faut leur adjoindre une petite colonie bien organisée. Il faut aussi augurer mal de celles qui n'ont pas tué leurs faux-bourdons, ainsi que de celles qui ont rétréci sensiblement leur entrée au moyen de propolis; du reste, la population de ces dernières est considérablement dimi-

nuée : si la mère n'en est pas morte, elle est gravement malade. Dans l'un et l'autre cas, il faut donner une population à ces colonies; mais avant de le faire il faut s'assurer si la fausse teigne n'aurait pas envahi leurs édifices (*).

375. **Réunion des colonies faibles.** — Réunir ou marier deux colonies, c'est la même chose : c'est de deux colonies n'en faire qu'une. On peut, dans certaines circonstances, réunir trois et quatre populations ensemble. Cette pratique a des avantages incontestables : d'abord, dirons-nous après Contardi, *tout l'art du cultivateur d'abeilles consiste à avoir des populations fortes*, et, quelque fortes que soient les populations, *elles ne le sont jamais trop.* Nous ajouterons que les produits des ruches sont en progression à la quantité des abeilles. L'expérience prouve tous les jours que, quand une colonie de 1 kilogramme 1/2 d'abeilles recueille 3 kilogrammes de miel, une population de 3 kilogrammes d'abeilles en recueille au moins 12 kilogrammes, ces deux colonies étant d'ailleurs placées dans des conditions semblables. Or, cela indique qu'au lieu d'étouffer les abeilles des ruches à récolter, comme le font encore trop de gens qui ne raisonnent pas, il y a des avantages immenses à s'en emparer et à les réunir aux colonies auxquelles on ne touche pas, aux colonies à conserver.

(*) Les orphelines de juillet presentent des caractères extérieurs qui les font reconnaître avec assez de facilité, sans qu'on ait besoin de les visiter intérieurement. Jetez un coup d'œil sur le rucher, entre midi et 3 heures, au moment où les bourdons vont prendre l'air sous un ciel serein. Voyez comme ces malheureux sont chassés partout, excepté de quelques ruches où ils jouissent d'une liberté complète pour aller et venir. Ces ruches ont très-peu d'activité et une faible population, les ouvrières qui reviennent chargées de pollen y sont rares, le bruissement y est nul ou presque nul le matin et le soir : tous ces caractères réunis vous donnent la certitude que la mère manque. Pour peu que vous en doutiez, visitez l'intérieur : il y a beaucoup de faux-bourdons, mais aucune trace de couvain d'ouvrières, quelquefois du couvain de faux-bourdons de tout âge. Quand ces signes intérieurs viennent confirmer les signes extérieurs, le doute n'est plus possible. Les ruchées les plus exposées à devenir orphelines sont celles qui donnent un essaim secondaire, surtout lorsque cet essaim, retardé par le mauvais temps, ne sort que de douze à quinze jours après le primaire. On trouve même des orphelines, quoique bien rarement, dans un panier d'essaim. Cela vient d'une réunion de deux essaims sans réussite : les deux mères ont péri. COLLIN.

Ces avantages sont : 1° que l'on conserve toutes ses abeilles; 2° qu'on les conserve sans dépenses et sans frais particuliers, car nous démontrerons plus loin que les populations fortes ne consomment guère plus que les faibles en hiver (400); 3° qu'on n'a que des ruchées fortes, exemptes de la fausse teigne et de toutes les affections qui atteignent les colonies peu populeuses, des ruchées qui assurent des produits à leur propriétaire. Nous pourrions encore ajouter que deux populations mariées demandent moins de soins que lorsqu'elles ne le sont pas, et que, par conséquent, les réunions économisent le temps.

Ce ne sont pas seulement les colonies des ruches qu'on récolte entièrement qu'il faut marier à des ruchées à conserver : ce sont aussi 1° les colonies qui n'ont pas montré de faux-bourdons et qui, par conséquent, n'ont pas essaimé; leur ruche doit être récoltée si elle contient des provisions; 2° tous les essaims faibles et toutes les ruchées mères qui n'ont pas suffisamment de provisions pour passer l'hiver, ruchées que quelques apiculteurs perdent souvent leur temps à nourrir, parce qu'ils le font tardivement et parcimonieusement, et que les *étouffeurs* sacrifient impitoyablement. Il ne faut pas se contenter de marier ensemble les colonies tout à fait pauvres; si, à la suite d'une mauvaise année, on est réduit à ces extrémités, il faut nourrir ces réunions misérables. Mais, en année ordinaire, il faut réunir les colonies pauvres à celles qui ont des approvisionnements suffisants. Cependant c'est une sage mesure et une excellente pratique de marier vers le milieu et la fin de l'été deux ruchées qui n'ont chacune qu'un demi-approvisionnement, que les abeilles réunissent en un seul approvisionnement dans l'une des deux ruches et qu'elles consomment sur place, lorsque l'union a eu lieu par la juxtaposition des ruches. C'est encore une bonne méthode de marier en arrière-saison deux populations dont les approvisionnements de chacune sont insuffisants pour atteindre la bonne saison. Si l'on n'est pas à même de faire réunir aux abeilles les approvisionnements des deux ruches, on conserve soigneusement celles que les abeilles ont quittées ou dont on les a chassées, et après l'hiver, en février ou en mars, lorsqu'on juge qu'il n'y a plus rien dans la loge commune, on introduit les abeilles dans la ruche conservée. Il faut toujours, autant que possible, réunir des ruches voisines.

Il n'y pas d'époque déterminée pour faire les réunions, c'est-à-dire qu'on peut les faire à toutes les époques, mais cela est plus à propos lorsqu'il n'y a pas ou qu'il y a peu de couvain dans la ruche dont on extrait la population : l'opération réussit mieux d'ailleurs. On sait qu'il y a combat entre les abeilles mères des colonies qu'on réunit, et que c'est presque toujours la mère la plus vigoureuse qui sort victorieuse de ce combat. Quelquefois les deux mères succombent dans la lutte; mais cet accident est rare, et on ne doit pas en tenir compte. Dans ce cas, il faut ajouter une nouvelle colonie à l'union orpheline, ce qu'on pourra faire après l'hiver si l'on ne possède pas de colonies faibles avant.

Les colonies que l'on réunit se livreraient combat, souvent jusqu'à l'extermination de l'une, si l'on ne prenait des mesures pour empêcher ce combat, que l'on parvient à éviter en mettant les abeilles en état de ralliement (192). On emploie la fumée ou le miel, selon les circonstances.

376. **Procédés pour réunir ou marier plusieurs colonies logées.** — Il a plusieurs procédés assez faciles pour réunir les colonies. Lorsqu'il s'agit de ruches à hausses, rien n'est plus aisé; on enlève les hausses inférieures, celles qui ne contiennent pas d'abeilles, et on réunit les autres en les superposant et en ayant soin de placer au-dessous celles qu'on se propose d'enlever un peu plus tard. Mais, avant de faire la réunion, il faut projeter de part et d'autre de la fumée aux abeilles jusqu'à ce qu'elles fassent entendre un bruissement prononcé. Si les ruches vulgaires à réunir ont le même diamètre et une issue par le haut, on peut procéder comme on vient de le voir pour celles à hausses, c'est-à dire coiffer l'une de l'autre, en mettant au-dessous celle qui doit être enlevée un peu plus tard. On projetera encore de la fumée au préalable; mais on pourra s'en dispenser si l'on opère tardivement et si les colonies ne sont pas populeuses. Dans ce cas, les abeilles de la ruche supérieure s'imprègnent de l'odeur de celles de la ruche inférieure; étant

obligées de passer par cette ruche pour sortir, elles finissent par s'unir sans désordre aucun. Il est bien entendu que l'une des mères est tuée par l'autre lorsque le mariage est accompli; mais il arrive que cela a lieu quelquefois plus de quinze jours après qu'on a réuni les deux ruches.

En arrière-saison et en hiver, on peut réunir les colonies en plaçant une ruche sur une autre renversée. Pour que le mariage se fasse vite et sans combat, on arrose de quelques cuillerées de miel liquide les rayons des deux ruches, et, afin de les faire se toucher, on place entre eux (les rayons des deux ruches) un morceau de rayon contenant aussi du miel. On bouche les issues au moyen d'une toile claire, et la réunion s'accomplit en un jour ou deux. En hiver, il faut opérer dans une chambre où la gelée ne se fait pas sentir.

377. Lorsqu'on a affaire à des ruches en cloche n'ayant pas le même diamètre, ni d'issues à la partie supérieure, et qu'on opère en été, il faut chasser dans une ruche vide la colonie à réunir. Le soir du jour où l'on a fait cette opération, on place sur un linge la ruche qui va recevoir la nouvelle colonie; on l'exhausse au moyen de petites cales, et l'on projette de la fumée aux deux populations à réunir, notamment à celle qui est logée; on secoue la ruche de la colonie à réunir à l'entrée de la ruche de l'autre, et les abeilles s'empressent d'y monter. Si elles tardaient trop et si elles faisaient mine de se quereller, il faudrait faire jouer l'enfumoir jusqu'à ce que le bruissement fût complet et que le plus grand nombre des abeilles fût entré dans la ruche.

378. En saison avancée, on a quelquefois de la peine à chasser les abeilles, surtout si les rayons n'emplissent que le tiers de la ruche. Dans ce cas on renverse sens dessus dessous la ruche à réunir; on la laisse quelques minutes dans cette position; toutes les abeilles se groupent au haut des rayons et contre les parois de la ruche; on vient alors secouer cette ruche à l'entrée de celle qui doit réunir les populations; on la remet l'orifice en l'air, et au bout d'une minute on la secoue de nouveau. En réitérant cette manœuvre quatre ou cinq fois, toutes les abeilles sont à peu près tombées; le peu qu'il en reste ne

tarde pas à déguerpir si l'on couche leur ruche près de celle dans laquelle est déjà entrée une bonne partie de leurs compagnes. La ruche secouée doit être frappée la première fois à terre, et les autres fois contre un corps amortissant, tel qu'une torche de paille; il faut avoir soin d'agir avec modération pour ne pas casser les rayons. Des apiculteurs du Gâtinais suspendent à une poutre la ruche à secouer, et ils reçoivent les abeilles dans un crible afin de pouvoir les verser facilement à l'entrée de la ruche dans laquelle ils veulent opérer une réunion (394). — Faites usage de la fumée sur la ruche qui reçoit la colonie supplémentaire.

Mais lorsqu'on a affaire à un tronc d'arbre ou à une de ces boîtes volumineuses que l'on rencontre dans le Midi, ces ruches se refusent souvent aux moyens que nous venons d'indiquer : il faut alors avoir recours à l'asphyxie momentanée des abeilles.

379. **Asphyxie momentanée des abeilles.** — En mettant les abeilles en contact avec la fumée de quelques corps âcres et délétères, on obtient leur asphyxie momentanée, si toutefois ce contact n'est pas trop prolongé, car autrement l'asphyxie devient mort réelle. C'est assez dire que le moyen est rigoureux, héroïque, et qu'il faut en user avec circonspection. Cependant on ne sacrifie presque pas d'abeilles lorsqu'on apporte de la prudence et des soins dans l'opération, et, après tout, il vaut beaucoup mieux y avoir recours que d'étouffer les abeilles, comme le font les *éteigneurs*.

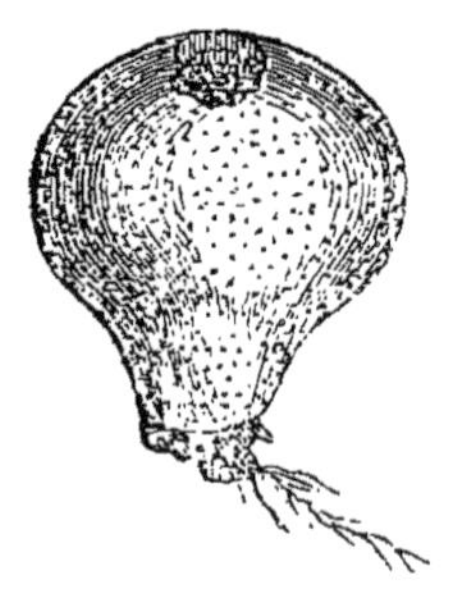

(*Fig.* 102.) Vesse de loup commune.

Les corps dont on fait usage pour obtenir l'asphyxie momentanée des abeilles sont : la vesse de loup ou lycoperdon (*fig.* 102), le nitrate de potasse ou sel de nitre (salpêtre), le soufre, etc. La manière d'opérer diffère d'un apiculteur à l'autre; l'essentiel est de ne pas laisser trop longtemps les abeilles en contact avec la fumée asphyxiante. Voici comment s'y prennent des praticiens du Nord qui emploient la vesse de loup :

380. **Asphyxie par la vesse de loup.** — Vous faites un trou en terre, profond d'environ 18 centimètres et assez large pour y placer une assiette sous laquelle vous avez le soin d'étendre un essuie-main. Vous enfilez dans du fil de fer quatre ou cinq vesses de loup sèches, bien sèches (*), dont vous ouvrez la tète; vous les passez sur la flamme de plusieurs allumettes réunies, et vous fichez ce fil de fer dans le côté latéral du trou; vous posez la ruche dessus et vous relevez contre cette ruche les bords de l'essuie-main, et la buttez à l'aide de la terre que vous avez extraite du trou, afin d'empêcher la fumée de sortir. Quatre ou cinq minutes après vous pouvez relever votre ruche, toutes les abeilles sont tombées dans l'assiette. Comme vous faites la même opération en même temps sur deux colonies que vous voulez marier, vous prenez les assiettes pleine d'abeilles et vous les mettez dans la ruche dans laquelle vous vous proposez de les loger; vous reportez la ruche au rucher et le tour est joué. On fait ordinairement cette opération vers les quatre heures du soir. Lorsque les abeilles réunies ont été placées dans la ruche, on bouche à peu près l'entrée de manière que les abeilles ne puissent s'échapper lorsqu'elles reviennent à la vie. Le lendemain matin, lorsqu'on leur rend la liberté, elles sont aussi vives que la veille et aussi unies que si elle eussent toujours vécu ensemble.

381. **Asphyxie par le sel de nitre**. — Il faut se servir de sel de nitre purifié, tel qu'on le trouve dans les pharmacies ou dans les bonnes maisons de droguerie; car, non purifié, il est mélangé à d'autres sels, tels que le chlorure de chaux, de potasse et surtout de soude. Dans l'ustion, partie de ces sels est décomposée; des vapeurs de chlore mises à nu se mêlent à celle de l'azote et tuent les abeilles qui le respirent. Le nitre ne

(*) Il s'agit de vesses de loup grosses comme des noix et pour l'asphyxie de ruches jaugeant une vingtaine de litres. Il en faut davantage pour des ruches d'une capacité plus grande. La figure 102 représente l'espèce de lycoperdon commun dont il est parlé. Il y en a d'autres espèces plus grosses, entre autres le bovista (L. des bouviers), qui est une des meilleures pour cet objet (V. notre brochure de l'*Asphyxie momentanée des abeilles*.)

s'emploie pas tel qu'il est; on en imprègne des chiffons ou de la filasse, à raison de 5 grammes pour chaque ruche à asphyxier. Ces chiffons se préparent à l'avance et sont secs quand on les utilise. On prend une certaine quantité de lambeaux de toile qu'on trempe dans autant de fois 5 grammes de sel de nitre dissous dans un peu d'eau (un demi-verre) qu'on se propose d'avoir de doses asphyxiantes : on les fait sécher et on les range.

Pour les ruches en cloche, et lorsqu'on a un enfumoir à soufflet, on se sert d'une hausse à fond inférieur sur laquelle on place la ruche à asphyxier (*fig.* 103); on bouche les issues pour empêcher la fumée de s'échapper. Par un trou pratiqué vers le haut de cette hausse, on passe la douille de l'enfumoir qui contient le chiffon nitré enfumé, et l'on fait jouer le soufflet. Aussitôt que les abeilles ont ressenti les atteintes de la fumée, elles font entendre un bruissement qui cesse bientôt et qui indique que l'asphyxie commence. Au bout de trois minutes à peine, on retourne la ruche après l'avoir frappée du dos de la main pour en faire tomber toutes les abeilles, et, au moyen d'une barbe de plume, on achève de faire tomber celles qui sont restées accrochées les unes aux autres entre les rayons. Lorsqu'il reste un certain nombre d'abeilles dans la ruche et qu'on ne peut les faire tomber, on attend qu'elles aient repris leurs sens, et on les soumet à une seconde fumigation, en ayant soin de n'employer cette fois qu'une demi-dose de chiffon nitré.

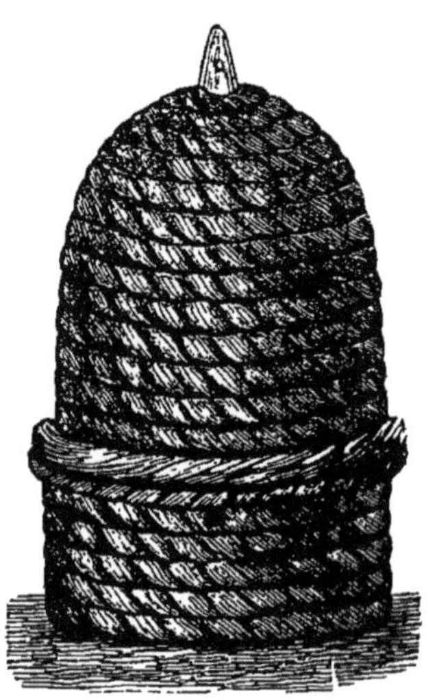

(*Fig.* 103.)
Hausse à fond pour l'asphyxie.

382. Lorsqu'on ne possède pas d'enfumoir à soufflet ou d'appareil semblable à celui indiqué à la page 212 (*fig.* 90), on place la matière asphyxiante dans un fourneau en tôle (*fig.* 104) percé de trous de chaque côté pour donner passage au gaz, pour le diviser et le répandre également dans toutes les parties de la

ruche. Ce fourneau a 8 centimètres de hauteur intérieure, 8 centimètres de largeur à la base et 15 centimètres de longueur; il est de forme triangulaire, ce qui fait que les abeilles asphyxiées qui tombent dessus glissent à l'instant de chaque côté et ne sont ni brûlées ni exposées à une trop forte quantité de fumée. Il est supporté par quatre pieds de 5 à 6 centimètres environ de hauteur. Ce fourneau est fermé à un bout et ouvert à l'autre : on ferme ce dernier pendant l'opération au moyen du couvercle

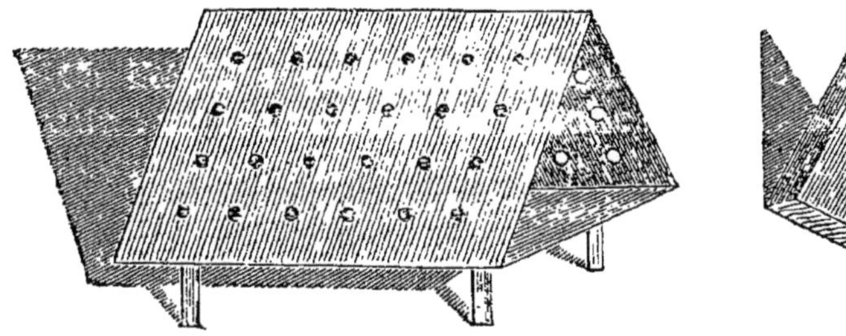
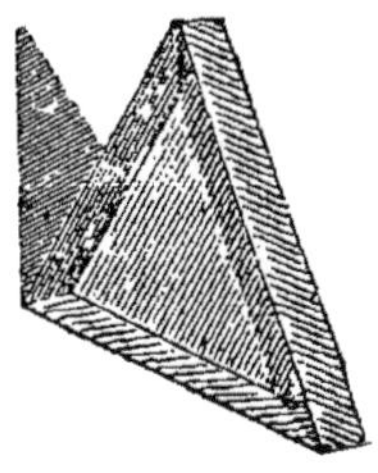

(*Fig.* 104.) Fourneau pour l'asphyxie.

que l'on aperçoit à droite de l'appareil. Intérieurement, dans le sens de la largeur du fourneau, sont placées, à 2 centimètres du bas, deux tringles en fil de fer, qui servent à supporter le linge nitré afin de faciliter la combustion. On peut remplacer cet appareil, inventé par M. D. Huillon, apiculteur de la Meuse, par un autre plus simple et plus économique, par une tuile creuse ou un tuyau quelconque; on met le linge nitré sous cette tuile ou dans ce tuyau, qui empêche les abeilles de s'y brûler en tombant, et la fumée, s'échappant par chaque bout, monte dans la ruche.

Ces appareils doivent être placés sur une feuille de carton ou de papier, lorsqu'on opère. Après l'opération, on laisse les abeilles un moment à l'air, et aussitôt qu'on voit qu'elles retrouvent leurs sens, on prend les deux côtés opposés de la feuille, et, l'inclinant brusquement, on secoue les abeilles soit à l'entrée de la ruche à laquelle on veut les réunir, soit dans une ruche vide, que l'on tient inclinée au moyen d'une cale. Dans ce dernier cas, on opérera la réunion à la fin de la journée, après avoir enfumé l'une et l'autre des colonies à réunir.

Lorsque nous avons affaire à des ruches en une pièce, dont les cires ne sont qu'à demi ou aux trois quarts, nous usons du mode suivant pour la réunion par l'asphyxie. Nous plaçons les deux ruches comme lorsqu'il s'agit d'un transvasement (voir p. 100), et nous asphyxions en même temps les deux colonies (la fumée est lancée à la jonction des deux ruches par un enfumoir à soufflet). Les abeilles de la ruche du haut tombent dans celle du bas, et se trouvent mariées à leur réveil.

La fumée de chiffon nitré étant plus caustique et plus délétère que celle de la vesse de loup, il faut n'en user qu'avec précaution, et l'on ne doit employer l'asphyxie que lorsqu'on n'a pas à sa disposition d'autres moyens de s'emparer des abeilles; car, si un simple état de bruissement fatigue les abeilles, combien ne doit pas le faire un état de mort momentanée? Nous ne conseillerons jamais l'asphyxie pour l'essaimage artificiel, pénétré que nous sommes que le couvain doit en souffrir.

383. **Anesthésie.** — Il ne faut pas confondre l'asphyxie, qui, comme nous venons de le voir, est un étouffement momentané, avec l'anesthésie ou sommeil léthargique procuré par certains gaz, tels que : l'éther, le chloroforme, l'acide carbonique, etc. L'anesthésie tue quelquefois aussi; mais, convenablement pratiquée, elle n'a pas les conséquences de l'asphyxie momentanée. Malheureusement, les matières avec lesquelles on l'obtient, ou du moins celles connues jusqu'à ce jour, et les appareils qu'il faut pour cela ne sont pas à la portée de tous (*).

384. **Ennemis des abeilles en été.** — Après la fausse teigne, ce qu'il faut le plus redouter en été, c'est le pillage (221). Les guèpes et les frêlons, dans les localités où ces insectes sont abondants, viennent aussi tourmenter les abeilles, dont ils s'emparent quelquefois pour manger ce qu'elles ont dans l'abdomen. On rétrécira les entrées des ruches, si l'on voit beaucoup de ces ennemis rôter autour.

(*) V. l'*Apiculteur*, deuxième année, p. 265, pour la manière d'obtenir l'anesthésie par le gaz acide carbonique.

On donne comme moyen efficace de détruire les guêpes de verser la contenance d'un petit verre d'*essence de térébenthine* dans le guêpier, et d'en boucher l'entrée avec un tapon d'ouate imbibé de la même liqueur. On ajoute par-dessus une pierre, un gazon ou bien une pelletée de terre : deux heures après, les guêpes sont mortes. C'est le soir qu'il faut faire cette opération.

385. **Conduite des abeilles aux blés noirs ou aux bruyères.** — Vers la fin de juillet et au commencement d'août, les apiculteurs des localités proches des cantons où l'on cultive en grand le sarrasin, ou qui possèdent beaucoup de bruyères mellifères, conduisent leurs abeilles dans ces cantons. Il en est de même dans quelques localités de plaines avoisinant des montagnes; on transporte les abeilles à ces montagnes, qui produisent encore des fleurs lorsque la plaine est desséchée. Le transport doit avoir lieu la nuit et dans les conditions que nous avons indiquées ailleurs (352).

Guêpe mellifère de la Guyane.
(*V.* Nid, p. 188)

XVe LEÇON

TRAVAUX D'AUTOMNE ET D'HIVER

Récolte dernière. — Provisions que doivent avoir les colonies pour passer la mauvaise saison. — Balance pour peser les ruches. — Vente et achat d'abeilles en arrière-saison. — Nourrissement des abeilles. — Retour de la bruyère. — Mariage des colonies qui n'y ont pas trouvé de provisions suffisantes. — Importance et conservation des cires vides, charpentes ou bâtisses. — Hivernage des abeilles. — Moyens de les garantir d'un froid trop rigoureux. — Enterrement des ruches. — Consommation des abeilles en hiver. — Avantages des populations fortes sur les faibles. — Manière de raviver les abeilles engourdies par le froid. — Grand froid, neige, dégel. — Arrangement des ruches à la fin de l'hiver.

386. Nous arrivons dans une saison où les abeilles ne trouvent presque plus de fleurs aux champs, et, si elles sortent encore, c'est plutôt pour prendre leurs ébats que pour le reste. Cependant la fin de l'été et le commencement de l'automne sont quelquefois un arriéré de printemps pour les abeilles. Après un été sec, si des pluies surviennent vers la fin d'août, elles raniment la végétation des plantes et font encore éclore des fleurs où nos laborieuses ouvrières butinent un peu de miel et passablement de pollen, dont elles se servent pour une couvée de jeunes abeilles avant l'hiver, couvée qui renforce singulièrement les colonies et qui ne contribue pas peu à les aider à bien passer la mauvaise saison. L'excédant de pollen est emmagasiné et sert à alimenter le couvain élevé pendant l'hiver; car, à partir de janvier et quelquefois même de la fin de décembre, la ponte recommence dans nos climats tempérés.

il faut encore surveiller le pillage. Pour l'éviter autant que possible, il faut rétrécir l'entrée des ruches au moyen de guichets ou de porte mobiles (297).

387. **Récolte dernière.** — On peut encore récolter les ruches vulgaires, qui ne l'ont pas été les mois précédents, en en chassant les abeilles et en les réunissant à des colonies à conserver. On enlève également les calottes et les hausses supérieures des ruches qui ont un excès de miel; mais on ne replace plus ces calottes et ces hausses, qui, ne pouvant plus être remplies, produiraient un vide dans le haut des ruches, ce qu'il faut éviter pour l'hiver. On ne replacera pas davantage les divisions verticales qu'on pourrait enlever à cette époque. — Ces opérations doivent se faire au milieu d'une belle journée.

On enlève aussi, après la saison du travail, les hausses inférieures qui n'ont pas de gâteaux ou qui en ont peu. Cependant il convient de les laisser si les colonies sont très-fortes et si la localité est humide : elles servent alors à aérer les ruches, ce qui empêche la moisissure. — On conservera soigneusement celles enlevées qui contiendraient des rayons propres : elles seront d'une grande valeur pour les essaims ou pour l'obtention de miel.

388. **Provisions que doivent avoir les colonies pour passer la mauvaise saison.** — La colonie consomme, en moyenne, de 6 à 8 kilogrammes de miel depuis septembre jusqu'en avril. Cette quantité varie selon le climat et selon l'année; on peut même ajouter selon l'état de la colonie, car il en est qui consomment plus que d'autres, et ce ne sont pas toujours les plus populeuses qui, comme on pourrait le croire, consomment le plus. En estimant la quantité de provisions que contient une ruche, il faut avoir égard à son âge et se souvenir que les rayons noirs des vieilles ruches pèsent deux ou trois fois plus que les rayons blancs d'un essaim. On doit aussi tenir compte approximativement de la quantité de pollen qui peut exister dans les ruches. On est fixé sur ce point par celles qu'on a dépouillées.

Connaissant la tare de chaque ruche, il est facile de se rendre compte des provisions intérieures, qui pourront être dans les proportions suivantes pour une colonie de deux ans, dont le poids brut est, je suppose, de.................... 15 kil.

Poids de la ruche vide...........	4 k. »		7
— des abeilles...............	1 1/2		
— des rayons ou de la cire....	1 »		
— du pollen................	» 1/2		
Différence....................			8 kil.

Cette différence donne la quantité de miel contenue dans la ruche. On remarquera que l'appréciation a lieu en automne. Elle serait inexacte au printemps ou en été, lorsqu'il y a beaucoup de couvain dans la ruche.

On pèsera donc toutes les ruches avant l'hiver; on les pèsera également au sortir de l'hiver, et l'on profitera de cette occasion pour les visiter, pour s'assurer de l'état de leur population et de leurs rayons. Après avoir nettoyé les tabliers, on les replacera dessus et l'on bouchera bien toutes les issues autres que l'entrée, si le temps et la localité sont secs; s'ils sont humides, on ménagera un courant d'air.

389. **Balance pour peser les ruches.** — Il importe à l'apiculteur de savoir le poids de ces ruches à différentes époques de l'année. L'instrument le plus facile à employer pour cela est la *romaine à cadran* (*fig.* 105), qui tient peu de place et qui est aussi exacte que portative. Elle va très-longtemps sans se fausser, à moins qu'elle ne soit endommagée; et, lorsqu'elle est faussée, elle peut être réparée à peu de frais.

Lorsqu'il s'agit de connaître le poids d'une ruche, on suspend cette ruche au crochet de la romaine. On soulève celle-ci en passant les doigts dans son anneau, A, ainsi qu'on le fait quand on pèse avec la romaine triangulaire que tout le monde connaît. L'aiguille B indique sur le cadran le poids de la ruche. Si l'on a affaire à une ruche sans manche et sans anse, on passe dessous une ficelle qui en tient lieu. — On doit choisir une matinée ou une soirée fraîche pour peser les ruches, et, lorsqu'on est obligé de les peser au moment du travail, il faut projeter un peu de fumée aux abeilles qui se trouvent à l'entrée et sur le tablier, afin d'en écraser le moins possible. On peut les peser avec leurs tabliers, lorsqu'on sait le poids de ceux-ci, et qu'ils ne sont pas trop lourds.

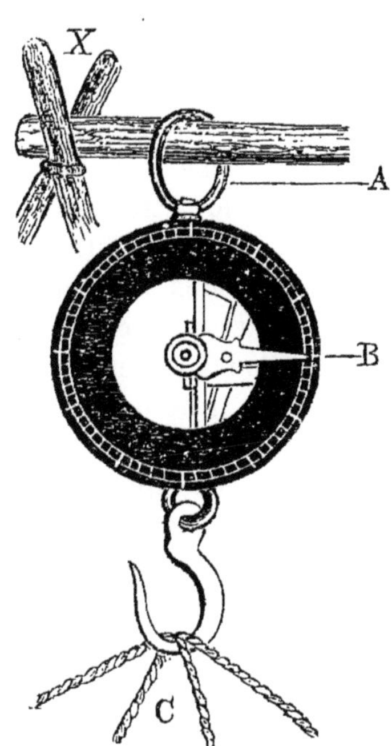

(*Fig.* 105.) Romaine à cadran pour peser les ruches.

Lorsque l'on veut faire des expérience sur le poids journalier d'une ruche convenablement placée, on dispose deux bâtons se croisant en X, comme dans la figure ci-jointe, qui reçoivent un autre bâton transversal, lequel à son tour reçoit l'anneau de la romaine. Le poids de cette ruche est constamment indiqué par l'aiguille, qui avance au cadran à mesure que ce poids augmente, et qui recule à mesure qu'il diminue.

Cette romaine, à moins que son cadran ne soit très-grand, ne donne pas de division au-dessous du demi-kilogramme ; il faut les établir à vue de nez, c'est-à-dire à peu près. Il existe des balances à bascule et à cadran dont la précision ne laisse rien à désirer, ainsi que les divisions inférieures du kilogramme, qui sont poussées très-loin. Mais le prix élevé de ces balances en rend l'usage impossible à la plupart des apiculteurs, qui se servent du premier peson venu.

390. **Vente et achat d'abeilles en arrière-saison. Conseils.** — L'arrière-saison est la principale époque de vente et d'achat d'abeilles dans beaucoup de cantons. Pour la vente, il faut se défaire de préférence des colonies qui commencent à vieillir et qui n'essaiment plus, ainsi que des essaims à nourrir. Ces ruches valent moins, bien entendu, que les essaims suffisamment approvisionnés, et que les colonies de deux ou trois ans qui ont essaimé de bonne heure et travaillé activement.

Parmi vos ruches, il s'en trouve dont l'abeille mère est bien plus vigoureuse que d'autres de ruches voisines ; ne vous défaites pas de ces premières, fussent-elles peu approvisionnées ; complétez ce qui leur manque.—Pour l'achat, il vaut mieux, par les mêmes considérations, préférer des essaims et de bonnes ruches mères d'un ou de deux ans à de vieilles ruchées qui n'ont pas essaimé. Si vous achetez ces dernières, vous devrez les marier à des essaims secondaires. Il ne faut pas non plus acheter de ruchées trop lourdes ; car, pleines de miel, elles ne laissent pas d'alvéoles vides pour l'éducation du couvain, et la population faiblit bientôt. Elles sont dans de bonnes conditions au poids de 15 à 20 kilogrammes en ruche de paille. Les essaims qui ne pèsent que 12 ou 13 kilogrammes en panier de paille peuvent encore être achetés de confiance vers octobre. — Il ne faut pas aller chercher d'abeilles dans une localité où l'on ne cultive que du sarrasin, ou qui n'a que des bruyères au miel aqueux et froid, pour les apporter dans un canton de sainfoin et d'autres fleurs au miel blanc, car elles travailleraient peu. Il faut les prendre dans une localité où elles essaiment de bonne heure et beaucoup. Il faut aussi les prendre dans une localité où elles sont assez nombreuses, ou bien dans un rucher qui renouvelle annuellement une partie de ses colonies. Un point auquel on ne fait pas assez attention, c'est de renouveler les colonies de temps à autre, surtout dans les petits ruchers isolés. Voici ce qui arrive lorsqu'on ne le fait pas : les jeunes femelles s'accouplent avec des mâles de même famille, des frères ou des cousins ; il y a par conséquent consanguinité, et partout où il y a consanguinité il y a dégénérescence (*). Voilà pourquoi souvent des ruchers, et surtout de petits ruchers isolés, ne réussissent plus après avoir

---

(*) On a contesté ce fait, mais il n'en existe pas moins aussi bien chez les gens que chez les bêtes. Un médecin des États-Unis, le docteur Bemis, a constaté que sur 787 mariages entre cousins germains, 256 ont produit des aveugles, des sourds-muets, des idiots, etc. Un certain nombre sont restés stériles ; aussi plusieurs États de l'Union ont-ils voté une loi qui défend ces mariages. (V. *Journal des Connaissances médicales*, septembre 1858 ; *Traité spécial d'Hygiène des familles*, de M Francis Devay, et *Travaux de Statistique et de Physiologie*, de M. Marc Despine, de Genève.)

réussi un certain nombre d'années. Les colonies n'essaiment plus et ne donnent pas davantage de produits. Quant aux qualités particulières qu'on a attribuées à différentes espèces d'abeilles faites par des auteurs, ne vous en préoccupez pas. Nous l'avons déjà dit, et nous le répétons : il n'y a en France, et même dans une grande partie de l'Europe, qu'une espèce d'abeilles offrant quelques variétés légères dues à la nature et aux ressources des plantes, au climat et sans doute aussi aux causes que nous avons signalées plus haut.— Quant au prix des colonies, il varie d'un canton à l'autre. Ici on paye les bonnes colonies à garder de 18 à 24 fr. ; ailleurs elles ne coûtent que 14 ou 15 fr. Dans plusieurs localités, on ne les vend que 10 ou 12 fr., quelquefois même que 8 fr.

391. **Nourrissement des abeilles.**—Lorsque les ruchées qu'on se propose de conserver n'ont pas assez de provisions pour passer la mauvaise saison, il faut leur en donner, à moins qu'on ne préfère les réunir. Si l'on a du temps et de la patience à sacrifier, on pourra nourrir les essaims et les ruchées mères n'ayant pas suffisamment de provisions. Mais, pour les nourrir avec succès, il ne faut pas oublier que les populations doivent être fortes, autrement on perd son temps et son argent. On saura aussi qu'il vaut mieux présenter la nourriture tôt que tard, et en donner trop que trop peu. C'est une erreur de croire que les abeilles puissent abuser de la nourriture qu'on leur donne et qu'elles en deviennent plus paresseuses. Il est vrai que, quand on leur en présente prématurément, elles en emploient aussitôt une partie à alimenter du couvain, mais ce couvain augmente et ravive la colonie. — Si l'on a des parties de ruches, hausses ou calottes, qui contiennent du miel en rayons dont on n'aurait pas tiré parti, ou qu'on aurait réservé pour cela, on leur présentera ce miel, soit en ajoutant la partie de ruche, soit en plaçant le soir les rayons sous la ruche. 2 kilogrammes de miel en rayons, et non granulé bien entendu, font plus de profit que 3 kilogrammes de miel coulé. Les miels coulés dont on se sert ordinairement pour nourrir les abeilles, et qui conviennent le mieux sous le rapport du bon marché, sont ceux dits de presse (miels citrons), les miels de bruyère et de sarrasin (miel de Bre-

tagne) ; ces deux derniers sont réputés froids, et par conséquent ne pas beaucoup convenir quand ils sont donnés en grande quantité ; il faut les choisir durs et de bon goût, et les faire fondre avant de les présenter aux abeilles. On doit préférer du bon miel blanc, lorqu'on n'est pas arrêté par la dépense. Des apiculteurs y ajoutent de l'eau, croyant qu'ils ne fondraient pas sans cela, et se proposant ainsi d'allonger la sauce ; mais il ne faut pas s'illusionner, l'eau n'est pas du miel, et si on en ajoute il faut le faire avec modération : un dixième suffit pour le miel le plus sec. Il est d'autres apiculteurs qui y ajoutent une boisson alcoolique, telle que du vin, de l'eau-de-vie, etc.; cette addition vaut moins que celle de l'eau, l'abeille n'ayant pas été créée pour user d'ingrédients alcooliques, non plus que d'opium. Si l'on parvient à lui en faire ingurgiter, c'est en la trompant ; autrement, elle se garde d'en absorber. Si, en été, l'on place du vin ou de l'eau-de-vie à proximité du rucher, elle n'y touche pas plus que si c'était de la moutarde ou du vinaigre.

(*Fig.* 106.)
Nourrisseur ordinaire.

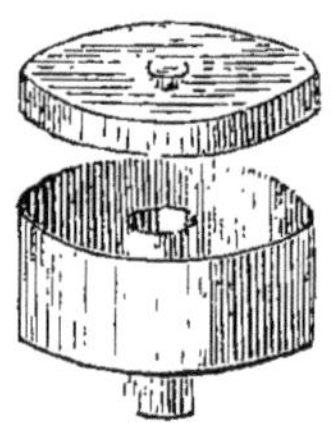
(*Fig.* 107.)
Nourrisseur pour le dessus.

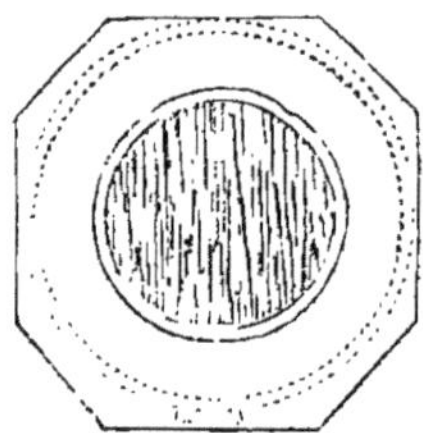
(*Fig.* 108)
Plancher percé pour nourrisseur.

Le miel liquide doit être présenté dans un *nourrisseur* ou vase en bois ou en terre cuite, à rebords droits et peu élevés (*fig.* 106). Afin que les abeilles ne s'engluent pas dans ce miel, la surface doit être garnie de brins de paille ou d'une toile de crin, ou d'une bande de liége percée de petits trous, etc. On peut aussi se servir de rayons propres, qui conviennent souvent moins parce qu'ils ne peuvent contenir qu'une petite quantité de miel. La ration qu'il faut leur administrer doit être au moins de 1 kilogramme à la fois, car plus on divise la nourriture qu'on leur offre, moins cette nourriture leur profite. Il importe donc de leur en donner le plus possible à la fois, et de ne pas laisser traîner le nourrissement des ruches. C'est à la tombée du jour qu'il faut présenter la nourriture aux abeilles, en introduisant le nourrisseur sous la ruche à nourrir. Cette ruche doit être placée sur une hausse vide de même diamètre, si ses rayons descendent jusqu'au tablier. Les nourrisseurs doivent être enlevés tous les matins, autrement ceux qui contiennent encore quelque miel pourraient occasionner le pillage. Si on en laisse pendant le jour qui contiennent encore du miel, il faut clore les ruches qui les ont, pour que les abeilles n'en puissent sortir, ni d'autres y rentrer. Toutefois, il ne faut pas que la clôture empêche l'air de circuler, car on pourrait étouffer les abeilles. — Au lieu de faire usage d'une hausse, comme nous l'avons indiqué plus haut pour les ruches dont les rayons descendent jusqu'en bas, on peut se servir d'un plancher percé dans lequel on place le nourrisseur (*fig.* 108). Aux ruches qui ont une issue par le haut, on peut donner la nourriture de ce côté à l'aide d'un nourrisseur spécial (*fig.* 107). Lorsque la saison devient froide, il vaut toujours mieux présenter la nourriture par le haut que par le bas [341] (*).

392. Tous les corps sucrés peuvent être donnés en nourriture aux abeilles ; mais ceux qui leur conviennent le mieux sont ceux qui contiennent le plus de matière saccharine. On peut employer avec économie le sucre, lorsque le prix en est peu élevé, auquel on ajoute un quart ou un tiers d'eau de son poids pour le faire dissoudre. On peut mêler le sucre fondu, nourriture *chaude*, aux miels de sarrasin et de bruyère, nourriture *froide* ; l'on obtient ainsi une nourriture bien conditionnée (**). Le mélange

(*) *V.* l'*Apiculteur*, cinquième année, pour tous les moyens employés en l'année calamiteuse de 1860 pour nourrir les abeilles.

(**) Les adversaires du nourrissement des abeilles reprochent à la nourriture donnée en arrière-saison une production de couvain qui avorte souvent et qui produit la loque. Cela a lieu lorsque la nourriture est peu substantielle et qu'elle est donnée tardivement. Mais lorsqu'elle est substantielle et donnée tôt, le couvain arrive à bon terme. On a remarqué que le sucre donné même tardivement ne procure pas, excepté le sucre brut de mauvaise qualité, l'inconvé-

se fait à parties égales, ou aux deux tiers de sucre pour un tiers de miel. Le sirop de fécule ou *glucose* est encore une nourriture économique, lorsque son prix ne dépasse pas 40 c. le kilogramme. C'est surtout mêlée au sucre ou au bon miel qu'il convient de donner cette nourriture, quoiqu'on puisse l'administrer seule. On vend, dans le commerce, le sirop de fécule sous trois formes différentes : sirop liquide à 33 degrés (33 p. 100 de matières sucrées), sirop massé à 40 degrés (40 p. 100 de sucre), sirop de froment (il n'en a que le nom). Ce dernier est très-gluant et contient peu de sucre, quoiqu'il se vende le plus cher ; on ne doit l'employer qu'en petite proportion, mêlé à du sucre fondu. Le sirop massé, le plus sucré, a l'inconvénient de contenir encore un peu de l'acide sulfurique qui a servi à sa fabrication. Le plus naturel serait le sirop liquide, mais il contient peu de sucre, et il en faut deux parties pour équivaloir à une partie de miel. En outre, il fermente assez vite par une température chaude. Les sirops de fruits, que les anciens auteurs ont recommandés, ne valent pas les matières que nous venons d'indiquer, parce qu'en général ils contiennent peu de parties sucrées, mais beaucoup d'eau et souvent un mucilage qui empêche leur absorption.

393. La nourriture ne doit plus être présentée lorsque la saison est devenue froide, avons-nous dit, et elle doit contenir moins d'eau à mesure que la saison s'avance. Autrement, c'est-à-dire si la saison est froide et si la nourriture est aqueuse, cette nourriture met les abeilles dans l'impossibilité de retenir leurs excréments ; elles sont forcées de s'en décharger, soit dans la ruche même, si le temps est mauvais, ce qui vicie l'air ; soit au dehors, si elles peuvent sortir ; et, dans ce cas, elles sont exposées à périr, parce qu'elles sont faibles et que le froid peut les surprendre. D'ailleurs on a beaucoup de peine à leur faire prendre la nourriture lorsque la température les contraint à se resserrer au haut de leur habitation ; elles descendent difficilement et n'enlèvent que de petites parties à la fois.

---

nient signalé. On peut constater aussi qu'au printemps les colonies alimentées au sucre sont plus actives que celles nourries au miel inférieur.

Il est vrai qu'on a inventé des appareils pour monter la nourriture à la portée des abeilles et pour la leur présenter par le haut de la ruche ; mais ces appareils ne sont pas applicables à toutes les ruches. Au reste, les résulats ne sont jamais aussi certains lorsqu'on donne la nourriture tardivement (341). Quoi qu'il en soit, on peut sauver des colonies pauvres, qu'on aurait négligées en temps convenable, en leur présentant de la nourriture même au milieu de l'hiver. Pour cela, il faut placer ces colonies dans un appartement sain, où la gelée ne se fait pas sentir, quelquefois près d'un poële, où on les laisse pendant le temps qu'elles enlèvent la nourriture qu'on leur présente ; ce temps ne doit pas être trop long, car l'air composé de l'endroit pourrait leur faire attraper la dyssenterie.

394. **Retour de la bruyère. Réunion des colonies qui n'y ont pas trouvé de provisions suffisantes.** — Vers la fin d'octobre, la fleur de la bruyère a cessé, à peu près partout, de donner du miel. Les colonies qui y ont été conduites doivent être ramenées au rucher d'hiver, et toutes celles qui n'ont pas un poids suffisant doivent être nourries ou mariées. Des apiculteurs du Gâtinais préfèrent ce dernier moyen, qu'ils appliquent lorsque les ruches ne pèsent pas au moins 15 kilogrammes. De deux il n'en font qu'une ; c'est-à-dire qu'ils réunissent deux populations dans la même ruche pour passer l'hiver, et qu'après l'hiver ils transvasent la réunion dans la ruche chassée, laquelle ruche contient des provisions suffisantes pour atteindre les fleurs. Ces réunions sont pratiquées de la manière suivante :

On renverse la ruche dont on veut extraire les abeilles ; au moyen d'une barbe de plume on asperge de miel étendu d'eau le bout des rayons où les abeilles ne tardent pas à se rendre ; on remet cette ruche dans son sens, et, à l'aide d'une corde attachée à une poutre, on la suspend de manière qu'elle soit un peu au-dessus d'un crible non percé, pour recevoir les abeilles ; on soulève légèrement cette ruche et on l'abandonne à son poids : la secousse qui lui est imprimée fait tomber les abeilles ; on réitère deux ou trois fois cette secousse ; alors, toutes les abeilles étant tombées dans le crible, on renverse aussitôt celui-ci à l'entrée de la ruche à laquelle on veut les réunir. Cette opération doit être pratiquée dans un appartement; les quelques abeilles qui s'envolent à la croisée sont ramassées avec un plumeau et apportées près de leurs compagnes dont le battement d'ailes les attire d'ailleurs. Une seule personne marie ainsi vingt-cinq ou trente ruches dans une journée, et elle est beaucoup moins fatiguée que lorsqu'il s'agit de secouer les ruches avec les bras, comme le font des apiculteurs de la Champagne (378).

Après l'hiver, on opère encore de cette manière pour changer les abeilles de ruches. Mais cette fois on s'assure davantage si la mère est tombée sur le crible.

Lorsque les réunions n'ont pas assez de provisions pour passer l'hiver, on complète immédiatement ce qui leur manque. Comme la saison devient froide et que les abeilles descendent difficilement (il s'agit surtout de celles dont les rayons ne sont qu'à moitié ou aux deux tiers de la ruche), on descend dans une cave sèche les ruches à nourrir, et au bout de quelques jours, c'est-à-dire quand elles ont monté la nourriture qu'on leur a présentée, on les replace le soir au rucher, et le lendemain elles sortent vers le milieu de la journée si le temps le leur permet.

395. **Importance et conservation des cires vides, charpentes ou bâtisses.** — Les ruches dont on a chassé les abeilles, ainsi que celles dont les abeilles sont mortes, doivent être soigneusement conservées, si leur cire n'est pas trop vieille, si elle est propre, et surtout si elle contient un peu de bon miel. On n'apprécie généralement pas assez la valeur des cires vides ou bâtisses, que trop d'apiculteurs démolissent et jettent à la fonte (*). Les praticiens intelligents du Gâtinais avouent ne pas payer cher une bâtisse pleine, qui ne leur coûte que 5 fr. Ils en payent quelquefois jusqu'à 7 fr. C'est aussi cher que les bonnes colonies dans certaines localités au miel inférieur. Mais ces bâtisses leur assurent au moins 8 kilogrammes de miel, c'est-à-dire que l'expérience leur a appris que, si l'on

(*) Il en est qui les vendent pour le poids de la cire et n'en obtiennent quelquefois que 75 c. Ceux-là ne sont pas plus intelligents que les *étouffeurs*.

donne une bâtisse à une ruche culbutée, cette ruche procure au moins 8 kilogrammes de miel de plus que si on ne lui eût donné qu'une ruche vide (*). On comprend après cela les soins qu'ils mettent à en recueillir le plus qu'ils peuvent et à les conserver.

On conserve les bâtisses en les passant au soufre et en les plaçant dans des caves sèches ou dans des celliers frais. L'hiver on peut, après les avoir enveloppées d'une feuille de papier, pendre ces bâtisses dans un grenier, où il faut se garder de les laisser lorsque la température devient douce, sinon la teigne les dévore. Si l'humidité avait développé quelque moisissure dans la cire, il faudrait la passer au soufre avant que d'y loger des abeilles. Si des parties de rayons étaient détériorées, il faudrait les enlever.

396. **Hivernage des abeilles. — Moyens de les garantir d'un froid trop vigoureux.** — Il est des hivers très-longs et très-rigoureux, où l'intensité du froid nuit beaucoup aux abeilles des ruches mal abritées. Un des plus grands maux qu'il leur fait, c'est de cristalliser leur miel, qui ne leur est d'aucun usage dès qu'il est durci; la chaleur le maintient dans un état de fluidité; mais cette chaleur, concentrée au milieu ou sur l'un des côtés de la ruche, n'empêche pas qu'il ne congèle dans d'autres parties. On trouve plus de miel grené d'un côté que de l'autre; c'est sur le derrière qu'il y en a ordinairement le plus, parce que les abeilles ont été attirées sur le devant par les rayons du soleil. On prévient cet accident en rétrécissant raisonnablement les entrées, en luttant exactement le contour entier des ruches, pour en boucher toutes les fentes et tous les interstices par où l'air extérieur pourrait pénétrer. Nos industrieuses et prévoyantes ouvrières en donnent l'exemple : leur instinct les porte à boucher avec grand soin, pendant l'été, les fentes et les jointures de leur habitation avec la propolis, que

(*) On sait que la plupart des apiculteurs du Gâtinais renversent sens dessus dessous les ruches au moment où le miel commence à donner amplement, et les coiffent d'une ruche bâtie dans laquelle les abeilles emmagasinent aussitôt; ils calottent à l'envers. Une cire vide n'a pas la même valeur dans toute autre circonstance.

ni les souris, ni la fausse teigne, ni les fourmis ne peuvent ronger; elles s'en servent aussi quelquefois pour rétrécir les entrées trop larges et trop hautes, par où leurs ennemis pourraient pénétrer pendant les grands froids.

Les ruches à parois épaisses, nous l'avons déjà dit, garantissent nécessairement mieux du froid que celles qui sont minces et légères. On peut comparer ces dernières à des habits d'été, et les premières à des habits d'hiver qui tiennent chaud : c'est pour cela qu'on recommande des planches épaisses pour les ruches en menuiserie, et de forts cordons pour celle en paille. On objectera sans doute qu'on voit des colonies prospérer dans des ruches ouvertes à tous vents, et que les abeilles supportent parfaitement les froids excessifs de la Russie septentrionale. Il est vrai qu'on voit quelquefois des colonies fortes supporter l'hiver sans encombre dans des ruches mal abritées, comme on voit des individus robustes aller pour ainsi dire pieds nus par les froids les plus rigoureux; mais il n'est pas moins vrai de dire que les abeilles, comme les gens et tout ce qui vit, ne se trouvent bien en hiver qu'autant qu'elles sont abritées du froid. Pour une colonie qui résiste et que l'on cite, il en succombe dix dont on ne parle pas, et qui auraient survécu si elles eussent été convenablement abritées. Si les essaims supportent les hivers très-froids de la Russie, c'est parce qu'ils sont logés dans des troncs d'arbres épais où la gelée ne pénètre pas.

On a conseillé différents moyens d'hiverner les abeilles; on a recommandé d'abriter les ruches au nord, de les rentrer dans les logements, de les placer dans des caves et des celliers, de les enterrer, etc., etc. La plupart de ces moyens ne sauraient être pratiqués en tous lieux, et puis les colonies fortes se trouvent mieux au rucher que partout ailleurs. Ce ne sont que les petites colonies qui demandent à être placées dans un lieu abrité et tranquille, dans un endroit à l'air sec et sain, et dont la température se trouve un peu au-dessous de celle des caves.

397. Voici un moyen d'abriter les ruches, conseillé par Gélieu, qui a sa valeur dans les localités où un froid vif se fait sentir : « Je me procure, dit-il, de la mousse bien sèche. On en trouve partout : elle ne coûte que la peine de la ramasser. A l'entrée de

l'hiver, j'en couvre mes ruches et j'en remplis les intervalles qui se trouvent entre elles. (Les ruches de Gélieu étaient placées sur un banc commun.) La mousse tient fort au chaud ; elle n'attire point les souris, qui semblent plutôt la craindre et l'éviter. Quand on la met par poignées, en la serrant beaucoup, elle forme une masse ou une plaque assez bien liée pour résister à l'effort des vents. Je la contiens derrière et devant avec des morceaux de toile d'emballage dite *serpillière*, ou des haillons, ou de vieux sacs ou de vieilles paillasses, ou des bouts de planches, ou même de petits bâtons, en serrant le tout avec des bouts de cordes, de la ficelle ou de longs osiers. Je couvre aussi de mousse le haut de la ruche à quatre doigts d'épaisseur, et je mets au-dessus une petite planche chargée d'une pierre, ou simplement une large pierre. Je n'ôte cet emballage qu'au commencement, au milieu, ou même à la fin d'avril ; je place alors la mousse dans quelque réduit, à l'abri de la pluie, et elle peut servir plusieurs années. »

Lorsque les ruches sont isolées, on peut se contenter d'un épais surtout de paille descendant jusqu'au tablier. Néanmoins, si elles sont plates en dessus, on fera bien d'y placer quelques poignées de mousse, que recouvrira le capuchon en paille : abondance de couverture ne nuit pas.

398. **Enterrement des ruches.** — Vers la fin de novembre, un peu plus tôt ou un peu plus tard, selon que la localité est plus ou moins au nord et sujette au froid, lorsque les abeilles ne sortent plus parce que le temps est devenu froid, on creuse le sol à une profondeur de 60 centimètres à un mètre, selon la hauteur des ruches. Si l'on peut disposer d'un hangar, mieux vaut ouvrir là le silo que de l'établir à ciel ouvert. Dans tous les cas, il est essentiel que le terrain ne soit ni humide ni fréquenté par les gens et les bêtes, et, parmi celles-ci, par les taupes, les rats et les souris. L'étendue de la fosse est subordonnée au nombre de ruches qu'on veut y placer. Si la fosse était trop petite, les abeilles manquant d'air seraient asphyxiées. Pour leur ménager de l'air suffisamment on établit sur le sol, au fond du silo, deux chantiers en bois de 10 à 12 centimètres d'épaisseur, sur lesquels on place les ruches. La fosse est fermée

au moyen de bouts de planches et de longue paille, qu'on recouvre d'une couche de terre épaisse de 12 à 18 centimètres, et qu'on dispose en dos d'âne. On tasse cette terre pour que la pluie ne la pénètre pas. L'enterrement des ruches ne vaut rien dans la partie méridionale de la France. Dans les cantons froids on peut se borner à placer les ruchées faibles dans des caves sèches ou dans des celliers obscurs. Les abeilles consomment moins dans l'obscurité qu'à la lumière.

Lorsqu'on hiverne les petites ruches dans des caves sèches ou dans des celliers, il faut également les poser sur des chantiers; si on les laisse sur leur tablier, il faut avoir soin de les soulever par un côté au moyen d'une cale. Lorsqu'on les hiverne dans des appartements, non fréquentés, secs et à température à peu près uniforme, on peut aussi les placer sur des chantiers ou les suspendre ouvertes au plancher, si le jour ne pénètre pas dans ces appartements. Non-seulement l'appartement ne doit pas être fréquenté, mais il doit être éloigné de tout bruit; autrement les abeilles, trompées par ce bruit, chercheraient à sortir. — Il faut ménager un courant d'air à celles que l'on place dans des tas de grain, de feuilles ou de foin; autrement elles seraient asphyxiées. Nous l'avons appris à nos dépens il y a plus de trente ans.

399. **Consommation des abeilles en hiver. Avantage des populations fortes sur les faibles.** — En hiver, les abeilles ne sont pas engourdies, comme on le croyait autrefois, puisque dès janvier elles s'adonnent à l'éducation du couvain. Elles consomment beaucoup pendant la saison froide, mais plus pour entretenir la chaleur de leur habitation que pour les besoins vitaux. Leur corps est alors une machine, un laboratoire, un foyer si l'on veut, qui, pour produire de la chaleur, consomme du miel, comme les foyers de nos appartements consomment du bois ou de la houille. Que faut-il pour que la combustion ait lieu et produise de la chaleur? de l'oxygène, beaucoup d'oxygène, c'est-à-dire de l'air bien conditionné, de l'air pur. Aussi, quand notre feu ne brûle pas, nous nous servons du soufflet. Il faut de même aux abeilles de l'oxygène, c'est-à-dire de l'air pur, pour que la combustion du miel s'ac-

complisse dans leur laboratoire, et ce sont leurs ailes qui leur servent de soufflet lorsque cet air manque.

400. De ce que nous venons de dire il résulte que, plus il fait froid, plus les abeilles ont besoin d'absorber de miel pour produire de la chaleur, pour entretenir celle de l'intérieur de leur ruche, qui ne doit pas descendre au-dessous de 20 à 24 degrés. Il en résulte aussi que, plus les abeilles sont nombreuses dans la ruche, moins elles ont besoin individuellement d'absorber de miel pour entretenir cette chaleur ; car il est évident que lorsqu'il y a deux poêles dans une salle il faut moins de charbon dans chaque poêle pour chauffer cette salle qu'il n'en faudrait s'il n'y en eût qu'un seul : ce dernier devrait, ce nous semble, en brûler deux fois autant. Cela nous démontre donc comment les fortes populations ne consomment pas plus, et par conséquent fatiguent moins que les populations faibles pour entretenir la même chaleur (375). Cela nous apprend encore que les abeilles doivent consommer moins lorsque la température est moins basse. Ce dernier fait n'est pas toujours vrai : si la température n'est pas froide, les abeilles, s'adonnant à l'éducation du couvain, consomment plus. La variation de la température fait aussi consommer plus aux abeilles, qui dans ce cas ressemblent à tous les animaux, lesquels supportent mieux un froid vif et continu que les alternatives de froid et de chaud. Pour que les ruchées consomment le moins possible, il faut donc que la température ne soit ni trop basse ni trop haute. Tout le monde sait qu'elles perdent moins de leur poids dans les hivers ordinaires et réguliers que dans les hivers très-froids, ou que dans les hivers irréguliers et doux.

401. **Manière de raviver les abeilles engourdies par le froid.** — Les abeilles, avons-nous dit plus haut, ne s'engourdissent pas en hiver. Mais si les provisions viennent à leur manquer, ou si le miel est granulé, ou seulement si elles ont épuisé les provisions d'un côté de la ruche, et que le froid soit si vif qu'il les empêche de changer de côté, elles tombent engourdies et comme asphyxiées sur le tablier, où elles resteraient mortes si l'on tardait à venir à leur secours. Quelquefois

elles ne tombent pas sur le plancher et restent engourdies entre les rayons auxquels elles sont accrochées par leurs pattes, comme si elles étaient vivantes. Il arrive aussi qu'elles sont saisies par le froid extérieurement lorsqu'elles sortent par le mauvais temps.

On doit s'empresser de porter les abeilles engourdies par le froid dans un appartement chaud; elles ne tarderont pas à se ranimer et à reprendre toute leur vigueur si elles ne sont pas dans cet état depuis trop longtemps. On peut encore les rappeler à la vie au bout de vingt-quatre heures d'engourdissement, à moins qu'elles n'aient été exposées à une gelée vive. Lorsqu'on rencontre isolément des abeilles engourdies, il suffit de les exposer aux rayons du soleil pour qu'elles retrouvent leur vigueur et reprennent leur vol; mais, lorsqu'on a affaire à des ruches entières dont les abeilles sont accrochées entre les rayons, on place sous la ruche un petit pot de terre rempli de cendre chaude mêlée de braise et bien recouvert, qui procure dans la ruche une chaleur douce, suffisante pour rappeler les abeilles à la vie. Au lieu d'opérer ainsi, on se contente d'entoiler la ruche et de la placer renversée en face d'un bon feu. On leur présente ensuite un peu de miel tiède que l'on verse avec une cuiller sur les rayons où elles se trouvent, ou sur la toile, qu'elles vont sucer. L'apiculteur qui sera attentif à visiter ses ruches le matin, lorsque le froid de la nuit aura été plus vif que celui des nuits précédentes, pourra ainsi sauver des colonies faibles. C'est principalement à la fin de l'hiver et au commencement du printemps que le froid excessif est nuisible aux essaims faibles.

402. **Grands froids, neige, dégel.** — Pendant les grands froids, on ne doit pas transporter les colonies ni renverser les ruches, parce que les abeilles tomberaient et, prises de froid, ne pourraient remonter. Si une neige épaisse s'amasse sur le tablier et à l'entrée des ruches, il faut avoir soin de l'enlever. Il faut aussi, autant que possible, empêcher les abeilles de sortir lorsque la terre est recouverte de neige. On y parvient en bouchant les entrées avec une toile métallique ou un morceau de tôle ou de zinc perforé, et en enveloppant les ruches de

paillassons pour empêcher l'action du soleil (*). Si on laisse la liberté aux abeilles, il est bon d'étendre de la paille clair-semée autour des ruches.

Lors des grands froids, la vapeur des ruches se condense aux parois, où elle se congèle et forme quelquefois des glaçons épais qui fondent quand vient le dégel. A ce moment, il est bon de pencher un peu le tablier au moyen d'une cale placée derrière pour que l'eau s'écoule facilement. En séjournant, cette eau produirait une humidité funeste aux abeilles.

403. **Arrangement et déplacement des ruches à la fin de l'hiver.** — Depuis décembre jusqu'en février, on peut changer les ruches de place sans trop d'inconvénient. Il faut donc profiter de ce moment pour leur donner la place qu'elles occuperont toute l'année. On a soin de mettre les plus fortes à un bout du rucher et les plus faibles à l'autre bout. Ces dernières, ayant besoin d'être surveillées plus que les autres, doivent toujours se trouver à la portée de l'apiculteur. On profite de cet arrangement pour visiter les colonies; on décolle les ruches de leurs tabliers ; on enlève les brins de cire et les cadavres d'abeilles qui se trouvent sur ces tabliers; enfin, on renouvelle les surtouts s'ils demandent à l'être, etc., etc. (**).

(*) Un moyen de faire fondre la neige consiste à semer dessus de la suie, du terreau ou seulement de la terre émiettée.

(**) Pour les soins à donner qui ne sont pas indiqués ici, consulter le *Calendrier apicole*, almanach des cultivateurs d'abeilles.

XVIe LEÇON

MANIPULATION DES PRODUITS DES ABEILLES

Façonnement du miel. — Local et instruments. — Manière d'opérer en petit et en grand. — Mellificateur. — Aromatisation du miel. — Épuration. — Entonnage ou empotage. — Conservation. — Qualités, usage et propriétés du miel. — Façonnement de l'hydromel. — Prix de revient. — Qualités et propriétés. — Alcool d'eau miellée. — Fonte de la cire. — Épuration. — Coulée, etc. — Manière de reconnaître la cire falsifiée. — Qualités et usages de la cire.

404. **Façonnement du miel.** — Nous avons vu que le miel doit être manipulé aussitôt après son extraction de la ruche, et qu'il doit être extrait de la ruche aussitôt que les abeilles en sont sorties, car alors il est chaud, limpide, et coule facilement; mais si on le laisse refroidir dans les rayons, il n'en sort entièrement qu'à l'aide d'une chaleur artificielle. Cependant il convient de laisser refroidir dans les rayons — et par conséquent de ne pas extraire ceux-ci de suite — le miel limpide et non operculé qui a été recueilli ce jour-là ou la veille par les abeilles, car ce miel contient une surabondance d'eau qui empêcherait sa granulation par la suite.

Lorsqu'on n'a que quelques ruches, quelques hausses ou quelques chapiteaux à récolter, on arrive facilement à en extraire le miel avant qu'il se soit refroidi, surtout lorsqu'on opère en été; mais il n'en est pas de même lorsqu'on opère sur un grand nombre de ruches, et surtout lorsque le rucher est éloigné de l'habitation de l'apiculteur. Il faut alors posséder un local spécial, un laboratoire dont on puisse élever la température à volonté.

C'est dans ce laboratoire qu'il convient d'extraire le miel lorsqu'on veut opérer en grand et avec promptitude.

405. **Laboratoire.** — Le laboratoire, qui sert en même temps à fondre la cire et à fabriquer l'hydromel, doit être assez vaste pour qu'on puisse y opérer à son aise; il doit n'avoir qu'une croisée au midi, et deux portes, dont l'une donnant sur la cour et l'autre sur le jardin. Ces issues doivent fermer de manière à ne laisser entrer aucune abeille. Il doit en outre avoir une cheminée dont le haut est bouché au moyen d'une toile métallique pour que les abeilles ne puissent avoir accès de ce côté, ou y venir chercher la mort. Ce local, placé au rez-de-chaussée, et dont le sol est carrelé proprement, a un sous-sol, ou cave spacieuse, aéré au moyen de soupiraux placés au nord autant que possible. Ces soupiraux sont aussi fermés par une toile métallique. La chaleur élevée du laboratoire est produite par un poêle en fonte, placé dans l'endroit où il gène le moins. Une chaudière portative en fonte en tient lieu.

406. **Instruments nécessaires.** — Ces instruments sont pour le laboratoire bien organisé. Ils se composent : 1° d'une chaudière en cuivre étamé ou non, de la contenance d'un hectolitre et demi à deux hectolitres (*) et munie de plusieurs cannelles, dont nous parlerons lorsqu'il s'agira de la fonte de la cire. Cette chaudière doit ête montée à demeure et de manière que la flamme du foyer n'atteigne pas plus de la moitié de sa hauteur; 2° d'une presse ou deux, la moins encombrante possible, quoique ayant une grande puissance. Cette presse doit avoir les accessoires nécessaires, tels que caseret en fer ou cadre en bois, tablettes, etc., et elle sera établie près de la chaudière; 3° de plusieurs grandes cuves ou baquets propres à recevoir le miel; 4° de corbeilles en osier blanchi et de toiles métalliques tenant lieu de tamis; 5° d'un épurateur pour la cire; 6° de seaux en bois, cerclés de cuivre autant que possible; 7° d'une casserole ou bassine (une sorte d'écope) en cuivre ou en fer

(*) Cette grandeur est insuffisante si l'on veut s'adonner à la fabrication de l'hydromel sur une certaine échelle.

étamé, ayant un long manche; 8° de tonneaux et d'autres instruments moins indispensables et moins dispendieux, dont il sera parlé. Ces appareils, nous l'avons dit, sont nécessaires lorsqu'on opère en grand; mais en petit des terrines et des tamis suffisent pour façonner le miel. On peut aussi, et même pour une quantité de ruches assez grande, avoir recours au mellificateur solaire, que nous ferons connaître un peu plus loin.

407. **Manière d'opérer en petit.** — On s'installe dans une pièce saine et bien close, ayant autant que possible une croisée au midi qui laisse entrer les rayons du soleil. Je suppose qu'il s'agit de la dépouille d'une ruche vulgaire : on commence par enlever les boiseries allant d'une paroi à l'autre qui maintient les gâteaux; on les cogne d'un côté de la ruche, et de l'autre on les prend et on les fait tourner avec des tenailles; ensuite on tient la ruche de manière que les gâteaux soient de champ, et on la frappe contre un objet quelconque pour détacher à la fois tous les rayons lorsqu'ils sont tous pleins de miel, et qu'il ne se trouve pas dans le fond de la ruche des boiseries transversales ou obliques qu'on n'a pu enlever. Dans ce cas, les rayons sont extraits entiers ou par fragments au moyen des couteaux recourbés et pliants que nous avons décrits, paragraphe 370, page 251. On a soin d'enlever des rayons les abeilles vivantes qui se trouveraient encore dessus, et les mortes qui se seraient introduites dans des cellules vides. Les abeilles vivantes qui tombent dans le miel, et y restent un moment, y laissent une certaine quantité de leur venin, qui communique à la matière sucrée une âcreté désagréable et malfaisante, et leur cadavre y introduit un principe fermentescible également nuisible.

Au fur et à mesure que les rayons sont extraits de la ruche, ils sont triés; tous ceux qui contiennent du miel pur, du miel exempt de pollen et logé dans de la cire neuve, ou dans de la cire vieille qui n'a pas servi de berceau à du couvain, sont mis dans un tamis de crin ordinaire placé sur une terrine, et ils sont brisés pour que le miel puisse s'en écouler; ce miel sera de premier choix. Tous ceux qui contiennent du miel mêlé à du pollen, ou du miel logé dans des cellules qui ont contenu du couvain, seront mis dans un autre tamis; ils seront également écrasés et donneront du miel de deuxième choix. Les parties de rayons contenant du couvain et du pollen doivent toujours, autant que possible, être retranchées des parties voisines qui contiennent du miel. Les rayons secs, qui ne contiennent aucun miel, ne seront pas non plus placés dans les tamis.

Quand le miel de premier choix est séparé de la cire on prend les résidus, on les écrase de nouveau en les réunissant à ceux du miel de second choix. Au bout de quelques heures, et même le lendemain, on soumet ces résidus à la presse si l'on en a une, et, si l'on en manque, on les porte dans le four d'un boulanger deux ou trois heures après la sortie du pain. Le peu de miel qui reste ne tarde pas à couler, vu que la cire fond; mais, comme celle-ci est plus légère, elle reste à la surface dans la terrine, où elle se fige en refroidissant. Il est alors facile de l'extraire à part, ainsi que le miel, qui est inférieur ou de troisième choix.

408. **Mellificateur solaire.** — Le mellificateur solaire, tel que l'emploient des apiculteurs du Calvados, n'est autre qu'un châssis semblable à celui dont se servent les jardiniers pour abriter et pour chauffer les plantes délicates. Il se compose d'une boîte carrée plus ou moins grande, disposée en pupitre, ayant pour couvercle un châssis vitré qui laisse pénétrer les rayons du soleil. On peut garnir le fond de cette boîte et la rendre propre à recevoir le miel. Dans ce cas, on dispose vers le milieu de la hauteur un cavenas ou toile métallique qui joue le rôle de tamis et reçoit les couteaux de miel. Mais ces dispositions n'étant commodes que lorsque le mellificateur est petit, il vaut mieux ne pas les adopter et opérer la fonte du miel dans des tamis ou dans des terrines, qu'on place sous le châssis du mellificateur. Le miel, en fondant, tombe dans les terrines, d'où il est facile de l'extraire; mais en se concentrant dans le mellificateur, les rayons du soleil font souvent fondre la cire, ou du moins en partie, avec le miel, et il ne reste quelquefois sur le tamis que des matières hétérogènes. Toutefois la cire qui a coulé avec le miel s'est prise à sa surface, et il est facile de l'en séparer. On peut modérer l'ardeur du soleil.

La grandeur de ce mellificateur doit être en raison de la quantité de miel qu'on a à fabriquer. Lorsqu'il est grand, son couvercle vitré doit se diviser et former deux châssis qui reposent sur une traverse commune. Par cette disposition, on n'a besoin que d'ouvrir un côté lorsqu'on veut placer ou enlever une terrine, et l'on évite l'entrée des abeilles qui ne manquent pas d'affluer, attirées qu'elles sont par le miel. Ces châssis fermeront hermétiquement, et les vitres seront disposées de manière que l'eau de pluie ne puisse pénétrer et tomber sur le miel.

On reproche au mellificateur solaire plusieurs inconvénients : 1° il fond la cire qui, en tombant dans le miel, lui communique le goût de l'huile essentielle qu'elle contient. Il est vrai qu'on peut se servir de vitres rayées qui altèrent la force des rayons solaires et empêchent, par conséquent, la fusion de la cire. 2° Il chauffe le miel à un degré qui plus tard le fera prendre en grains trop gros. Il est vrai que cette chaleur élevée le force à rejeter toutes les parties hétérogènes qu'il peut renfermer, c'est-à-dire à mieux écumer, ce qui contribue à sa conservation. Un reproche plus sérieux qu'on peut lui faire, c'est qu'il ne saurait rendre de service en arrière-saison, c'est-à-dire dans les localités où l'on récolte en octobre et en novembre. A cette époque le soleil est souvent caché par des nuages, et, lorsqu'il se montre, sa chaleur est insuffisante pour faire couler le miel.

(*Fig.* 109.) Mellificateur-Baudet.

409. M. Baudet, apiculteur à Lyon, a inventé un mellificateur à l'usage des petits producteurs. Ce mellificateur (*fig.* 109) est composé de deux burettes superposées. La burette supérieure ferme au moyen d'un couvercle vitré ; elle est garnie au bas d'une toile métallique galvanisée qui sert à filtrer le miel. La burette inférieure est une sorte de bidon qui reçoit le miel au fur et à mesure qu'il tombe de la burette supérieure. Ce mellificateur, dont

le prix de revient n'est pas bien élevé, peut servir dans toutes les circonstances : on peut en faire usage dans l'intérieur, lorsque la température est élevée ; il peut aller au four pour l'extraction des dernièrés parties du miel. Mais il est fait dans la vue principale d'utiliser la chaleur du soleil pour faire fondre le miel. Aux expositions apicoles de 1863 et de 1865, il a été presenté des mellificateurs solaires d'un très-bon usage et dont le prix est peu élevé.

410. **Manière d'opérer en grand.** — On est installé dans le laboratoire dans lequel de grandes auges en bois ou mellificateurs sont placées sur des tréteaux ou sur des chantiers élevés. Ces auges, qui ressemblent aux pétrins des boulangers, et dont un des bouts est quelque peu incliné, reçoivent un cadre qui supporte une corbeille en osier blanchi, garnie en dessous d'une toile métallique galvanisée qui joue le rôle de tamis. Des fabricants se contentent de simples claies en osier serré, sur lesquelles ils mettent un canevas en petite ficelle. Les rayons sont extraits des ruches et placés sur ces claies ; ils sont triés et brisés au fur et à mesure de leur extraction. Au bas des auges, par le bout incliné, se trouve une forte cannelle dont on devine l'usage ; mais le miel n'est ordinairement soutiré que le lendemain, car il lui faut le temps d'écumer, c'est-à-dire de rejeter toutes les pellicules de cire qu'il a entraînées en sortant des rayons brisés. Des apiculteurs ne laissent pas séjourner leur miel dans le mellificateur ; ils le soutirent de suite et le mettent dans un grand cuvier pour le faire écumer : d'autres l'entonnent aussitôt coulé et refroidi. Ces derniers obtiennent un miel moins épuré et d'une conservation moins longue. Les écumes sont remises avec les résidus sur les claies.

Lorsqu'une claie est remplie de rayons brisés ne contenant plus de miel ou dont le miel ne coule plus, on soumet les débris de ces rayons à la presse (422) ; on garnit l'auge ou seau du pressoir d'un canevas fort et assez grand pour envelopper la masse qu'on veut presser. On remplit jusqu'au bord de l'auge, et on passe dessus les bouts du canevas pour tout envelopper ; on couvre d'une planche et l'on fait agir la vis de la presse ; après quelques tours on s'arrète pour laisser couler le miel.

A mesure que le mouton descend, on met des garnitures pour l'empêcher de porter sur le seau. On reprend le levier de temps en temps, et l'on continue jusqu'à ce qu'on juge que la pression ait été assez forte pour faire sortir tout le miel. On enlève alors le tourteau de cire, qu'on range dans un coin du laboratoire pour les utiliser plus tard.

Au lieu de seau en fer ou en cuivre (ce dernier vaut mieux), on peut se servir avec avantage d'un cadre en bois fait avec quatre forts madriers cerclés en fer (*fig.* 112). Ce cadre coûte moins cher que le seau, et, occupant plus d'étendue sur la table du pressoir, permet, avec la même pression, de dessécher mieux les résidus. On peut faire usage de tout pressoir pour l'extraction du miel et de la cire; mais plus la puissance de pression est forte, meilleurs sont les résultats.

Le mellificateur dont il vient d'être parlé convient lorsqu'on fait le miel en saison chaude et qu'on opère peu de temps après que les abeilles ont été chassées des ruches à dépouiller. Il est en usage dans le Gâtinais, où il varie de dimension d'un apiculteur à l'autre. Chez d'aucuns il est en chêne, et a 2 mètres de long sur 1 mètre de large et 80 centimètres de profondeur; chez d'autres il est en bois blanc, et n'a que 40 à 60 centimètres de largeur et de profondeur. Quelques-uns le garnissent intérieurement de plaques de cuivre ou de zinc. Les apiculteurs bien organisés ont des mellificateurs pour chaque choix de miel, et ils en consacrent un pour mettre les ruches à égoutter.

411. **Mellificateur-Annier.** — M. Annier a inventé un mellificateur qui permet de faire le miel en toute saison, aussi bien en hiver qu'en été, sans être obligé d'opérer dans une atmosphère élevée qui fatigue l'opérateur. Ce mellificateur se compose d'une caisse longue de 2 à 3 mètres et large d'un mètre (*fig.* 110), dont la partie inférieure est demi-cylindrique. Cette caisse, garnie intérieurement d'une feuille de zinc (elle pourrait être de cuivre), est fermée à la partie supérieure au moyen d'une porte. Vers les deux tiers de sa hauteur existe une cloison formée avec des traverses en bois et garnie d'une toile métallique. Cette cloison est disposée pour recevoir les rayons de miel. Dans la partie inférieure de la caisse, entre la cloison

dont nous venons de parler et le fond, passe un tuyau qui procure la chaleur nécessaire pour faire fondre le miel. Entre ce tuyau et la cloison est établie une sorte de toiture formée par une feuille de zinc, qui empêche le miel fondu de tomber sur le tuyau, lequel répartit la chaleur dans toute la caisse, et empêche les résidus placés en face de prendre un coup de feu.

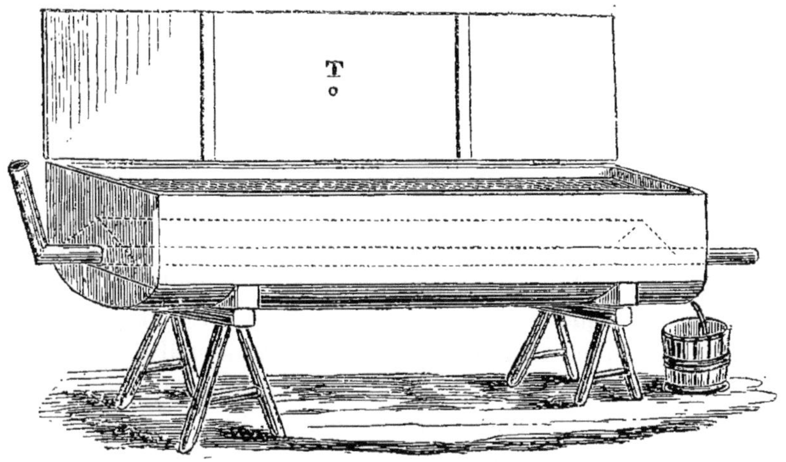

(*Fig.* 140.) Mellificateur-Annier.

Le demi-cylindre formant le fond est construit un peu obliquement, de manière à laisser une pente au miel, qui coule extérieurement par une cannelle placée à la partie la plus basse. A la porte du mellificateur est ménagé un trou, T, par lequel on insinue, lorsque cette porte est fermée, un thermomètre qui donne la mesure de la chaleur intérieure, et qui indique le moment où il faut arrêter ou modérer le feu. On peut facilement élever la chaleur intérieure jusqu'à faire fondre la cire; mais cette élévation est inutile, puisqu'à 45 ou 50 degrés la cire devient assez molle pour laisser couler tout le miel qu'elle contient. Aussi les résidus qui sont restés quelques heures à cette température sont aussi secs que s'ils avaient passé sous la presse. On se contente de 40 degrés lorsqu'on veut que le miel ne prenne aucune huile essentielle de la cire.

Ce mellificateur, qui a été modifié par plusieurs apiculteurs, convient particulièrement dans les localités de blé noir et de bruyères, dans lesquelles la récolte se fait tardivement.

412. **Moyens à employer pour extraire le miel candi.** — Lorsqu'on rencontre du miel candi dans une ruche, il faut le mettre à part si la quantité en vaut la peine. Dans ce cas, on le fait fondre au bain-marie en le plaçant dans une terrine en faïence ou en bonne terre, ou mieux dans une grande bouillotte en cuivre, qu'on tient dans un chaudron rempli d'eau bouillante; moins d'un quart d'heure d'ébullition de l'eau suffit pour fondre le miel candi et la cire. En laissant refroidir, celle-ci se fige à la surface. Le miel n'est plus, après cette fusion, que de second choix.

413. **Aromatisation du miel.** — C'est en le coulant qu'on peut donner au miel un arome quelconque, qui est loin de lui nuire. On n'a besoin pour cela que de mettre, sur le tamis ou la claie destinée à couler le miel, la fleur, la plante ou le fruit dont on veut que ce miel prenne le goût. En plaçant, par exemple, quelques amandes douces concassées et divisées sur le tamis, le miel qui passe dessus s'imprègne de l'arome de ce fruit, arome qui convient généralement. Une vingtaine d'amandes suffisent pour aromatiser un potée de miel de 15 kilogrammes. On emploiera des fleurs d'oranger, si l'on désire obtenir le goût de cette fleur.

414. **Épuration du miel.** — Le miel étant passé, on le laisse un demi-jour ou un jour entier dans des terrines ou dans des cuves avant de le mettre en baril. Pendant ce temps une écume, composée de petites parcelles de cire, se forme à sa surface; il faut avoir soin d'enlever cette écume, qui fait fermenter le miel lorsqu'elle n'a pas été enlevée ou que le miel a mal écumé. Le miel écume mal quand il est fait à une température basse; dans ce cas il n'est pas limpide, et les petites parties de cire qu'il contient ne peuvent pas monter à la surface; c'est pourquoi il doit toujours être façonné dans un local dont la température est élevée.

415. **Embarrillage et empotage du miel.** — Les vases destinés à contenir le miel doivent être propres et n'avoir

aucun mauvais goût. Les tonneaux doivent être neufs, ou, s'ils sont vieux, ils doivent avoir été soigneusement lavés à l'eau bouillante, dans laquelle on a ajouté un peu de potasse s'ils ont acquis le goût de moisi ou si un reste de miel y a fermenté ; ils doivent être secs lorsqu'on y introduit le miel, et être tarés d'avance. Le poids de la tare doit être écrit ou imprimé en noir sur l'un des fonds. Le miel s'entonne par la bonde des barils. Dans quelques localités, telles que les environs de Narbonne, les tonneaux destinés au miel n'ayant pas de bonde, on l'entonne par un trou ménagé à l'un des fonds, que l'on recouvre d'une plaque de fer après l'avoir refermé avec un bouchon. Il se met une certaine quantité de miel en pots de différentes formes et de différentes matières; ceux en grès résistent mieux que ceux en terre, qui sont sujets à se briser lorsque le miel se granule rapidement.

416. **Conservation du miel.** — Si le miel a été mis en pot ou en tonne peu de temps après sa sortie des rayons, il faut le laisser une journée ou deux dans l'endroit où il a été façonné; on peut l'y laisser plus longtemps si la température de cet endroit n'est pas trop élevée; mais, lorsqu'il a écumé et qu'il est refroidi, on doit le transporter dans un lieu aéré et sec dont la température soit basse sans l'être trop. Je dis sans être trop basse, car, s'il y avait une transition notable, le miel en sirop prendrait difficilement, et quelquefois ne prendrait pas du tout; aussi faut-il éviter en été d'en descendre dans des caves très-froides. Il faut aussi que l'endroit où l'on place le miel en sirop soit sain et ne contienne aucune liqueur en fermentation; autrement encore ce miel ne prendrait pas et pourrait fermenter au bout de peu de temps (*). Un endroit trop humide amène aussi le miel à fermenter, et, quand il y prend, ses grains sont très-gros. Les lieux les plus favorables pour placer les miels en sirop et pour les faire prendre convenablement sont les sous-sols peu profonds, aérés et secs, dont la température ne s'élève pas à plus

(*) On recommande de ne pas employer au façonnement du miel des personnes qui ont l'haleine forte, notamment certaines femmes

de 15 à 16 degrés en été. A défaut de sous-sols secs, il faut les placer dans un local aéré et frais. Aux environs de Reims on se trouve bien de les monter au grenier.

Les tonneaux sont bondonnés et placés debout les uns sur les autres; leurs bondes sont enveloppées d'un morceau pe toile, afin qu'on puisse les enlever facilement lorsqu'on veut s'assurer de l'état et des qualités du miel. Le poids brut et le poids net sont notés. Quant aux pots, emplis à 1 centimètre ou 2 des bords, ils sont recouverts d'une feuille de parchemin ou de papier fort, fixée par une ficelle; une étiquette indique leur tare, leur contenance et la qualité du miel. Ils sont aussi empilés les uns sur les autres ou placés en ligne sur des planches. Nous ferons remarquer en passant qu'un pot de *sept décilitres* contient 1 kilogramme de miel. Ainsi, sachant la capacité d'un vase, on peut connaître la quantité de miel qu'il contient sans avoir besoin de le peser.

C'est aussi un moyen de reconnaître s'il est falsifié, ou du moins avec de l'eau, ingrédient à bon marché qu'emploient dans ce cas quelques apiculteurs peu scrupuleux. Toutes les fois que 7 décilitres de miel ne pèsent pas 1 kilogramme, on peut juger qu'on y a ajouté de l'eau. L'eau est plus légère que le miel, puisqu'il en faut un litre ou 10 décilitres pour peser 1 kilogramme.

417. Miel qui ne granule pas. Moyen de le faire granuler. — Nous venons de voir qu'une transition de température trop grande, ainsi qu'un air malsain et imprégné d'un ferment quelconque, empêche le miel de granuler; mais lorsqu'on s'aperçoit que du miel reste en sirop par une de ces causes, il faut se hâter de le dépoter, et, s'il n'a pas subi une fermentation acide, de le faire bouillir pendant un moment au bain-marie, d'y ajouter 1 kilogramme de sucre par 25 kilogrammes de miel, et de ne le rempoter que dans des vases qui n'ont pas encore servi, ou dans ceux qui le contenaient, mais après les avoir lavés à l'eau bouillante et les avoir laissés sécher. On le placera dans un lieu convenable à la granulation, plutôt au grenier qu'à la cave.

Quelques apiculteurs battent leur miel en sirop dans le but de le faire blanchir : cette opération ne fait pas changer la couleur du miel, mais elle le fait prendre dans de meilleures conditions. Si vous avez, par exemple, du miel qui prend mal, qui commence à faire des grains au fond du vase dans lequel il est logé, et qui reste liquide dans l'autre partie, battez-le à l'aide d'une spatule en bois, c'est-à-dire rompez le grain déjà formé et faites entrer de l'air dans votre miel, il prendra sous peu et convenablement, ce qu'il n'aurait pas fait en l'abandonnant à lui-même.

418. **Refaire le miel vieux qui fermente.** — Le miel vieux qui devient liquide et commence à fermenter doit également passer au bain-marie, pendant lequel on l'écume bien. Après cette opération, il reprend comme la première fois et se conserve encore une année. Mais si la fermentation avait été trop loin, on ne pourrait plus le ramener à un état normal, et, pour en tirer parti, on serait forcé d'en faire du vinaigre.

419. **Purification du miel.** — Il s'agit ici d'enlever une certaine partie de l'eau que contient le miel et de lui ôter son goût propre, qui ne convient pas à tout le monde. On mêle quatre parties de miel et deux d'eau, et l'on fait fondre à petit feu; quand il est fondu, on y ajoute une partie de charbon sec, sonore, nouvellement fait et légèrement écrasé. On a l'attention de n'y mettre ni la poussière ni les fumerons de charbon. Si l'on craignait que le charbon fût vieux, on le mettrait dans le feu et on le jetterait tout enflammé dans le miel. On fait bouillir le tout ensemble sur un feu doux; on appuie seulement de temps à autre sur les charbons avec le dos d'une écumoire. Il se formera un bouillon dans le milieu, et le charbon se retirera dans la circonférence avec une écume très-épaisse. Lorsque le sirop commencera à prendre consistance, on enlèvera le charbon avec une écumoire, on retirera la liqueur de dessus le feu, on laissera reposer, et on versera lentement le sirop qui surnagera sur le dépôt; on le passera à travers une chausse de laine ou d'un linge blanc de lessive, mis en double et suffisamment fin pour que la poussière ne passe pas avec le sirop. On remettra le sirop sur le feu pour finir de l'écumer et de le cuire.

Pour connaître quand le miel est cuit à consistance de sirop, il faut en faire tomber un peu dans un verre d'eau froide : il ne sera cuit que lorsqu'il se précipitera au fond du verre en forme de globules. (Ce procédé est dû à Cadet de Vaux.)— Le sirop de miel peut remplacer le sucre dans les confitures, les liqueurs, et dans beaucoup d'autres mélanges alimentaires.

420. **Qualités, usages et propriétés du miel.**— Les qualités du miel dépendent des lieux et des plantes où les abeilles le récoltent. Il est supérieur dans les lieux montagneux, un peu chauds et secs, et inférieur dans les cantons froids et humides, toutes choses égales d'ailleurs. Le meilleur est recueilli sur le sainfoin, l'oranger et les labiées qui poussent sur les montagnes. Il doit être limpide et bien filant lorsqu'il vient d'être récolté; plus tard il doit prendre en grains ni trop gros ni trop fins, et devenir d'un blanc transparent. Son odeur doit être douce, agréable et aromatique; il ne doit pas prendre à la gorge, et doit avoir très-peu de ce goût particulier qui le fait reconnaître, quoique mêlé à d'autres aliments.

Il est des miels, tels que ceux de colza et d'autres crucifères, qui granulent très-vite; trop souvent même ils se concrètent dans les ruches. Il en est d'autres, tels que ceux des labiées et des fleurs d'arbres, qui ne prennent quelquefois qu'au bout de trois ou quatre mois. Les miels du Nord granulent plus vite que ceux du Midi.

Dans les localités de cultures variées, le miel diffère de qualité selon la fleur qui domine. Les prairies naturelles et les prairies artificielles fournissent généralement un miel blanc, doux et aromatisé; le sarrasin et la bruyère, un miel rougeâtre ayant un goût prononcé; la plupart des arbres donnent un miel séveux qui happe à la gorge, excepté le tilleul et quelques autres arbres dont le miel est très-doux; quelques plantes et quelques arbustes produisent un miel verdâtre et âcre : tel est celui récolté sur le buis, le bluet, etc. La nature du sol et les circonstances météorologiques influent aussi sur la qualité comme sur la quantité du miel.

Les miels de France les plus prisés sont : le miel du Gâtinais butiné sur le sainfoin; celui de Chamonix (Savoie), butiné sur des labiées et le mélèze; celui de Narbonne, butiné sur les labiées (thym, romarin, serpolet, etc.), qui couvrent une colline de 12 à 16 kilomètres, située aux Corbières, près Narbonne; celui de quelques localités des Alpes, butiné également sur les labiées; celui d'Argences, butiné sur le sainfoin. Il est des miels du Jura et d'autres localités de l'Est et du Midi qui ne cèdent rien à tous ceux que nous venons de citer; mais ils sont moins connus. L'Algérie produit aussi quelques miels de choix butinés sur l'oranger, le figuier, etc. Les miels étrangers les plus renommés sont ceux du mont Hymette (Grèce), de Mahon (île de Minorque), de l'île Maurice (mer des Indes), de Portugal, du Chili, etc. Comme miels étrangers de qualité inférieure, il faut citer ceux de la Havane, de Cuba et de Saint-Domingue, qui laissent généralement à désirer sous le rapport de la fabrication. Ces miels ne viennent en France que lorsque notre récolte est très-mauvaise. On les trouve à Anvers, Rotterdam, Hambourg, etc.

Le miel sert à une foule d'usages domestiques, bien que le sucre puisse souvent le remplacer; le commun est employé à la fabrication du pain d'épice, de l'hydromel, et depuis quelque temps de la bière; celui de choix est mangé comme friandise en guise de confitures. Outre ses usages comme aliment, le miel ordinaire s'emploie dans la pharmacie. Le vétérinaire tire également un grand parti du miel inférieur.

On peut utiliser le miel pour sucrer le café et les pâtisseries. On peut également l'employer pour la fabrication de bonbons, de confitures et de compotes. Il faut, dans ce dernier emploi, choisir les miels surfins.

Le miel est pectoral, laxatif et détersif; il aide à la respiration, et c'est le meilleur aliment dont on puisse user lorsqu'on est atteint de rhume. Nombre de faits attestent que l'usage du miel dans l'alimentation aide à atteindre une longue vieillesse.

421. **Fonte de la cire.** — On emploie différents moyens, selon la quantité de résidus à fondre et selon l'outillage dont on dispose. Plus la cire est fondue en grand, plus elle est belle, à conditions égales de provenance. Pour les petites quantités et lorsqu'on ne dispose pas d'une presse, on a plus ou moins de déchets, et la quantité et la qualité laissent souvent à désirer.

S'il s'agit d'une petite portion à fondre, les débris d'une ou de deux ruches, par exemple, un des moyens les plus simples consiste à la mettre dans un sachet de grosse toile, qu'on ferme à l'aide d'une ficelle et qu'on place ensuite dans un chaudron de cuivre autant que possible, ou dans une grande terrine vernissée et remplie d'eau aux deux tiers à peu près. Au moyen d'un caillou assez lourd, on attache ce sachet et on le tient entre deux eaux de manière qu'il ne touche ni le fond ni les bords du vase, vu que, s'il y touchait, il se brûlerait, et les résidus en sortiraient pour se mêler avec la cire. On chauffe l'eau jusqu'à une légère ébullition ; on la maintient ainsi un quart d'heure ou une demi-heure, selon que les débris de rayons étaient plus ou moins propres et plus ou moins vieux. On a soin de ne pas pousser le feu trop fort, vu que la cire pourrait monter et s'enlever comme le lait. Outre ce désagrément, elle cuirait trop, elle attraperait un coup de feu et deviendrait sèche, cassante et brune. Cette couleur est d'autant plus fâcheuse qu'elle ne peut être enlevée, ni par le soleil ni par la rosée. On aura soin, pour éviter ce coup de feu, que la flamme ne monte pas aux bords du vase, et toutes les fois qu'on disposera d'un fourneau ou d'un poêle, il faudra les préférer à tout autre foyer pour fondre la cire.

Lorsqu'on juge que la plus grande partie de la cire est sortie du sachet (elle en sort à mesure que l'eau bout et monte dessus, attendu qu'elle est plus légère), on enlève ce sachet et on le presse entre deux planches, faute de mieux. On arrête le feu et on laisse refroidir le plus lentement possible. On a eu soin d'enlever l'écume s'il s'en est formé dessus. Plus la cire reste[illegible]a de temps sans prendre après que le feu a cessé, plus elle [illegible] s'épurera, et plus, par conséquent, sa qualité sera supérie[illegible]re. On peut la tirer au clair dès qu'elle commence à prend[illegible]re, et la couler dans un moule ou dans un vase vernissé. O[illegible]n peut également la laisser prendre dans le vase où elle a ét[illegible]e fondue et la faire refondre une seconde fois pour la coul[illegible]r en pains. Nous verrons plus loin ce qu'il importe d'ob[illegible]server relativement au degré de chaleur qu'il convient p[illegible]ur couler en briques.

Au lieu d[illegible]e fondre la cire dans un sac, comme nous venons de le [illegible]oir, on peut la jeter dans un vase qui contient de l'eau, laquelle en bouillant divise le marc et fait fondre entièrement la cire. On verse l'eau et les résidus fondus dans un canevas carré ou toile claire, dont on réunit les coins et qu'on presse fortement. Mais, quelque fortement qu'on presse, l'on ne parvient jamais à extraire les dernières parties de cire, surtout lorsque la température est basse; en outre, on est exposé à se brûler les mains.

On a aussi recours au four pour les petites portions de cire à extraire, et c'est le procédé qui donne les meilleurs résultats pour les petites quantités. On met les rayons à fondre dans une passoire fine en fer étamé, ou dans un tamis en toile métallique qu'on place sur une terrine vernissée dans laquelle on a mis un peu d'eau propre. La chaleur du four fait couler la cire, qui tombe dans la terrine : les résidus restent dans la passoire, ou ceux qui passent tombent dans l'eau. En été on peut se servir des rayons du soleil de midi pour remplacer la chaleur du four; mais, je le répète, on ne peut agir ainsi que pour une petite quantité. Il faut avoir recours à d'autres moyens pour des quantités plus grandes.

422. **Presse à extraire le miel et la cire.** — La presse qui convient à extraire le miel et surtout la cire doit être peu encombrante et avoir une forte puissance. Il faut que l'expression soit prompte et complète, et qu'aucune partie de cire ne puisse se trouver en contact avec l'air, si ce n'est au moment où elle tombe dans le baquet disposé pour la recevoir. Voici une presse qui réunit ces conditions; elle se compose : 1° de deux montants ou jumelles, MM (*fig.* 111), de 1 mètre 90 centimètres de haut sur 10 centimètres de large et 14 centimètres d'épaisseur ou profondeur, lesquels montants ont aussi des patins, et peuvent ne pas en avoir s'ils sont plantés en terre; 2° d'une table ou maie, T, large de 75 centimètres, profonde de 50 et épaisse de 10. Cette table est établie à une élévation de 50 centimètres; 3° d'une traverse, L, au milieu de laquelle est établi un écrou en fonte ou en cuivre; cette traverse, qui s'emmanche dans les montants, a 18 centimètres de large sur 20 d'épaisseur; elle se trouve à 1 mètre 10 centimètres de la table dont elle a la longueur; 4° d'une vis en fer de 6 centimètres de diamètre et de 70 centimètres de longueur, y

compris la tête, dont le diamètre est de 8 centimètres; 5° d'un double cadre en bois, composé d'un premier cadre, C, à fond fixe, et dont les côtés sont fermés par quatre barres épaisses

(*Fig.* 111.) Presse à extraire le miel et la cire.

de 5 centimètres et hautes de 15. L'étendue dans œuvre de ce cadre est de 50 centimètres d'un côté et de 56 de l'autre; plus d'un second cadre ou caseret, S, sans fond, armé de quatre planches épaisses de 3 centimètres et haut de 30, ajustées à queue d'aronde, et consolidées au moyen d'équerres en fer enclavées aux angles extérieurs. Ce deuxième cadre est établi de manière à pouvoir se placer dans le premier et s'enlever à volonté. Ses parois sont garnies intérieurement de petites tringles rapprochées ou de rainures qui laissent écouler la cire et le miel. De petits tasseaux, placés extérieurement près des angles et au milieu des côtés, le maintiennent dans le premier cadre et donnent de la résistance lorsque la pression tend à faire écarter les côtés. La *fig.* 112 montre la disposition des deux cadres (coupe verticale) lorsqu'ils sont établis sur la maie; elle laisse voir le fond du premier cadre, où sont creusées des rigoles pour l'écoulement du produit pressé. En TT (*fig.* 112) sont deux tasseaux mobiles qui serrent le premier cadre entre les montants et l'empêchent de reculer à droite ou à gauche. Au fond du cadre on place un plancher à claire-voie serrée, qui reçoit le canevas dans lequel on verse la matière à presser. Pour que les marcs de cire ne barbouillent pas trop fortement ce canevas, on place dessus une couche de paille avant d'y verser les résidus à presser. Je n'ai pas besoin de faire la description du plancher mobile, armé d'une ou deux poignées, qui se place sur la matière à presser lorsque les bouts du canevas ont été repliés, lequel plancher reçoit le billot B, que fait descendre le mouton R. Toutes ces pièces sont en chêne, excepté la maie, qui est en orme ou en hêtre. La vis, au lieu d'être simple comme dans le modèle ci-dessus, peut être à percussion. La tête est alors remplacée par une roue avec pommes ou branches qui servent à imprimer les mouvements du va et vient pour le serrement et le desserrement.

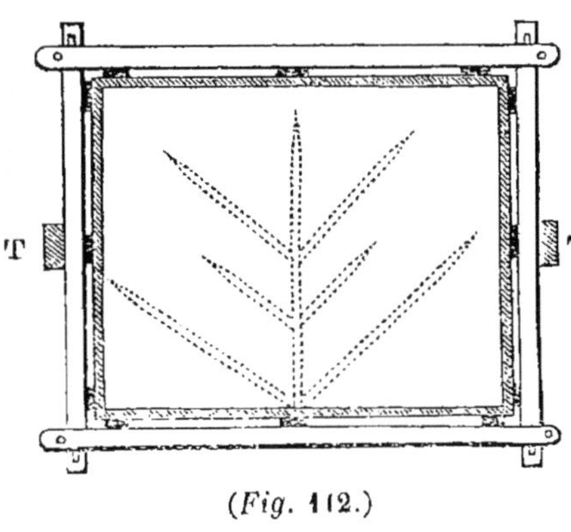

(*Fig.* 112.)

Il existe des presses d'une puissance plus forte : leur prix est plus élevé. Pour le miel la puissance est toujours assez forte; mais pour la cire elle ne l'est jamais trop.

423. **Procédé employé par des apiculteurs du Gâtinais.** — Avant de fondre les débris de rayons, c'est-à-dire les tourteaux de cire qu'on a obtenus en pressant le miel, il faut les diviser le plus possible et bien les laver (*). Il faut également briser les rayons secs, et notamment ceux qui contiennent du pollen et du couvain, et les lessiver à plusieurs eaux. Quand on n'a qu'une petite quantité de cire à fondre, on mêle, après les avoir lavées, ces sortes de cires. Mais lorsqu'on en a une grande quantité, il est bon de fondre à part les premières, dites *cires grasses*, et de faire un lot des autres, qu'on fondra les dernières. Lorsque les rayons et les tourteaux de rayons ont été divisés et lavés comme nous l'avons indiqué, ils sont placés dans la chaudière décrite au paraphaphe 406. Cette chaudière a reçu par avance de 20 à 30 litres d'eau, selon la quantité de cire à fondre, si cette eau doit être distillée plus tard pour en obtenir de l'alcool, et davantage si elle ne doit pas l'être. On ne met ordinairement les résidus dans l'eau que lorsque celle-ci est assez chaude pour commencer à les fondre, c'est-à-dire lorsqu'elle atteint au moins 60 degrés, et l'on a soin de ne pas emplir entièrement la chaudière, autrement l'ébullition, qui fait élever la matière, le ferait déborder et occasionnerait une perte de cire plus ou moins grande. On remue de temps en temps au moyen d'un bâton, lorsque l'eau entre en ébullition, et si le liquide fait mine de monter, on jette un peu d'eau froide dans la chaudière. Afin d'éviter aussi que la liqueur s'enlève, on calme le feu aussitôt que l'ébullition commence; en un mot, on évite une grande ébullition.

Lorsqu'on juge que la cire est suffisamment fondue, ce qui a lieu en moins de quinze minutes d'ébullition, si les résidus ont été bien divisés, on l'enlève avec son marc et un peu d'eau, et,

(*) On se sert d'un couteau semblable à celui des sabotiers pour diviser la cire des tourteaux, et on la lave dans des bacs longs dont un des bouts reçoit une cannelle, ou a une issue garnie de toile métallique.

à l'aide d'un poêlon à long manche, on la verse dans le seau ou auge de la presse, laquelle auge est garnie d'un canevas fort. Une partie de la cire et de l'eau sort immédiatement et est reçue dans un baquet à anses ou dans un simple seau en bois placé sous la gouttière du pressoir. Elle est versée au fur et à mesure dans un cuvier particulier que nous appelons *épurateur*, lequel contient déjà quelques litres d'eau très-chaude. Cet épurateur est une sorte de tonneau défoncé par le haut, fait en planches épaisses de 4 centimètres environ.

Lorsque toute la cire et ses résidus sont enlevés de la chaudière, on rabat les coins du canevas placé dans l'auge du pressoir, on place dessus un second canevas si le premier est insuffisant, et l'on fait agir la presse, d'abord doucement, puis plus vigoureusement, afin de dessécher le plus possible les résidus. Au lieu d'un double canevas, on place sur le premier de la paille coupée de longueur, on en place aussi sur la couche de matières à presser. Cette paille rend de bons services; elle empêche le canevas de se crasser, et facilite l'écoulement de la cire. La cire qui coule est versée dans l'épurateur, et celle qui se fige sur le tablier de la presse et le long de la gouttière est enlevée avec une espèce de râcloir et jetée également dans l'épurateur, lequel est tenu fermé au moyen d'un couvercle en bois ou d'un linge, pour qu'il conserve mieux la chaleur et que la cire y soit plus longtemps en fusion. C'est pendant ce temps qu'elle s'épure, que les matières hétérogènes qui l'accompagnent s'en séparent et tombent dans l'eau. Ce sont ces matières qui, lorsqu'elles ne sont pas bien séparées, rendent la cire brunâtre et lui donnent plus ou moins de *pied*. Le *pied de cire* est la partie noirâtre ou verdâtre que l'on trouve au bas des pains ou des briques formées avec de la cire mal épurée. Ce pied est loin d'ajouter à la qualité de la cire.

On doit laisser la cire s'épurer au moins deux heures avant de la soutirer (des fabricants la laissent six ou huit heures), et il ne faut commencer le soutirage que par la partie supérieure de l'épurateur. Pour cela, l'épurateur doit avoir plusieurs cannelles placées à des hauteurs différentes, qui permettent de couler les couches au fur et à mesure qu'elles sont purifiées.

La cire ne doit donc pas être coulée aussitôt qu'elle est fondue; il faut au contraire la laisser le plus longtemps possible à l'état de fusion pour qu'elle ait le temps de s'épurer. Il convient de la verser dans les moules lorsqu'elle n'est plus qu'à la température de 72 degrés environ. Nous ajouterons que les moules dans lesquels on la coule doivent être placés dans un lieu dont la température soit élevée, si l'on veut que les pains ou les briques aient belle apparence, ne se fondent ni ne grimacent, qu'ils soient bombés au lieu d'être creux. En versant quelques gouttes d'alcool dans la cire en fusion on la dispose à laisser tomber plus vite son pied, et elle est plus transparente lorsqu'elle est refroidie. L'alun précipite aussi les matières étrangères et clarifie la cire. On en met dans l'épurateur à peu près un gramme par kilogramme de cire en fusion. Le moule doit être frotté avec un linge passé sur un morceau de savon, ou un linge enduit de poudre de savon.

Si la cire fondue est destinée au blanchiment, on peut indifféremment la couler dans toutes sortes de moules, ainsi que celle qui ne doit pas être vendue pour le détail. Mais si elle est destinée au commerce, soit pour le frottage ou pour d'autres usages, il convient de la couler dans des moules affectant la forme de briques de savon. Sous cette forme, qui en permet facilement la division, elle est souvent payée 15 centimes de plus par kilogramme.

Chaque producteur a pour ainsi dire son moule; aussi trouve-t-on des briques de tous les poids, depuis 1 kilogramme jusqu'à 4 kilogrammes et même davantage. Très-souvent les briques ont un poids exprimé par une fraction de kilogramme qui ne laisse pas d'être ennuyeuse, et qu'il faut s'appliquer à éviter en adoptant un moule qui donne un poids entier. Celui qui est le plus adopté est le moule de 2 kilos, dont nous donnons les dimensions. C'est une pyramide tronquée et renversée (*fig.* 113), dont la plus grande longueur, celle en dessus, est de 40 centimètres, et celle en dessous de 38 centimètres. L'élévation mesure 8 centimètres et l'épaisseur

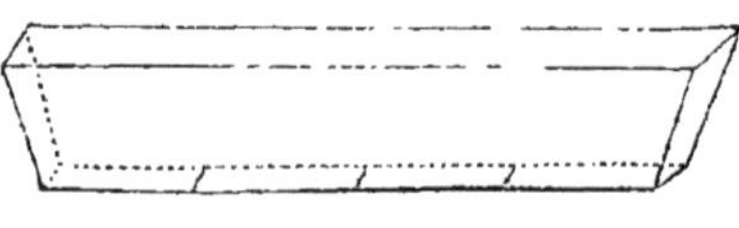

(*Fig.* 113.) Moule à fondre la cire.

moyenne 8 centimètres. Je dis l'épaisseur moyenne, car la base n'a guère que 7 centimètres et l'orifice 9 centimètres. On peut faire cette base de 75 millimètres et l'orifice de 85 millimètres. Toutefois, si l'on tient le moule un peu plus grand, on sait par tâtonnement jusqu'à quel point il faut l'emplir pour obtenir les 2 kilos exactement.

Les moules sont en terre vernie intérieurement, en fer-blanc ou en tôle étamée. Les moules en terre ont l'avantage de conserver mieux et plus longtemps la chaleur, mais ils ont l'inconvénient d'être fragiles, ce qui fait que les moules en fer-blanc leur sont préférés. Ils peuvent avoir des divisions marquées par des lignes en creux ou en relief à la paroi du fond. Ils peuvent également porter une lettre sur les bouts ou une autre marque de fabrique.

Des personnes mettent les uns sur les autres les moules emplis afin de mieux maintenir la chaleur, et les couvrent ordinairement d'une bonne couverture de laine. Cette précaution est inutile lorsque les moules sont placés dans un appartement chaud et que l'on opère en été.

C'est au moment de la fonte des résidus de la cire qu'il convient d'ajouter à celle destinée au frottage des principes colorants qui relèvent ses qualités; mais quelques-uns de ces principes, tels que l'ocre rouge ou jaune, la terre de Sienne, etc., ajoutent au poids et constituent une falsification punissable. L'ingrédient le plus convenable est l'orcanette, espèce de buglose (plante de la famille des boraginées) dont la racine teint en rouge. La proportion à employer est proportionnée à la quantité de cire et à la nuance que l'on veut obtenir: une trop forte proportion donne à la cire une couleur qui, s'éloignant trop de la couleur naturelle, lui ôte ses qualités commerciales. D'ailleurs, l'art d'obtenir une belle coloration s'acquiert, comme toute autre chose, par une longue pratique; mais il est des cires qui sont assez colorées par elles-mêmes, et qui perdraient à être relevées par une couleur artificielle.

124. Nous devons donner la description et la figure d'une chaudière employée en Allemagne pour fondre la cire. Cette

chaudière (*fig.* 114) est à peu près droite, et reçoit un appareil, A (*fig.* 115), qui entre dans la partie supérieure de sa capacité et se fixe sur ses deux anses. L'appareil se compose principalement d'un tamis, *d*, et d'un moulinet, *f*, ayant à sa base une sorte de râteau dont l'office est de remuer les matières étrangères et terreuses qui se trouvent dans la cire et qui tombent au fond du vase.

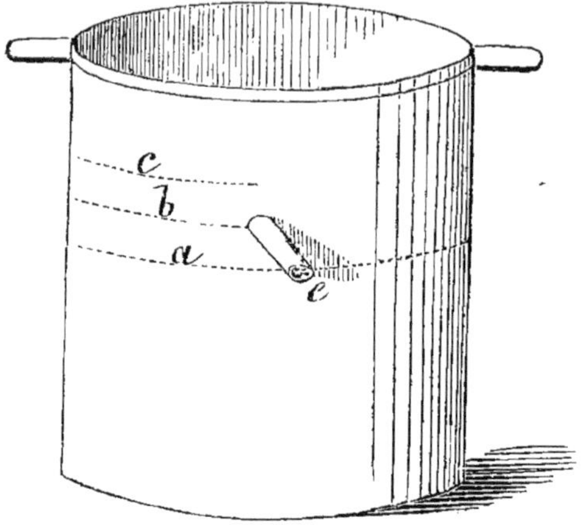

(*Fig.* 114.) Chaudière à fondre la cire.

Au moyen de cette chaudière, on n'a pas besoin d'épurateur, et l'on obtient des cires bien pures à la première fonte. Voici comment on opère ; on jette les résidus de cire dans la chaudière, qui a de l'eau jusqu'en *a* ; on place ensuite l'appareil, dont le tamis, descendant un peu plus bas que ce point, tient dans l'eau tous les résidus. A mesure que la cire fond, elle passe à travers le tamis qui retient les impuretés, et se porte à la surface de l'eau. Pendant l'ébullition, que l'on établit le plus modérément possible, on élève le moulinet, *f*, et on le tourne pour que la branche, *g g*, détache du tamis les parties qui y adhéreraient et empêcheraient la cire de passer. Lorsqu'on suppose

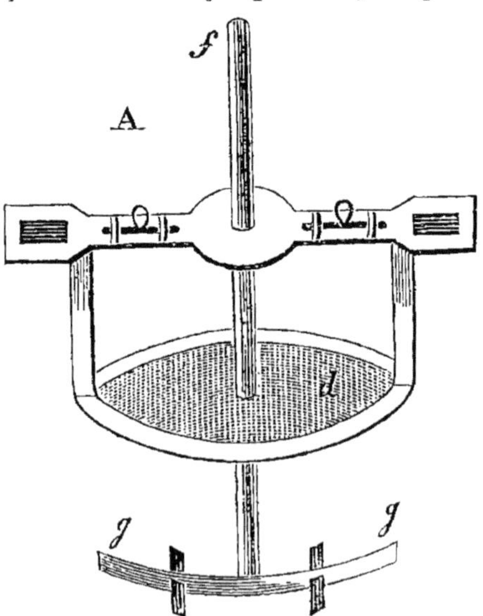

(*Fig.* 115.) Appareil intérieur de la chaudière.

que toute la cire est fondue, on arrête le feu et on laisse la liqueur en repos; pendant ce temps la cire s'épure, et lorsqu'elle est sur le point de se figer, on la soutire par la cannelle, *c*. On peut, au lieu d'une cannelle, en ménager deux ou trois à des hauteurs différentes, et soutirer la cire par couches, comme nous l'avons vu plus haut.

Le tamis doit être en toile métallique fine et galvanisée; son cercle doit poser exactement sur les parois de la chaudière, afin de ne pas laisser monter de parties sales dans la couche cireuse.

Quelle que soit la méthode que l'on emploie pour extraire la cire des rayons, il en reste toujours plus ou moins dans le marc; mais voici un moyen d'obtenir jusqu'à la dernière parcelle.

425. **Moyen d'extraire les dernières parties de cire contenues dans le marc pressé** (*). On prend 20 kilogrammes de marc, que beaucoup jettent sur leur fumier ou dans leur foyer; on le pulvérise et on y ajoute 10 kilogrammes d'essence de térébenthine, puis on laisse macérer ce mélange pendant vingt-quatre heures. On ajoute ensuite 30 kilogrammes d'eau, et l'on fait bouillir le mélange pendant une heure; après quoi on le passe dans une toile en l'exprimant. On soumet le liquide obtenu à la distillation afin d'en retirer presque toute l'essence de térébenthine employée pour l'opération. Ce qui reste dans la curcurbite de l'alambic est de la cire et de l'eau; il suffit d'évaporer à l'air libre pour obtenir la cire, qu'on purifie et qu'on coule en pains.

Mais il arrive souvent qu'on n'a pas assez de marc pour se livrer à l'opération que nous venons de décrire; les appareils d'ailleurs font défaut. Dans ce cas, on peut vendre ces marcs aux quelques ciriers qui les achètent.

Nous l'avons dit plus haut, et nous le répétons, le moyen d'avoir le moins de résidus possible consiste à laver à grandes eaux les cires avant de les fondre, ce qui d'un autre côté ne contribue pas peu à leur enlever tout mauvais goût. Pour que le

(*) Ce procédé est dû à M. P.-J. Roland, de Sens, breveté en 1840.

goût aromatique ne soit pas altéré, on doit tarder le moins possible à fondre les rayons ; on le fera, pour le bien, aussitôt que le miel en sera extrait. Si on ne peut le faire de suite, après les avoir bien lavés comme nous l'avons dit, on les étendra à l'air, puis on les placera ensuite dans un grenier sec. Les rayons qui n'ont pas été pressés seront également conservés dans un grenier sec et aéré. Il faut les visiter souvent afin de s'assurer si la fausse-teigne ne les attaque pas. En été, il est bon de les descendre dans une cave froide et sèche pour éviter les ravages de la fausse-teigne.

426. **Conservation de la cire.**— La cire en pains et en briques doit être conservée à l'ombre et dans un endroit sec : les rayons du soleil mangent sa couleur.

Telle qu'elle est livrée au commerce, sous la dénomination générale de *cire jaune*, la cire est une substance compacte, plus ou moins dure, d'une nuance plus ou moins jaune, suivant la fleur et le pays où elle est récoltée, et le plus ou moins de soins qu'on a mis à la fondre. L'odeur en est aromatique, le goût presque insipide, la cassure nette, et la surface qu'elle laisse un peu grenue. La cire fond à 62 degrés ; elle est inflammable et brûle sans résidu ; sa densité est 0,972.

Étant d'une valeur assez grande, cette substance a dû exciter la sophistication. Les fraudeurs y mêlent des résines, le galipot, des substances terreuses, du soufre en fleur, de l'amidon, du suif, de la stéarine, de la cire végétale, etc. ; mais l'addition de la plupart de ces matières est facile à reconnaître (*), et celui qui s'y livre peut être poursuivi par les tribunaux.

427. **Usage de la cire.** — La cire jaune sert aux encaustiques, au frottage des parquets, à la confection de certains cirages, pour la pharmacie, la chimie, etc. Celle qui est susceptible de blanchir est employée, lorsqu'elle est blanchie, à la confection des cierges, bougies, etc. Je dis qui est susceptible de

(*) V. l'*Apiculteur*, deuxième et troisième années, pour les moyens de reconnaître les cires falsifiées.

blanchir, car toutes les cires jaunes ne perdent pas également leur couleur originelle. Celles qui en France blanchissent le mieux sont celles des grandes landes de Bordeaux, celles de Bretagne, de basse Normandie et de Corse.

428. **Utilisation des eaux miellées.** — Les eaux qui ont servi à laver les rayons et les tourteaux de cires grasses, ainsi que celles dans lesquelles on a fondu ces cires grasses, peuvent être utilisées. Contenant encore une certaine quantité de matière sucrée, on les convertit en boisson légère si elles n'ont pas de mauvais goût, et on les distille lorsqu'on ne veut pas en faire de la boisson et qu'elles ont mauvais goût.

429. **Boisson au miel. Hydromel léger ou miod.** — L'eau miellée s'obtient, comme nous l'avons vu, en lavant les cires grasses qu'on se propose de fondre ; dans ce cas, elle n'est pas précisément obtenue en vue d'en faire de la boisson.

Lorsqu'on opère avec l'intention d'en faire une boisson, et surtout une boisson corsée, on dégraisse moins les rayons, c'est-à-dire qu'on les presse moins fortement. Dans cette circonstance, on place les résidus dans un baquet, on verse dessus de l'eau froide et on laisse macérer pendant vingt-quatre heures, ou bien l'on verse de l'eau chaude et on décante au bout de quelques heures seulement. On la fait bouillir pendant une heure ou deux dans une chaudière en cuivre avant de l'entonner. Dans ce cas, on l'écume bien pendant l'ébullition ; on la remet dans un cuvier où elle se refroidit et d'où on la tire à clair pour l'entonner dans des tonneaux propres et exempts de mauvais goût ; on emplit entièrement ces tonneaux, qu'on laisse débondonnés et qu'on place dans un endroit aéré dont la température est élevée de 15 degrés au moins et de 25 au plus. Au bout de deux ou trois jours la fermentation s'établit ; elle est tumultueuse d'abord et un peu de boisson s'extravase ; on la met dans les tonneaux lorsque la fermentation est moins forte. (Il faut se garder de la remettre dans les tonneaux si elle est passée à l'état acide.) Cette fermentation n'est pas entièrement achevée avant un mois ou six semaines. Après ce temps, on peut descendre les tonneaux à la cave et laisser quelques jours la boisson s'éclaircir avant de les mettre en perce. On peut boire au tonneau, ou mettre la boisson en bouteilles si l'on tient à ce qu'elle soit mousseuse. Dans l'un et dans l'autre cas, elle est bienfaisante et vaut le meilleur cidre, pourvu qu'elle ait été convenablement façonnée et que la dose de matière sucrée soit assez forte. Nous verrons plus loin la manière d'obtenir l'hydromel complet, l'hydromel liquoreux.

430. **Extraction de l'alcool des eaux miellées.** — On extrait l'alcool des eaux miellées lorsqu'elles ont subi la fermentation vineuse dont nous venons de parler, fermentation qui n'est complète qu'au bout d'un mois ou six semaines. Pour obtenir la boisson propre à la distillation, on peut procéder comme nous venons de l'enseigner ou agir de la manière suivante, c'est-à-dire se servir des eaux de cire.

Pour 50 kilogrammes de cires brutes ou résidus de ruches grasses dont on a extrait le miel, on prend 225 à 230 litres d'eau (contenance des pièces de Bordeaux); on les fait bouillir ensemble pendant une demi-heure environ. Après avoir enlevé la cire de la chaudière, on recueille l'eau et on la met dans des tonneaux qu'on emplit entièrement et qu'on laisse ouverts. Au bout de deux ou trois jours la boisson entre en fermentation, et cette fermentation s'accomplit comme nous l'avons vu (*). C'est après son accomplissement qu'a lieu la distillation, qui s'opère comme lorsqu'il s'agit de distiller le vin, le cidre ou toute autre boisson fermentée. Les 230 litres d'eau qui ont servi à la fonte de 50 kilogrammes de cire donnent de 8 à 10 litres d'alcool à 94 degrés. On conçoit que la quantité d'alcool est plus grande lorsque les gâteaux de cire n'ont pas été bien pressés et qu'ils con-

(*) Afin de faire disparaître le goût de cire, toujours prononcé dans les eaux-de-vie provenant des eaux miellées, on ajoute, au moment de la fermentation de ces eaux, un quinzième environ de baies de genévrier, ou un vingtième de fruits à noyau, tels que cerises, prunes, etc. On peut aussi faire macérer dans ces eaux des marcs de raisin ou de pommes non entièrement épuisés. On obtient alors des eaux-de-vie agréables; l'addition de noyau donne un kirch de bonne qualité. En faisant infuser des prunelles mûres dans de l'eau-de-vie de cire, on obtient aussi une boisson de bonne qualité.

tenaient encore une certaine quantité de miel qu'on aurait pu extraire. Les frais de distillation sont de 3 fr. 50 c. à 4 fr. par hectolitre d'alcool, lorsqu'on est convenablement outillé ; mais le plus souvent on n'est pas à même d'obtenir de l'alcool rectifié N'ayant qu'un alambic simple, on se contente d'obtenir des flegmes, que l'on vend aux personnes qui sont outillées pour les rectifier.

431. **Fabrication de l'hydromel avec les eaux de cire.** — Lorsque l'alcool est à un prix élevé, l'on obtient de beaux bénéfices en distillant les eaux de cires grasses ; mais lorsque ces prix tombent de 50 à 60 fr. l'hectolitre, le jeu n'en vaut plus la chandelle, à moins que l'on n'ait à distiller d'autres matières. On a plus d'avantage à convertir les eaux mielleuses en hydromel concentré. Voici comment plusieurs apiculteurs s'y prennent pour cela :

Ils extraient leur miel comme à l'ordinaire, en ayant soin de mettre à part tous les gâteaux qui contiennent du couvain et du pollen : ceux-ci sont le plus souvent soumis ou four pour en extraire le peu de miel qu'ils contiennent, et la cire en est fondue à part. Les débris des rayons qui ne contenaient que du miel sont mis à fondre dans une chaudière en cuivre, ou, faute de chaudière, dans une grande bassine. On ajoute 3, 4 ou 5 litres d'eau par débris de ruche, selon que ces débris sont abondants et ont été plus ou moins pressés. On fait fondre la cire comme à l'ordinaire, en ayant soin que le feu soit modéré. Après un moment d'ébullition, les résidus sont soumis à la presse pour l'extraction des parties de cire qu'ils contiennent ; quant à l'eau de fonte et à la cire qui l'accompagne, elles sont versées dans un épurateur, un baquet ou un tonneau défoncé par un bout, dans lequel on verse également ce qui sort de la presse. La cire est soutirée par une canuelle, ou dans le cas contraire elle se fige sur l'eau. Cette eau, qui est un véritable sirop, se décante, autrement dit elle laisse tomber au fond du cuvier toutes les parties de matières étrangères qu'elle contient. Au bout de quelques heures, on peut la soutirer par une cannelle ou par un simple fausset ménagé à 3 ou 4 centimètres du fond du cuvier et la mettre dans un tonneau. Elle accomplira la fermentation dont nous avons parlé plus haut. On peut provoquer cette fermentation en mettant un peu de levure de bière dans le sirop. La liqueur ne sera vineuse qu'au bout de six mois ou un an. Jusque-là elle restera un sirop sucré, qu'on ne saurait enfermer dans des bouteilles, attendu qu'il les casserait. On peut faire un bon usage de cet hydromel en le mêlant aux eaux-de-vie de betterave, de pomme de terre, etc., qu'il améliore sensiblement.

432. **Fabrication de l'hydromel avec le miel pur.** — Les miels dont on se sert le plus souvent pour façonner l'hydromel sont ceux de sarrasin et de bruyère; ce ne sont pas les meilleurs, mais ce sont les moins chers. On en prend ordinairement autant de demi-kilogramme que de litres d'eau, c'est-à-dire qu'on en met 50 kilogrammes par hectolitre d'eau (50 kilogrammes de miel font 35 litres); on verse ce miel dans la chaudière en cuivre qui contient l'eau, déjà chaude à 50 ou 60 degrés; on le remue avec un bâton en forme de T, afin qu'il ne s'attache pas au fond de la chaudière, où il pourrait se caraméliser; on continue à chauffer, et, lorsque le moment de l'ébullition approche, l'on commence à écumer la boisson. Il faut avoir soin de modérer le feu quand l'ébullition se montre, car autrement la liqueur pourrait s'emporter et sortir de la chaudière. L'écume est déposée dans une sorte de caseret, d'où elle s'égoutte. On continue l'ébullition à petit feu pendant quatre heures environ, jusqu'à réduction du quart à peu près. Il y a des fabricants qui emploient plus d'eau et qui font bouillir davantage; la liqueur n'en est souvent que meilleure, car c'est en bouillant longtemps qu'elle acquiert un goût caractérisé de sirop. Lorsque la boisson est suffisamment réduite, suffisamment cuite, elle est versée dans une cuve propre où on la laisse refroidir; elle est ensuite décantée et mise dans des fûts placés dans un lieu sain dont la température est de 15 à 25 degrés. La fermentation s'accomplit comme nous l'avons vu plus haut. Il est des fabricants qui laissent durer cette fermentation jusqu'au bout, c'est-à-dire environ six semaines; mais il en est d'autres qui l'arrêtent par l'addition d'un peu d'acide sulfurique

étendu d'eau; ils versent ce mélange au moment où la plus grande quantité d'alcool est développée.

Il ne faut pas bondonner les tonneaux tant que la fermentation n'est pas achevée; et l'on fait bien de ne les bondonner que légèrement pendant la première année de fabrication, car les variations atmosphériques et les changements de saison font souvent subir une fermentation passagère aux boissons au miel, fermentation assez forte quelquefois pour faire sauter des cercles si les tonneaux étaient bien bondonnés. Après un an, ces mouvements n'ont plus qu'une influence insensible.

L'hydromel, comme tout ce qui a rapport aux abeilles, redoute l'humidité; il doit être conservé dans un cellier ou une cave sèche, où, en vieillissant, il acquiert des qualités remarquables. De l'hydromel de dix ans fait et conservé dans de bonnes conditions ne ressemble plus à de l'hydromel d'un an, mais à une liqueur qui tient du vieux madère et du vieux cognac. Il vieillit plus vite en pièce qu'en bouteille.

Quelques fabricants, pour déguiser le plus possible le goût du miel, surtout le goût du miel de sarrasin, qui perce toujours dans les jeunes hydromels, ajoutent au moment de l'ébullition différentes plantes et fruits aromatiques, tels que de la cannelle, de la coriandre, de la noix muscade, etc. Dans de justes proportions, ces ingrédiens sont loin de nuire au goût de la liqueur, qu'ils modifient au contraire convenablement. Cependant, lorsqu'on n'emploie que des miels au goût fin, l'on peut se dispenser de ces aromes. Les hydromels de Metz, autrefois si renommés, étaient façonnés avec des miels blancs de la Lorraine, et ne recevaient aucun arome artificiel.

433. **Liqueur au miel.** — La plupart des liqueurs au miel sont une combinaison d'hydromel concentré et d'eau-de-vie de bonne qualité. Ainsi, on obtient de l'hydromel à la rose, à la menthe, à la vanille, etc., en faisant macérer des feuilles de rose, des fleurs de menthe, etc., dans de la bonne eau-de-vie qu'on mêle, en certaine proportion, à de l'hydromel vineux. Ces proportions varient selon les goûts des consommateurs. Rien n'est donc plus facile que la préparation des liqueurs au miel.

434. Nous venons de voir la manière employée par les fabricants spéciaux; nous aurions dû, pour être mieux compris, décrire les appareils employés; mais, comme la plupart des cultivateurs d'abeilles ne sont pas dans les conditions voulues pour exercer cette industrie eu grand, quoique, dans les localités de miel à bas prix et par des années de rareté de vin, il y ait de beaux bénéfices à réaliser, nous nous sommes dispensé des détails. Néanmoins, si ceux qui récoltent le miel ne peuvent ou ne veulent pas se faire fabricants d'hydromel, ils peuvent du moins avoir la velléité de se donner quelques bonnes bouteilles de ce nectar, dont s'abreuvaient autrefois les dieux, et qu'ils peuvent souvent présenter pour du madère ou du syracuse à ceux qui ne sont pas très-connaisseurs. L'hydromel est d'ailleurs une excellente liqueur qu'on peut boire en guise de vin, lorsqu'elle n'est pas trop concentrée; autrement elle grise vite : mais l'ivresse qu'elle procure est agréable et dure peu.

435. **Vinaigre de miel** (*miel aigre*). — Pour obtenir du vinaigre de la boisson au miel, il faut, lorsque cette boisson a accompli sa fermentation vineuse ou alcoolique, lui faire subir une fermentation acide, ce à quoi on parvient en la plaçant à l'air et à une température de 30 degrés environ. On y ajoute en outre une *mère de vinaigre*, ou sorte de levain acidulé. On obtient cette *mère* en plaçant au soleil de l'écume de boisson, de l'écume extraite de la chaudière au moment où la liqueur au miel entre en ébullition.

La force de ce vinaigre est en raison de la dose de miel contenue dans la boisson. Un demi-kilogramme de miel peut donner deux litres de fort vinaigre. Pour rendre plus fort le vinaigre au miel, il faut le laisser séjourner sur des copeaux de hêtre. — On doit le conserver dans des caves sèches.

APPENDICE

Considérations sur les bénéfices que donne l'apiculture. — Rapport des ruches. — Localités favorables aux abeilles. — Prix des ruchées dans diverses localités. — Préjugés sur les abeilles. — Lois, etc.

Nous résumons nos leçons par quelques considérations générales que nous aurions pu placer en *avant-propos*, et par quelques données particulières qui n'ont pas trouvé place précédemment.

L'apiculture est aussi productive, avons-nous déjà dit, qu'intéressante ; c'est la branche de l'économie agricole qui procure les plus beaux bénéfices avec le moins de débours, lorsqu'elle est faite avec savoir et intelligence, et que la localité où elle est pratiquée offre des ressources aux abeilles. Elle est faite avec savoir toutes les fois que celui qui s'y adonne est éclairé sur les soins qu'il doit donner aux abeilles et sur les opérations qu'il peut pratiquer sur leurs ruches. Elle est faite avec intelligence quand ces soins sont appliqués et ces opérations pratiquées en temps convenable et avec art. Est favorable à la culture des abeilles toute localité qui possède des plantes mellifères, telles que prairies naturelles et prairies artificielles (sainfoin, luzerne, trèfle blanc, lupin, mélilot, etc.), crucifères (colza, navette, etc.), sarrasins, bruyères, arbres fruitiers, arbres verts, etc., etc.

Nous venons de dire que l'apiculture est l'occupation champêtre qui procure les plus beaux bénéfices avec le moins de capitaux : nous devons ajouter qu'elle n'exige pas d'études bien longues ni de travaux bien pénibles. En outre, elle ne nécessite d'autres frais d'établissement que ceux d'achat des colonies, et ne demande ni engrais, ni labours, ni semences.

Dans les localités qui possèdent des fleurs mellifères en quantité convenable le rapport d'une ruche peut être estimé en moyenne le prix d'achat de cette ruche, c'est-à-dire qu'une colonie payée 15 fr. donne 15 fr. en essaim et en miel, tout en valant encore 15 fr. à la fin de la campagne, ce qui veut dire qu'elle continuera de produire 15 fr. les années suivantes, sans compter le produit progressif des essaims. Toutefois, il faut supposer que cette colonie n'est pas abandonnée à elle-même ; qu'une population lui est ajoutée si elle tombe en décadence ; que sa mère est remplacée quand elle commence à vieillir ; en un mot, qu'elle reçoit tous les soins nécessaires à sa conservation, soins qui, comme nous l'avons déjà dit, sont faciles à donner. D'ailleurs, on peut bien surveiller ses ruches lorsqu'elles rapportent 100 p. 100. Il est vrai que ces produits sont inférieurs dans les localités de plaine où l'on ne cultive que des céréales, des racines ou de la vigne ; aussi recommanderons-nous de n'entretenir qu'un petit nombre de ruches dans les localités manquant de fleurs.

La culture des abeilles est avantageuse, lors même qu'on n'en fait pas une industrie, c'est-à-dire qu'on ne se propose pas d'en vendre les produits, mais de les consommer. Il n'est point de ferme, point d'habitation rurale environnée de fleurs mellifères (toutes les fleurs simples le sont plus ou moins), qui ne puisse posséder un rucher d'une ou deux douzaines de ruches, lesquelles produiront annuellement une cinquantaine de kilogrammes de miel, sans compter la cire, qu'on saura toujours utiliser. Quant à de l'apiculture par agrément, on peut en faire partout, même dans les localités les plus ingrates. Il va sans dire que dans ces dernières conditions on obtient moins de résultats, tout en donnant plus de soins.

Lorsqu'on veut faire de l'apiculture par spéculation, il faut d'abord étudier, tant sous le rapport des fleurs et des produits qu'elles peuvent donner que sous celui du débouché de ces produits, la localité où l'on veut établir des ruches et opérer. Si l'on est étranger à cette localité, il faut étudier l'époque et la manière de procéder de ceux qui possédent déjà des abeilles ; il faut observer leur mode d'exploitation, afin de pouvoir l'employer si on le croit avantageux, et de l'améliorer s'il paraît défectueux et arriéré.

Commencez avec quelques ruchées, vous conseille la prudence, et augmentez-en le nombre à mesure que votre éducation apicole se fera. Si vous débutiez sur une grande échelle vous seriez exposé à perdre de l'argent quoique la culture des abeilles fût lucrative. Aussi, à cause des beaux bénéfices que donnent les mouches à miel, il n'est pas rare de voir se mettre en campagne l'imagination brillante de jeunes apiculteurs. A peine ont-ils réuni quelques colonies que déjà, dans leurs beaux rêves, dit un auteur, ils voient couler des ruisseaux de miel ; une ruchée doit leur rendre vingt, trente francs par an avec de bons essaims. Sous un pareil charme, les dépenses ne sont rien pour se procurer des abeilles, ruches et ruchers. Une mauvaise année arrive, et avec elle de grandes déceptions. On perd la moitié et peut-être les deux tiers de ses colonies, parce qu'on n'a pas su les soigner ; les illusions disparaissent, et on tombe dans le découragement. Ainsi pas d'imagination, pas de folie dans l'apiculture non plus que dans l'agriculture, mais voyons les choses telles qu'elles sont, soyons circonspect, marchons avec prudence et nous réussirons infailliblement.

Si l'on pense que tel ou tel système de ruche convienne mieux que celui en usage dans la localité, on l'adoptera ; mais on ne le fera qu'après plusieurs essais comparatifs. Dans cette circonstance, il importe de tenir compte du prix comparé des ruches, et, à résultats à peu près semblables, il faut donner la préférence à la plus simple, la plus économique, à moins que, par la facilité de sa récolte, la ruche composée n'économise le temps. On ne devra se fier que sous bénéfice d'inventaire aux allégations des inventeurs de ruches *nouvelles*, qui prétendent que leur invention est la meilleure, la seule bonne, la seule assurant des bénéfices extraordinaires. On ne se fiera pas davantage aux recettes et aux secrets merveilleux que prétendent posséder seuls quelques habiles. L'apiculture, depuis qu'elle est devenue un art raisonné qui s'appuie sur la science, n'a plus de secrets pour personne. Tel se prétend sorcier qui n'est souvent qu'un empirique.

Lorsqu'on est bien fixé sur une localité et qu'on a fait les études préliminaires que nous venons d'indiquer, il faut chercher à atteindre le but qu'enseigne l'art apicultural. Voici à ce propos des jalons posés par M. Buzairies, qui sont en quelque sorte le *Credo* de l'apiculteur. On ne saurait trop avoir sous les yeux ce tableau, qui en dit beaucoup plus que certains gros livres.

On conserve les ruchées en bon état :
- En limitant leur nombre aux ressources locales ;
- En les dépouillant partiellement et avec modération ;
- En se servant de ruches d'une matière et d'une forme convenables ;
- En augmentant, au besoin, leur population et leurs provisions par des réunions artificielles ;
- En s'opposant à la formation des essaims secondaires ;
- En renouvelant les abeilles mères vieilles et défectueuses.

On augmente la quantité du miel et celle de la cire :
- En travaillant à rendre la récolte des fleurs plus abondante :
  - En plançant les ruches dans les lieux les plus riches en fleurs ;
  - En multipliant autant que possible les fleurs dans le voisinage des ruches ;
  - En déplaçant les abeilles pour les amener dans les lieux où les fleurs abondent ;
- En ne conservant que des ruches bien peuplées et convenablement approvisionnées ;
- En supprimant l'essaimage, et en agrandissant les ruches.

On améliore la qualité du miel et celle de la cire :	En ne laissant pas séjourner trop longtemps ces produits dans les ruches ; En détruisant, aux environs des ruches, les fleurs de mauvaise qualité, et, quand on le peut, en les remplaçant par des plantes aromatiques.
On obtient des essaims volumineux :	En employant des ruches de grandes dimensions ; En faisant des essaims artificiels accompagnés de quelques provisions alimentaires ; En limitant le nombre d'essaims fournis par chaque ruchée ; En grossissant les essaims naturels par des réunions artificielles ; En supprimant les essaims superflus ; En hâtant ou en retardant, selon les besoins, l'époque de l'essaimage.

Nous insistons particulièrement sur les essaims volumineux ou colonies populeuses, attendu que c'est la clef de voûte de l'industrie abeillère. On est assuré de réussir, autrement dit, on est certain de tirer des bénéfices des colonies populeuses pour peu que la localité soit favorable. Or, comme on peut toujours rendre les colonies populeuses, en faisant des réunions, en n'*étouffant* jamais les abeilles des ruches qu'on récolte, mais en les réunissant à d'autres qui n'ont de provisions que pour passer la mauvaise saison, il est donc à la disposition de tous d'avoir des colonies populeuses, c'est-à-dire de réussir. Mais trop de possesseurs d'abeilles se laissent tenter par la quantité : ayant quelquefois obtenu des essaims secondaires passables, ils conservent tout ce qui leur en vient, espérant que ces essaims se feront bons, et ne tenant pas compte de l'épuisement que ceux-ci occasionnent aux ruches mères. Ils agissent, dans ce cas, comme les gens qui mettent à la loterie de n'importe quel lingot d'or, lesquelles gens ne tiennent pas non plus compte de la somme déboursée, et ont beaucoup d'espérances..., qui ne se réalisent presque jamais.

Nous avons dit précédemment que le nombre des ruchées cultivées en France peut être plus que doublé. Si, par exception, quelques localités possèdent la quantité qu'il leur est possible d'en entretenir, il en est une foule qui peuvent en avoir trois ou quatre fois autant qu'elles en ont. Il en est d'autres qui n'en possèdent pas du tout, et qui peuvent en entretenir un grand nombre avec succès. Les localités qui offrent le plus de ressources en France sont : le Gâtinais, contrée qui s'étend entre Étampes, Fontainebleau, Pithiviers, Orléans, Chartres et Rombouillet. Cultivant beaucoup de sainfoin, cette contrée donne un miel blanc de premier choix. On y paye les bonnes ruchées à conserver de 15 à 18 fr. avant l'hiver, et jusqu'à 22 fr. au mois de mars. La Normandie, principalement les environs de Caen et d'Argences, dont le miel est remarquablement blanc lorsqu'il est butiné sur le sainfoin et est plus commun lorsqu'il provient du colza, offre des ressources aux abeilles. Les ruchées y valent de 12 à 16 fr. avant l'hiver. Dans la basse Normandie, la Manche et une partie de l'Orne, où la culture du blé noir est étendue, les abeilles trouvent amplement à butiner un miel inférieur, il est vrai, mais abondant. Les ruchées s'y vendent de 13 à 15 fr. Beaucoup de localités du Maine (Sarthe, Mayenne) cultivent également le blé noir, et possèdent, en outre, de vastes terrains boisés et couverts de bruyères où les abeilles trouvent une nourriture abondante à la fin de l'été. Les ruchées s'y vendent de 12 à 16 fr., solon qu'elles proviennent de crus donnant du miel blanc ou de crus donnant du miel rouge. La Bretagne, avec ses blés noirs et ses landes à perte de vue, offre de bien grandes ressources aux abeilles ; les colonies s'y payent de 8 à 14 fr. La contrée qui s'étend de Bordeaux à Bayonne, avec ses bruyères abondantes et ses arbres verts, n'offre pas moins de ressources à l'apiculture, qui y est dans l'enfance. Le prix des ruchées est à peu près le même qu'en Bretagne. Ces deux provinces offrent d'autant plus de ressources que l'ignorance y est profonde, la routine ancrée. Beaucoup de localités du Midi, qui ont des montagnes couvertes de labiées et des vallées semées de prairies artificielles, peuvent également augmenter le nombre de leurs ruchées. La Provence, avec son sol varié, ses montagnes boisées et ses plaines semées de luzerne et d'autres plantes mellifères, donne un miel supérieur. Maints cantons de la Savoie offrent des ressources apiculturales dont on tirera un jour meilleur parti. Les Alpes, le Dauphiné, la Franche-Comté, le Jura et la plupart des localités qui avoisinent la Suisse offrent aussi de grandes ressources aux abeilles, et donnent un miel généralement beau. Le prix des ruchées y varie de 12 à 18 fr., selon la localité. Au nord-ouest, les Vosges et les Ardennes possèdent des localités très-favorables aux abeilles. Les cantons des départements de l'Aisne et de l'Oise qui cultivent le sainfoin et le colza offrent des pâturages où les abeilles prospèrent. Les colonies s'y payent de 12 à 18 fr. La Champagne, avec son sol et sa culture variée, possède un grand nombre de localités favorables à l'apiculture. Les ruches s'y vendent de 12 à 18 fr. La Sologne et le Berry, avec leurs bruyères immenses et leur sarrasin, peuvent entretenir deux ou trois fois plus de ruchées qu'ils n'en possèdent. Les colonies y valent de 10 à 15 fr. La Bresse et le Bugey, qui cultivent des prairies, le colza, la navette, le sarrasin, etc., peuvent également entretenir plus de ruchées qu'ils en entretiennent. Le Centre a des cantons très-favorables aux abeilles : la Corrèze, la Haute-Vienne et les départements voisins, avec leurs châtaigniers, leurs prairies, leurs blés noirs, leurs fleurs variées, sont susceptibles d'entretenir un grand nombre de colonies, dont le prix varie de 8 à 15 fr. Comme contrée favorable, nous ne devons pas omettre la Corse, où l'agriculture a tout à faire. Les ruchées y valent de 8 à 16 fr. Citons aussi l'Algérie, la patrie par excellence des abeilles. Aussi y prospèrent-elles d'une manière prodigieuse pour peu qu'on en prenne soin. Le prix des colonies y varie de 6 à 15 fr.

Cette topographie des localités favorables aux abeilles est bien succincte et bien incomplète sans doute ; néanmoins elle guidera quelque peu ceux qui sont étrangers à la contrée où ils désirent se fixer.

Nous devons dire un mot des préjugés sur les abeilles. Dans le Midi, beaucoup de gens appartenant à la classe peu éclairée croient encore que les abeilles achetées à prix d'argent ne prospèrent pas. « Tout préjugé, dit Desvaux, a sa source dans des faits certains, mais presque toujours mal interprétés. » Il est à penser qu'un grand nombre d'essaims achetés ont péri la première année, à raison de ce qu'ils étaient faibles ou mal logés, à raison aussi de l'inexpérience de l'acquéreur : de là l'idée que toute acquisition en argent d'abeilles ou de ruches était funeste, et l'on ne voulut plus en faire que par échange. Dans quelques localités, ce n'est pas seulement celui qui achète qui a des appréhensions, c'est aussi celui qui vend, s'imaginant que ce genre de bénéfice sera funeste à son industrie. Ce préjugé sera né sans doute à la suite de ventes où les vendeurs auront fait des pertes remarquables dans leurs ruchers ; et de là l'usage propagé dans ces localités d'aimer mieux étouffer les abeilles que de les vendre, lorsqu'on en a plus qu'on ne peut en loger.

Dans quelques localités de l'Ouest, il se trouve encore des cultivateurs assez ignorants pour croire que la présence des abeilles dans leurs champs de *carabin* (sarrasin) à l'époque de la floraison empêche cette plante de grener; que l'abeille enfin, par ses promenades sur les fleurs, stérilise la récolte. Ce préjugé est nuisible à l'apiculture, en ce sens que les cultivateurs qui en sont imbus font tout ce qu'ils peuvent pour éloigner les abeilles de leur localité, et parviennent souvent à empêcher les simples paysans d'en posséder. Une telle erreur est deux fois répréhensible.

Il est d'autres préjugés plus innocents, tout en étant aussi sots. Bien des gens, par exemple, font porter le deuil à leurs abeilles à la mort du propriétaire de la maison; ils se figurent que s'il n'attachaient pas un chiffon noir aux ruches les abeilles ne tarderaient pas à périr ou à se sauver. Ce préjugé a été d'autant plus facile à se perpétuer que souvent, les soins n'étant plus les mêmes, les abeilles ont dû en souffrir. Dans certaines localités on croit que les abeilles ne peuvent être récoltées que le vendredi. Il existe quelques autres préjugés locaux que nous passons sous silence, parce qu'ils ne portent pas plus à conséquence que ces derniers; toutefois ils n'indiquent pas moins que les personnes qui en sont imbues ne doivent pas être prises pour des puits de raison, et que la pratique qu'elles emploient peut bien être défectueuse.

LOI SUR LES ABEILLES.

« La culture des abeilles, comme celle de tous les animaux, n'est soumise à aucune restriction, » a posé en principe la loi du 28 septembre 1791 sur la matière : ce qui veut dire que toute personne a le droit d'entretenir autant de colonies d'abeilles que bon lui semble sur son terrain.

Voici les principales dispositions en vigueur de la loi de 1791 précitée :

« Le propriétaire d'un essaim a droit de le réclamer et de s'en saisir tant qu'il n'a pas cessé de le suivre; autrement l'essaim appartient au propriétaire du terrain sur lequel il est fixé.

« Les ruches d'abeilles ne peuvent être saisies ni vendues pour contributions publiques, ni pour aucunes causes de dettes, si ce n'est par celui qui les a vendues ou celui qui les a concédées à titre de cheptel ou autrement.

« Pour aucunes causes, il n'est permis de troubler les abeilles dans leurs courses et travaux (art. 479 du Code civil), en conséquence, même en cas de saisie légitime, les ruches ne peuvent être déplacées que dans les mois de *décembre, janvier* et *février.* »

L'art. 454 du Code pénal inflige la peine de six jours à six mois de prison à tout individu convaincu d'avoir tué *sans nécessité un animal domestique* appartenant à autrui. La Cour de cassation a posé en principe que : « sous la dénomination générale d'*animaux domestiques*, l'art. 454 du Code pénal comprend les êtres amimés qui vivent, s'élèvent, sont nourris, se reproduisent sous le toit de l'homme et par ses soins. » Or, comme les abeilles sont logées par l'homme et reçoivent ses soins, elles doivent être considérées comme animaux domestiques. (Arrêt de cassation du 14 mars 1861.)

Art. 54 du Code civil: « Sont immeubles par destination, quand elles ont été placées par les propriétaires pour le service et l'exploitation du fonds.... les ruches à miel. » Dans ce cas, la saisie mobilière ne peut les atteindre. Mais si elles ne sont pas placées par *destination* sur un fonds; si, par exemple, elles sont placées sur un terrain loué, ou si elles sont à cheptel, elles sont meubles et, par conséquent, saisissables dans les saisies mobilières.

Les propriétaires des ruchers sont responsables, aux termes de l'art. 1385 du Code Napoléon, des préjudices que leurs abeilles auront causés à autrui. Sous l'empire de la législation actuelle, l'apiculteur échappe le plus souvent à la teneur de cet article, attendu qu'*on ne peut pas reconnaître ses abeilles*; car isolément, hors de leur ruche, les abeilles n'ont pas de propriétaire. Il n'est responsable que de ses essaims quand il les suit, car alors il en est le propriétaire de par la loi.

Relativement à cette suite qui assure la propriété, il serait à désirer aussi que la loi fût modifiée et qu'on revînt aux *Établissements* de saint Louis, qui conservaient les droits au propriétaire même lorsque les abeilles avaient disparu de sa vue, pourvu toutefois qu'il en prouvât l'identité. Nous avons indiqué dans le corps de cet ouvrage les moyens faciles et infaillibles de reconnaître, pendant les trente-six premières heures, de quelle ruche est sorti un essaim (*).

Pour les points de la législation apicole qui ne sont pas traités ici, consulter la collection de l'*Apiculteur*. On trouvera aussi dans l'*Apiculteur*, journal des cultivateurs d'abeilles, que nous avons fondé et que nous rédigeons depuis 1856, des éclaircissements plus étendus et des applications plus développées que nous n'avons pu les donner dans ce *Cours*. Les méthodes que nous n'avons fait qu'effleurer ici y sont détaillées aussi complétement que possible. Rédigé avec le concours et la collaboration de tous les bons praticiens, réunissant par ce fait les opinions et les pratiques diverses, l'*Apiculteur* est le complément de ce livre et le traité le plus complet qu'on puisse consulter.

(*) Des maires ont pris dans ces derniers temps des arrêtés pour fixer la distance des ruchers aux chemins, routes, etc., pour limiter le nombre de ruches. La Société centrale d'apiculture vient de soumettre ces arrêtés au conseil d'État comme abus de pouvoir.

LÉGENDE DES PLANCHES

Planche 1, page 42 *bis.*

Fig. 1. OEuf grossi.

Fig. 2. *a*, *b*, *c*, *d*, *e*, *f*, *g*, *h*, larves aux premiers âges.

Fig. 3. Larve grossie enroulée.

Fig. 4. Larve filant vue de côté.

Fig. 5. Nymphe.

Fig. 6. M, cellule d'ouvrière en transformation; L, cellule entièrement transformée. — Les cellules du bas du rayon laissent voir des œufs, et celles du haut des larves plus ou moins développées.

Planche 2, page 42 *ter.*

Fig. 1. A, cellules d'ouvrières, B, cellules de mâles.

Fig. 2. M, cellule maternelle naturelle disposée pour recevoir un œuf; L, cellule maternelle dont la larve aura bientôt pris tout son développement.

Fig. 3. Cellule maternelle contenant un embryon ou larve développée. L'orifice *a* est operculé, et les parois de la cellule sont épaissies, prêtes à être continuées dans la direction des lignes ponctuées *bb*.

Fig. 4. Cellule maternelle achevée.

Planche 3, page 114 *bis.*

Fig. 1. Papillon de la fausse teigne (mâle de la petite espèce).

Fig. 2. *a*, œufs naturels; *b*, œufs grossis de fausse teigne.

Fig. 3. Vers ou larve de fausse teigne (grande espèce).

Fig. 4. Papillon femelle sur le dos (grande espèce).

Fig. 5. Galerie soyeuse du ver de la fausse teigne.

Fig. 6. Cocons réunis, avec fils soyeux et excréments.

Planche 4, page 114 *ter.*

Fig. 1. Rayon dévoré par la fausse teigne.

Fig. 2. Femelle de la fausse teigne (grosse espèce).

Fig. 3. Mâle de la fausse teigne (grosse espèce).

Planche 5, page 150 *bis.*

Sphynx-atropos, papillon tête de mort (grandeur naturelle).

Planche 6, page 150 *ter*.

Rucher du Jardin d'Acclimatation du bois de Boulogne.

Planche 7, page 186 *bis*.

Rucher expérimental du jardin du Luxembourg (face de devant).

Planche 8, page 186 *ter*.

Rucher du Luxembourg (face de derrière, côté des leçons publiques) :

1. Ruche en cloche en petit bois.
2. — en paille.
3. Ruche à divisions verticales en bois.
4. — à chapiteau en paille.
5. — de Lombard.
6. — — en bois.
7. Ruche à hausses et chapiteau en boissellerie.
8. — — en paille.
9. Ruche à hausses, sans chapiteau, en paille.
10. — — en bois
11. ruche à feuillets.
12. Ruche à rayons mobiles (Dzierzon).
13. Ruche à cadres mobiles (Prokopowisch).

Planche 9, page 229.

Taille de ruches, opération, baquet pour recevoir les rayons, couteaux pour les extraire, seau avec eau, enfumoir à soufflet, ruche renversée pour recevoir les rayons secs (le dessinateur l'a mal tournée). Cette figure est une réduction empruntée au *Journal de la Ferme*. La figure 100 de la p. 250 est empruntée au *Livre de la Ferme*.

INSTRUMENTS APICOLES PERFECTIONNÉS

L'administration de l'*Apiculteur*, journal des cultivateurs d'abeilles, fait confectionner et fournit les modèles de ruches et d'appareils dont la liste suit :

	fr.	c.
Ruche Lombard-Radouan, belle façon, de 4 fr. 75 c. à...	5	»
Ruche à calotte normande (corps et chapiteau)..........	3	50
— corps seul..........	2	25
— Le cent, prises en gare, à Caen....	225	»
— — Corps de ruche seul, à Caen, de 100 fr. à..	130	»
Ruche à cabochon, façon des Vosges.....	4	50
Corps de ruche seul..............	2	75
Cabochon (chapiteau)...............................	1	25
Ruche à hausses en paille (2 hausses et chapiteau).......	5	75
— à 3 hausses, *dito* sans chapiteau................	6	»
— à 3 hausses avec chapiteau ou à 4 hausses sans chap.	7	»
Ruche à hausses en bois, 3 hausses, façon soignée.......	15	»
— à 4 hausses, de 18 fr. à.........................	20	»
Ruche d'observation, système Hamet, de 45 fr. à......	50	»
Cératome, couteau recourbé à extraire les rayons.......	3	50
— *dito* en langue de chat......................	3	50
Couteau à lame pliante.............................	3	»
Spatule-couteau.	1	25
Camail ordinaire (masque) non garni.........	2	»
— garni, de 3 fr. à............................	3	50
Camail avec oreillettes, non garni...................	2	75
— garni..	4	50
Camail avec oreillettes et rebord non garni.............	3	»
— garni.	5	»
Canevas à presser la cire, selon force et largeur, de 3 fr. à.	7	»
— à couler le miel et à transport. les abeilles, de 2 fr. à.	3	»
Gants en peau tannée.........................	2	25
Enfumoir en tôle.	3	50
Moule pour couler la cire en briques...........	2	50
Nourrisseur en grès, de 25 c. à........................	0	35

Mellificateur, presse, vis en fer pour presse, épurateur, colonies d'abeilles ordinaires et italiennes, ouvrages sur l'apiculture, etc.

Nota. — Ces objets sont expédiés contre un mandat de poste ou contre remboursement. L'emballage, lorsqu'il y en a, est à la charge du destinataire. Indiquer la voie d'expédition.

FABRICANTS D'OBJETS APICOLES RECOMMANDÉS

Ruches à chapiteau et à hausses en paille. — M. PARMENTIER, à Blercourt, près Verdun (Meuse), fabrique les hausses et les ruches à chapiteau sur le métier Durant (indiquer les capacités). — M. Émile BEUVE, à Creney, près Troyes (Aube), fabrique des hausses de toutes les dimensions sur le métier Durant modifié ; il fabrique aussi des planchers à claire-voie à juste prix. — M. JOLAIN, à Rosières-aux-Salines (Meurthe), fournit les ruches à Cabochon, belle façon (indiquer la grandeur et faire les commandes dès le début de l'hiver.) — M. JEAN-PIED, à la Chapelle-des-Marais, près Herbignac (Loire-Inférieure), fabrique les ruches à hausses, à chapiteau Lombard, corps de ruche normande et ordinaire ; le tout en herbe de marais et à bas prix (envoyer les dimensions avec les modèles). — Pour les ruches normandes à calotte, s'adresser à MM. PEIGNÉ, marchand de miel, rue Saint-Jean, à Caen ; TOUTAIN, à Condé-sur-If ; NORMAND, à Cesny, par Thury-Harcourt (Calvados), etc. Il faut avoir soin de bien faire ses conditions avec les fournisseurs de la Normandie, de demander ou de donner des échantillons, et de refuser la livraison si elle n'est pas conforme.

M. ARVISET, ferblantier-apiculteur, à Montigny-sur-Aube (Côte-d'Or), façonne : nourrisseur à cuvette, enfumoir en tôle, mellificateur solaire, moule à fondre la cire, etc.

Pots en grès, belle façon, pour miel, M. SALMON, fabricant, route de la Révolte, 10, à Saint-Denis (Seine). — Pots en verre, MM. THIÉBART et BOSSUS, rue de la Verrerie, 85, à Paris. — Fabricants de barils à miel (capacité de 25 ou 50 kil.) : MM. MELLION, à Mézidon (Calvados) ; PITOIS, à Bretteville-sur-Laize (Calvados). — Métiers à fabriquer des ruches en paille : MM. Lelogeais, à Lagny (Seine-et-Marne) ; LEGARDEUR (métier Durant), à Blercourt (Meuse) ; E. BEUVE, à Creney (Aube). — Aiguilles à coudre les ruches en paille, MM. DURANT et LEGARDEUR, à Blercourt (Meuse).

Canevas en ficelles pour presser le miel et la cire, MM. POIRET frères, rue Saint-Denis, 95, à Paris ; M. COLETTE, à Magny-la-Campagne, près de Croissanville (Calvados).

Colonies, essaims et mères fécondées d'abeilles italiennes : MM. WARQUIN, à Bellevue, près Crépy-en-Laonnois (Aisne) ; M. A. MONA, à Pollegio, près Biasca, canton du Tessin (Suisse).

OUVRAGES D'APICULTURE A CONSULTER

L'Apiculture perfectionnée, 1 vol. in-18 de 90 pages avec fig., par J. GRESLOT. Prix : 1 fr.

L'Abeille italienne des Alpes. Exposé de l'art d'élever des mères italiennes de pure espèce et d'italianiser les colonies indigènes, par H.-C. HERMANN. Prix : 60 c.

Asphyxie momentanée des Abeilles et moyens de la pratiquer. Brochure in-18 jésus avec fig., par H. HAMET. Prix : 50 c.

Calendrier apicole. Almanach des cultivateurs d'abeilles, contenant les différents travaux de l'année, par MM. HAMET et COLLIN. Prix : 50 c.

Cet ouvrage est recommandé pour la propagande.

Le Conservateur, ou *la Culture perfectionnée des Abeilles.* 1 vol. in-12 avec planches, par GÉLIEU. Prix: 1 50

Cours pratique d'Apiculture, professé au Jardin du Luxembourg. L'ouvrage est divisé en 16 leçons et forme 1 vol. in-18 jésus de 340 pages avec 115 fig. intercalées dans le texte, et 9 planches représentant les différents systèmes de ruches et les appareils apicoles les plus en usage. Composé en caractères compactes, ce livre renferme la matière d'un fort vol. in-8. Prix : 3 50

Le Guide du Propriétaire d'Abeilles. 3e édit. 1 vol. in-18 jésus avec fig., par l'abbé COLLIN, chanoine à Nancy. Prix : 2 50

Manuel (*Nouveau*) **pour gouverner les Abeilles.** 5e édit. 2 vol. in-18 (Encyclopédie Roret) avec planches, par RADOUAN. Prix : 6 fr.

Nouvelles observations sur les Abeilles (Genève, 1814). 2 forts vol. in-8 avec planches, par F. HUBER. Prix : 10 fr. et *franco.* 11 fr.

Les Ruches de tous les systèmes, ou Examen et Description des ruches anciennes et modernes, par I.-A. RUZAIRIES, avec des notes par M. H. HAMET. 1 vol. in-8 de 74 pages avec 51 fig. dans le texte. Prix : 1 25.

Tableau d'Apiculture, contenant les différents systèmes de ruches. Grande feuille, par H. HAMET. Prix : 2 fr.

Traité élémentaire d'Apiculture, ou Art de soigner les Abeilles (mouches à miel). 1 vol. in-18 avec fig., 2e édit. du *Petit Traité d'Apiculture,* par H. HAMET. Prix : 1 fr.

PUBLICATION PÉRIODIQUE

L'Apiculteur, journal des Cultivateurs d'Abeilles, fondé en 1856 et dirigé par M. H. HAMET, professeur d'apiculture, avec la collaboration des principaux praticiens des localités apicoles, paraît du 1er au 5 de chaque mois (12 livraisons de 32 pages avec figures et couvertures). Prix : 6 fr. par an. (Chaque année parue, 3 fr. 50 c. pour les abonnés.) — Bureaux : rue Saint-Victor, 67, à Paris.

L'*Apiculteur*, le premier journal d'apiculture et le seul jusqu'à ce jour publié en France, a été entrepris dans le but de divulguer les meilleures pratiques apiculturales, et avec la ferme conviction que les lecteurs et les collaborateurs ne lui feraient pas défaut. En effet, les uns et les autres sont venus assurer les succès de l'œuvre commencée isolément, et en ont fait les véritables annales de l'apiculture, où tous les amis des abeilles, des praticiens considérables et des apiphiles distingués consignent leurs pratiques éclairées et leurs observations intelligentes Depuis sa fondation, l'*Apiculteur* s'est appliqué à constater l'état de l'apiculture, à décrire avec clarté tous les progrès accomplis, à signaler tous les systèmes défectueux et à faire connaître toutes les méthodes rationnelles : il est ainsi devenu un recueil indispensable aussi bien aux producteurs qu'aux amateurs. Chaque numéro contient : 1° une chronique apicole dans laquelle sont consignés tous les faits nouveaux ; 2° une dissertation sur la manière d'opérer des principaux apiculteurs de chaque province, tant en France qu'à l'étranger ; 3° une appréciation de chaque système de ruches ; 4° la description avec figures des appareils nouveaux ; 5° le compte rendu des séances mensuelles de la *Société centrale d'Apiculture*, avec les rapports principaux qui sont présentés à ses séances ; 6° la bibliographie de tous les ouvrages d'apiculture ; 7° une revue des cours et des produits des abeilles. — Ayant des correspondants en Allemagne, en Angleterre, en Amérique, etc., l'*Apiculteur* est à même de tenir ses lecteurs au courant de toutes les améliorations accomplies, des essais d'introduction d'espèces d'abeilles nouvelles, etc.

COURS PUBLIC D'APICULTURE. — Le cours public et gratuit d'apiculture professé dans le jardin du Luxembourg a lieu du 1er avril au 1er juin, deux fois par semaine, les mardi et samedi, à huit heures et demie du matin.

TABLE DES MATIERES

PAR ORDRE ALPHABÉTIQUE

Pages

Evreux, A. Hérissey, imp. — 766.

EVREUX, A. HÉRISSEY, imp. — 766.

www.ingramcontent.com/pod-product-compliance
Ingram Content Group UK Ltd.
Pitfield, Milton Keynes, MK11 3LW, UK
UKHW020102200726
13856UKWH00002B/338